高等学校教材

抽象代数——方法导引

ABSTRACT ALGEBRA——METHOD GUIDING

徐诚浩 编著

HITP 哈爾濱工業大學出版社
HARBIN INSTITUTE OF TECHNOLOGY PRESS

内容简介

本书着重介绍抽象代数基础理论（群、环、体、格与扩域）中的各种解题方法与技巧，并配有近200个例题和300多道习题（基本上有提示或答案）。所列出的约90个比较重要的定理是读者必须掌握和运用的.

本书可供理工科的教师讲授和学生学习抽象代数课程时参考，也可作为报考研究生者的复习资料.

图书在版编目(CIP)数据

抽象代数:方法导引/徐诚浩编著. —哈尔滨:哈尔滨工业大学出版社,2013.6

ISBN 978-7-5603-4062-3

Ⅰ.①抽… Ⅱ.①徐… Ⅲ.①抽象代数-高等学校-教材 Ⅳ.①O153

中国版本图书馆 CIP 数据核字(2013)第085049号

策划编辑　刘培杰　张永芹
责任编辑　张永芹　徐　丽
封面设计　孙茵艾
出版发行　哈尔滨工业大学出版社
社　　址　哈尔滨市南岗区复华四道街10号　邮编150006
传　　真　0451-86414749
网　　址　http://hitpress.hit.edu.cn
印　　刷　哈尔滨工业大学印刷厂
开　　本　787mm×1092mm　1/16　印张10.75　字数200千字
版　　次　2013年6月第1版　2013年6月第1次印刷
书　　号　ISBN 978-7-5603-4062-3
定　　价　38.00元

重版说明

本书是在1989年由复旦大学出版社出版的，至今已有24年了．在这段时间内，不少读者反映书中的概念叙述清楚，定理的证明简洁，书中的例题对于学习抽象代数很有帮助，习题颇具典型性，因此经常有读者来函询问何时能够重印，然而总不能如愿．近日欣悉刘培杰数学工作室，为了数学的教育传承和发展，克服种种困难寻找各种途径，立志要把一些早期的经典著作重新出版发行，而这些书在书市中已几乎绝迹，但是还有一定的需求．于是，本书终于能够重印了！

借用这次重印之机，我把原书中的一些已经发现的各种错误和印刷模糊的地方都详细予以更正，但是，却无法在内容上更新．

哈尔滨工业大学出版社的张永芹和徐丽等有关同志，为了重印这本书付出了巨大努力，特致以衷心感谢．

徐诚浩

2013年3月

于上海

前言

这是一本介绍抽象代数基础知识和解题技巧的学习方法辅导书. 在编者多次讲授这门课程的基础上,并根据历经三次修改的自编讲义,本书系统地整理了一些基本概念、重要定理与解题方法,特别还收集并改正了学生在初学阶段易犯的各类错误.

学习抽象代数的困难,主要在于对抽象概念的理解,其次才是解题技巧! 解题的技巧主要来源于对概念的透彻理解. 忽视概念而企求漂亮的解题技巧,是一种最忌讳的学习方法. 因为它最多只能学会机械地生搬硬套,而不会举一反三. 这实际上等于没有掌握解题的方法. 所以读者的学习重点应放在对概念的正确理解上,善于对各概念举出正例和反例. 当然,也经常出现这样一种情形:同一道题有多种解法,其繁复与简洁相差悬殊! 这不仅仅取决于对概念是否理解,而且还反映了读者对有关基本定理是否掌握,对各种基本技巧是否能运算自如. 因此,本书在讲清各种概念的前提下,介绍了一些常用解题方法和技巧. 在书中列出的定理是相当基本的,所给出的证明(包括定理和例题)是相当简洁的,并同时尽可能举一些反例作辅助说明. 每看完一个证明,应找出关键步骤和所用技巧,然后归纳整理成便于记忆的几条,这无疑是收效甚大的学习方法.

在现有的各种抽象代数书籍中,所用术语极不统一! 为此在本书中不得不花一些篇幅来叙述概念. 并在每个概念之后配备若干例子和习题,作为对一些概念的补充说明或应用,并指出各相关概念之间的区别与联系,这一部分习题是比较容易的,也是基本的. 本书在每章末所配的习题大都是一些较难和综合性的习题,用以让读者作对概念理解程度的自我鉴定. 打 * 号的内容可略去不看.

本书主要供教师或学生在讲授或学习抽象代数时作参考,也可作为报考研究生者的复习资料.

限于本人水平,书中难免有处理不当,甚至错误之处,恳请同行和读者批评指正,本书中部分习题的解题方法是由姚慕生、黄昌令、徐崇业、严民和陈毓卿等同志提供的,我在此向他们表示衷心的感谢.

目　录

第一章　集合与映射

集合与映射是现代数学中两个重要的基本概念.

§1　集　合

集合的专用记号　在本书中,$\mathbf{N}$ 表示**自然数集**,$\mathbf{Z}$ 表示**整数集**,$\mathbf{E}$ 表示**偶数集**,$\mathbf{Q}$ 表示**有理数集**,$\mathbf{R}$ 表示**实数集**,$\mathbf{C}$ 表示**复数集**. 设 F 是某个数域,$M_n(F)$ 表示 F 上 n **阶方阵全体**,$M_{m\times n}(F)$ 表示 F 上 $m\times n$ **矩阵全体**,$F[x]$ 表示 F 上**一元多项式全体**,$GL_n(F)$ 表示 F 上 n **阶可逆阵全体**,$SL_n(F)$ 表示 F 上**行列式为 1 的 n 阶阵全体**. 对 $\mathbf{C}$ 的任一子集 P,常用 P^* 表示在 P 中去掉 0 以后所得的集合. 例如 $\mathbf{R}^*$ 表示非零实数全体.

集合 S 中元素个数用 $|S|$ 表示. 由集合 S 的所有子集(包括空集 $\varnothing$ 和 S 本身)构成的集合称为 S 的**幂集**,记为 $P(S)$. 若 $|S|=n$,则 $|P(S)|=2^n$,$|P(P(S))|=2^{2^n}$.

集合的运算　设 A 和 B 是集合 S 的子集,则可定义如下四个运算:

并集 $A\cup B=\{x\mid x\in A \text{ 或 } x\in B\}$;

交集 $A\cap B=\{x\mid x\in A \text{ 且 } x\in B\}$;

差集 $A\backslash B=\{x\mid x\in A \text{ 但 } x\notin B\}$;

余集 $\overline{A}=S\backslash A$.

A 是 B 的子集用 $A\subseteq B$ 表示,$A\subset B$ 表示 A 是 B 的真子集. 在证明两个集合 A 与 B 相等时,最常用的方法是分别证明 $A\subseteq B$ 和 $B\subseteq A$. 当然,也可用其他简易的证法.

例 1　设 A,B 是 S 的子集,证明

$$\overline{A\cup B}=\overline{A}\cap\overline{B},\overline{A\cap B}=\overline{A}\cup\overline{B}$$

证　首先,第一式可证明如下

$$x\in\overline{A\cup B}\Leftrightarrow x\notin A\cup B\Leftrightarrow x\notin A \text{ 且 } x\notin B$$

$$\Leftrightarrow x\in\overline{A} \text{ 且 } x\in\overline{B}\Leftrightarrow x\in\overline{A}\cap\overline{B}$$

这实际上是证明了 $\overline{A\cup B}\subseteq\overline{A}\cap\overline{B}$ 和 $\overline{A}\cap\overline{B}\subseteq\overline{A\cup B}$.

其次,对第一式两边求余得 $A\cup B=(\overline{\overline{A}\cap\overline{B}})$. 因为这对 S 的任意子集都成立,利用 $\overline{\overline{A}}=A,\overline{\overline{B}}=B$ 即得第二式.　证毕

题1　设 A,B,C 是 S 的子集,证明

$$\overline{(A\cup B)\cap C}=(\overline{A}\cap\overline{B})\cup\overline{C}$$

题2　先分别证明

$$(A\cup B)\cap C=(A\cap C)\cup(B\cap C),(A\cap B)\cup C=(A\cup C)\cap(B\cup C)$$

然后,再分别从其中一式推出另一式.

§2　映射与变换

单值映射　所谓集合 A 到集合 D 的一个**单值映射**指的是满足如下条件的某个对应法则 φ:对任一 $a\in A$ 都能唯一确定 $d\in D$ 与之对应. 注意,对于单值映射来说,以下三个条件缺一不可. 每个 $a\in A$ 都有象 d,d 必须在 D 中,d 必须是唯一的. 本书中所涉及的映射都是单值映射. 对于一个定义在集合 A 上的映射,当 A 中的元素的表示方法不唯一时,必须验证这个映射的单值性.

例1　设 $\langle a\rangle$ 和 $\langle b\rangle$ 分别为 m 和 n 阶循环群,证明自然数 k 使得映射

$$\eta:a^i\to b^{ik},i=1,2,\cdots,m$$

是 $\langle a\rangle$ 到 $\langle b\rangle$ 内的同态映射 $\Leftrightarrow n\mid mk$.

证　如果 η 是同态映射,则由 $a^m=e$ 知必有 $b^{mk}=e$,所以由 b 的阶为 n 知 $n\mid mk$. 反之,设 $n\mid mk$. 显然 η 保持运算. 由于 $\langle a\rangle$ 是 m 阶循环群,有

$$a^i=a^{i+ms},\ \forall s\in\mathbf{Z}$$

这说明 $\langle a\rangle$ 中元素的表示法不唯一,因此必须验证 η 的单值性. 若 $a^i=a^j$,则 $m\mid(i-j)$. 由条件 $n\mid mk$ 知 $n\mid(ik-jk)$,故由 b 的阶为 n 知 $b^{ik}=b^{jk}$,这说明 η 是单值的.　证毕

题1　设 $\langle a\rangle$ 和 $\langle b\rangle$ 分别为 m 和 n 阶循环群,证明此两群是同态的 $\langle a\rangle\sim\langle b\rangle$ 当且仅当 $n\mid m$.(提示:同态满射必把生成元变为生成元.)

映射的种类　我们把 A 到 D 的一般映射记为 $A\xrightarrow{\varphi}D$. 如果象集

$$\varphi(A)=\{d\mid d\in D,\text{存在 }a\in A\text{ 使 }\varphi(a)=d\}=D$$

则称 φ 为**满射**. 如果 $\varphi(a)=\varphi(b)$ 当且仅当 $a=b$,则称 φ 为**单射**. 如果 φ 既是满射,又是单射,则称 φ 为**双射**或**一一对应**,记为 $A\overset{\varphi}{\longleftrightarrow}D$. 要注意单射与单值映射是两个不同的概念,单射是不同元素有不同的象的单值映射. 集合 A 到 A 的映射称为**变换**. 相应的也可定义**满变换**、**单变换**和**一一变换(可逆变换)**. A 中的恒等变换用 1_A 表示.

映射的乘积　关于两个映射的乘积,有两种常用的表示方法. 要弄清楚它们之间的区别和联系,初学者往往感到比较困难. 考虑以下两个映射

$$S\xrightarrow{\alpha}T,T\xrightarrow{\beta}U$$

所谓 α 与 β 的**乘积**(或**合成**)指的是映射 $S\xrightarrow{\gamma}U$. 对任一 $s\in S$,先求在 α 之下的象 $t\in T$,再求 t 在 β 之下的象 $u\in U$. 但如何书写 γ 与 α,β 之间的关系式呢? 是 $\gamma=\alpha\beta$ 还是 $\gamma=\beta\alpha$? 事实上,这两种写法都是经常被采用的.

如果把 x 在映射 φ 之下的象记为 $\varphi(x)$,则 $\gamma=\beta\alpha$,即

$$\gamma(s)=(\beta\alpha)(s)=\beta(\alpha(s)),\ \forall s\in S$$

有时把 x 在 φ 之下的象记为 x^{φ},甚至记为 $(x)\varphi$,则 $\gamma=\alpha\beta$,即

$$s^{\gamma}=s^{\alpha\beta}=(s^{\alpha})^{\beta}\text{ 或 }(s)\gamma=(s)(\alpha\beta)=((s)\alpha)\beta,\ \forall s\in S$$

前者是先写的 β 后作用,后写的 α 先作用,是逆序的;后者是先写的 α 先作用,后写的 β 后作用,是顺序的. 在第二章 §7 中我们将对此作进一步的讨论.

不论用何种方式表示乘积,结合律总是满足的. 在一般情况下,我们总是采用第一种表示方法,即 α 与 β 的乘积是 $\beta\alpha$. 对于置换的乘积,则采用第二种表示方法.

各类映射的判别法

定理 1　$S\xrightarrow{\alpha}T$ 是双射$\Leftrightarrow$存在 $T\xrightarrow{\beta}S$ 使得

$$\beta\alpha=1_S\text{ 且 }\alpha\beta=1_T$$

易证,对双射 α 来说,满足上述条件的 β 是唯一的,称为 α 的逆映射,记为 α^{-1}. 故双射又称为可逆映射. 两个可逆映射之积仍为可逆映射,且满足**穿脱原理**

$$(\alpha\beta)^{-1}=\beta^{-1}\alpha^{-1}$$

这好比穿时先穿袜子后穿鞋子,脱时必须先脱鞋子后脱袜子.

例 2　取 $\mathbf{N}$ 中如下两个变换

$$\alpha:\begin{array}{ccccccc}1&2&3&\cdots&n&\cdots\\ \downarrow&\downarrow&\downarrow&&\downarrow&\\ 1&1&2&\cdots&n-1&\cdots\end{array},\quad \beta:\begin{array}{ccccccc}1&2&3&\cdots&n&\cdots\\ \downarrow&\downarrow&\downarrow&&\downarrow&\\ 2&3&4&\cdots&n+1&\cdots\end{array}$$

易见 $\alpha\beta=1_{\mathbf{N}}$ 而 $\beta\alpha\neq 1_{\mathbf{N}}$. 原因是 α 与 β 都不是双射.

题 2　(1)设 $|S|\geqslant 2$. 证明 $S\xrightarrow{\alpha}T$ 是单射$\Leftrightarrow$存在 $T\xrightarrow{\beta}S$ 使 $\beta\alpha=1_S$. 且当这种 β 唯一时,α 必是双射.

(2)证明 $S\xrightarrow{\alpha}T$ 是满射$\Leftrightarrow$存在 $T\xrightarrow{\beta}S$ 使 $\alpha\beta=1_T$. 且当这种 β 唯一时,α 必是双射. (提示:构造 β.)

例 3*　(1)证明 $S\xrightarrow{\alpha}T$ 是单射$\Leftrightarrow$不存在某集合 U 到 S 内的两个不同的映射 β_1,β_2 使 $\alpha\beta_1=\alpha\beta_2$.

(2)证明 $S\xrightarrow{\alpha}T$ 是满射$\Leftrightarrow$不存在 T 到某集合 U 内的两个不同的映射 β_1,β_2 使 $\beta_1\alpha=\beta_2\alpha$.

证　(1)设 α 是单射. 如果存在 $U\xrightarrow{\beta_i}S, i=1,2$, 使 $\alpha\beta_1=\alpha\beta_2$. 任取 $u\in U$,记 $s_1=\beta_1(u), s_2=\beta_2(u)$. 则 $\alpha(s_1)=\alpha(s_2)$. 再据 α 是单射知 $s_1=s_2$,即 $\beta_1=\beta_2$.

设 α 不是单射,则存在互异的 $s_1,s_2\in S$ 使

$$\alpha(s_1)=\alpha(s_2)=t_0\in T$$

取 $U=\alpha(S)\subseteq T$. 则可构造 U 到 S 的如下两个互异映射

$$\beta_i(u)=\begin{cases}s_i, 若\ u=t_0\\ s, 若\ u\neq t_0\end{cases}\quad(i=1,2)$$

这里 s 是 u 在 α 之下的任意取定一个原象,规定 $\beta_1(u)=\beta_2(u)=s$, $\forall u\neq t_0$. 则显然 $\alpha\beta_1=\alpha\beta_2$.

(2)设 α 是满射. 如果存在 $T\xrightarrow{\beta_i}U, i=1,2$,使 $\beta_1\alpha=\beta_2\alpha$,则由 $\alpha(S)=T$ 知对任一 $t\in T$,必存在 $s\in S$ 使 $\alpha(s)=t$,于是由 $\beta_1(t)=\beta_2(t)$, $\forall t\in T$ 知 $\beta_1=\beta_2$.

设 α 不是满射,即 $\alpha(S)\subset T$. 当 $|S|\geqslant 2$ 时,取 $U=S$,则可构造 T 到 S 的如下两个互异映射

$$\beta_i(t)=\begin{cases}s, 若\ t=\alpha(s)\\ s_i, 若\ t\notin\alpha(S)\end{cases}\quad(i=1,2)$$

这里 s_1 和 s_2 是 S 中任意取定的两个互异元,s 是 t 在 α 之下的任意取定的一个原象,规定 $\beta_1(t)=\beta_2(t)=s$,易见有 $\beta_1\alpha=\beta_2\alpha$. 当 $|S|=1$ 时,由 α 不是满射知 $|T|\geqslant 2$. 记 $\alpha(s)=t_0\in T$,则必存在 $t_1\in T, t_1\neq t_0$. 于是对任意集合 U, $|U|\geqslant 2$,总可构造两个 $T\xrightarrow{\beta_i}U, i=1,2$,满足

$$\beta_i(t_0)=u_0, i=1,2;\ \beta_1(t)\neq\beta_2(t)$$

这里 u_0 为 U 中取定的一个元素. 于是 $\beta_1\neq\beta_2$,而

$$\beta_1\alpha(s)=\beta_1(t_0)=\beta_2(t_0)=\beta_2\alpha(s)$$

即 $\beta_1\alpha=\beta_2\alpha$.　　证毕

§3　代数运算与等价关系

代数运算　设 A, B 和 D 是任意三个集合,则积集

$$A\times B=\{(a,b)\mid a\in A, b\in B\}$$

到 D 的任何一个映射 φ 都称为 $A\times B$ 到 D 的一个**代数运算**. 特别,$A\times A$ 到 A 的代数运算称为 A 中的**二元运算**. A 中的变换称为 A 中的**一元运算**.

例如,对数域 F,代数运算

$$\varphi(k,\boldsymbol{M})=k\boldsymbol{M}, \forall k\in F, \boldsymbol{M}\in M_n(F)$$

就是通常的数与矩阵的乘法. 二元运算

$$\varphi(f(x),g(x))=f(x)g(x),\forall f(x),g(x)\in F[x]$$

就是通常的多项式乘法. $A\cup B$ 和 $A\cap B$ 都是集合 S 的幂集 $P(S)$ 中的二元运算,求余 $\bar{A}$ 是 $P(S)$ 中的一元运算.

如果用小圆圈"∘"代表某个代数运算,则可把运算结果写成习惯的形式 $a\circ b$,或者干脆写成 ab. 当然,这未必就是通常的乘法运算. 定义了二元运算∘的非空集合 G 就记为 $(G,\circ)$.

要注意,二元运算未必都满足结合律、交换律和左、右分配律. 例如,空间矢量的矢积一般有

$$(\boldsymbol{a}\times\boldsymbol{b})\times\boldsymbol{c}\neq\boldsymbol{a}\times(\boldsymbol{b}\times\boldsymbol{c})$$

矩阵乘积一般不能交换等等.

设 S 是某个带有二元运算∘的集合,$\mathscr{A}$ 是由 S 中变换全体所成的集合. 若对 $f,g\in\mathscr{A}$ 规定以下两个运算

$$(f+g)(x)=f(x)\circ g(x),\forall x\in S$$
$$(f*g)(x)=f(g(x)),\forall x\in S$$

则易验证右分配律成立

$$(f+g)*h=f*h+g*h,\forall f,g,h\in\mathscr{A}$$

但左分配律不成立. 当 h 是 S 中的自同态时,有

$$h*(f+g)=h*f+h*g$$

等价关系与集合的划分　设 A 是任一集合,$D=\{0,1\}$ 为二元集合. 任意给定 $A\times A$ 到 D 的某个代数运算 φ. 对 $a,b\in A$,规定

$$a\sim b \text{ 当且仅当 } \varphi(a,b)=0$$

则称 φ 在 A 中定义了一个关系 ~. 如果如此确定的关系还满足

(1)反身性:对任意 $a\in A$ 都有 $a\sim a$;

(2)对称性:当 $a\sim b$ 时必有 $b\sim a$;

(3)传递性:当 $a\sim b,b\sim c$ 时,必有 $a\sim c$,

则称 ~ 是 A 中的一个等价关系.

例如 $M_n(F)$ 中的相似关系 $\boldsymbol{B}=\boldsymbol{P}\boldsymbol{A}\boldsymbol{P}^{-1}$,相抵关系 $\boldsymbol{B}=\boldsymbol{P}\boldsymbol{A}\boldsymbol{Q}$ 和合同关系 $\boldsymbol{B}=\boldsymbol{P}\boldsymbol{A}\boldsymbol{P}'$ 都是等价关系,这里 $\boldsymbol{P}$ 和 $\boldsymbol{Q}$ 都是可逆方阵.

要注意的是,等价关系所满足的三个条件是互相独立的,任何一个都不可能由其他两个推出来.

题 1　指出以下证明的错误所在. 因为由 $a\sim b$ 必可推出 $b\sim a$,所以再由传递性推出 $a\sim a$. 故反射性可由对称性和传递性推出. (提示:注意对称性的叙述.)

设 ~ 是集合 A 中某个等价关系,则 A 必是若干个两两不相交的等价类

$$\overline{a} = \{x \mid x \in A, x \sim a\}$$

之并,即~确定了 A 的一个划分.反之,易见,A 的任一划分

$$A = \bigcup A_i, A_i \cap A_j = \varnothing, i \neq j$$

必可确定 A 中某个等价关系:$a \sim b$ 当且仅当 a 与 b 属于同一个 A_i.

广义同态定理 利用等价关系可建立一个最广泛意义上的同态定理.设 α 是集合 S 到集合 T 的一个满射,对 $a,b \in S$ 规定

$$a \sim b \Leftrightarrow \alpha(a) = \alpha(b)$$

易见,~是 S 中一个等价关系.任取 $a \in S$,记 $t = \alpha(a)$,则 a 所属的等价类

$$\overline{a} = \{x \mid x \in S, \alpha(x) = t\} = \alpha^{-1}(t)$$

是 t 在 α 之下的**完全原象**.称互异等价类集合

$$S/\sim = \{\overline{a} \mid a \in S\}$$

为 S 关于~的**商集**.定义以下两个映射

$$S \xrightarrow{\nu} S/\sim, \nu: a \to \overline{a}$$

$$S/\sim \xrightarrow{\alpha^*} T, \alpha^*: \overline{a} \to \alpha(a)$$

容易验证 ν 是满射,α^* 是双射且 $\alpha = \alpha^* \nu$.

后面我们将要给出的群的同态定理(第二章§5)、环的同态定理(第三章§4)和格的同态定理(第四章§2)都是广义同态定理的特例.

习　题　一

1. 设 A 和 B 是集合 S 的子集,如果规定

$$A + B = (A \setminus B) \cup (B \setminus A)$$

证明 $A + B = B + A, A + \varnothing = A, A + A = \varnothing$.

2. 设 φ 是 A 到 B 的双射,$a \in A$,试问

$$\varphi^{-1}(\varphi(a)) = ?, \varphi(\varphi^{-1}(a)) = ?$$

若 φ 是 A 中一一变换,则结论如何?

3. 设 $A \xrightarrow{f} B, S \subseteq A$,证明 $f^{-1}(f(S)) \supseteq S$,并举例说明等式未必成立.

4. 设 V 是欧氏平面,S 是 V 中有向直线段 $\overrightarrow{PQ}$ 全体所成的集合.试确定 S 中某个等价关系~使对应的等价类恰好对应通常的平面向量所成的集合.

(提示:$\overrightarrow{PQ} \sim \overrightarrow{RS} \Leftrightarrow \overrightarrow{PQ} /\!/ \overrightarrow{RS}, |\overrightarrow{PQ}| = |\overrightarrow{RS}|$ 且方向相同.)

5. (1)设 $\mathbf{C}$ 是复数全体,$\mathbf{R}^+$ 是非负实数全体,$f: z \to |z|$ 是 $\mathbf{C}$ 到 $\mathbf{R}^+$ 的映射,试确定由 f 所确定的 $\mathbf{C}$ 中的等价关系,并说明相应等价类的几何意义.

(2)设 $\mathbf{C}^*$ 是非零复数全体,$g: z \to z/|z|$ 是 $\mathbf{C}^*$ 中的一个变换,试确定由 g 所确定的 $\mathbf{C}^*$ 中的等价关系,并说明相应等价类的几何意义.

（提示：(1) $z_1 \sim z_2 \Leftrightarrow |z_1| = |z_2|$. 等价类是以原点为圆心的圆. (2) $z_1 \sim z_2 \Leftrightarrow z_1$ 和 z_2 的幅角相等，等价类是不包括原点的半射线.）

第二章　群　论

群论是抽象代数的基础,也是抽象代数中应用最广泛的分支之一,因此,要特别重视.

§1　群的各种等价定义

群的定义　对于一个代数系统$(G,\circ)$,可以提出以下诸条件

(Ⅰ)封闭性. 对任何$a,b\in G$都有$ab\in G$.

(Ⅱ)结合律. 对任何$a,b,c\in G$都有$(ab)c=a(bc)$.

(Ⅲ)左方程$xa=b$和右方程$ax=b$在G中都有解. 即对任何$a,b\in G$,必存在$c,d\in G$使$ca=b$和$ad=b$. 此条件等价于对任何$a\in G$必有

$$G\subseteq Ga=\{ga\mid g\in G\},G\subseteq aG=\{ag\mid g\in G\}$$

特别,当封闭性条件满足时,它等价于

$$Ga=aG=G,\forall a\in G$$

(Ⅳ)至少存在一个左单位元素$e_l\in G$,使对任何$g\in G$都有$e_lg=g$.

(Ⅳ)′至少存在一个右单位元素$e_r\in G$,使对任何$g\in G$都有$ge_r=g$.

(Ⅴ)任意取定一个左单位元e_l,对任一$a\in G$,至少存在一个a的关于这个e_l的左逆元$a_l^{-1}\in G$,使$a_l^{-1}a=e_l$.

(Ⅴ)′任意取定一个右单位元e_r,对任一$a\in G$,至少存在一个a的关于这个e_r的右逆元$a_r^{-1}\in G$,使$aa_r^{-1}=e_r$.

(Ⅵ)左、右消去律. 对任何$a,b,c\in G$,由$ab=ac$必可推出$b=c$;由$ba=ca$必可推出$b=c$.

用这些条件可组成若干个等价条件组.

定义1　称$(G,\circ)$为群,如果它满足(Ⅰ),(Ⅱ)和(Ⅲ).

定义2　称$(G,\circ)$为群,如果它满足(Ⅰ),(Ⅱ),(Ⅳ)和(Ⅴ).

定义2′　称$(G,\circ)$为群,如果它满足(Ⅰ),(Ⅱ),(Ⅳ)′和(Ⅴ)′.

这三个定义是等价的. 满足定义2(定义2′)的任何一个左(右)单位元必是右(左)单位元,而且是唯一的,我们称之为单位元e. $a\in G$的任一左逆元和右逆元都是同一个元素,记为a^{-1}. 由此可得群的常用定义

定义3　称非空集合G关于其中某运算成群,如果满足

(1)封闭性. 对任何 $a,b\in G$,都有 $ab\in G$;

(2)结合律. 对任何 $a,b,c\in G$,都有 $(ab)c=a(bc)$;

(3)单位元. 存在唯一的 $e\in G$,使对任何 $a\in G$,有

$$ae=ea=a$$

(4)逆元. 对任一 $a\in G$,必存在唯一的 $a^{-1}\in G$,使

$$a^{-1}a=aa^{-1}=e$$

表面上看起来,定义 3 的条件是比定义 2 和定义 2′中的条件强得多,然而它们却是等价的. 若要验证某个$(G,\circ)$是群,当然仅需验证定义 2 或定义 2′中诸条件就足够了;若已知某个$(G,\circ)$是群,则用定义 3 可得出较强的结论. 由此可见,定义 2 和定义 3 各有所用.

为叙述简洁起见,G 成群就是指非空集合 G 关于某个确定的运算成群.

满足条件(1)的 G 称为**群胚**. 满足条件(1)和(2)的 G 称为**半群**. 满足条件(1)、(2)和(3)的 G 称为**幺半群**. 满足交换律 $ab=ba$ 的群称为**交换群**.

例 1　设 G 在定义 2 意义下成群,证明 G 中任一左单位元 e_l 必是右单位元,且左、右单位元相等,它们就是 G 的唯一的单位元.

证　任取 $a\in G$,由条件(V)知,存在 $a_l^{-1}=G$,使得 $a_l^{-1}a=e_l$. 仍由条件(V)知存在 $a'\in G$ 使 $a'a_l^{-1}=e_l$. 在 $a_l^{-1}a=e_l$ 两侧左乘 a'和右乘 a_l^{-1} 得

$$(a'a_l^{-1})aa_l^{-1}=a'(e_la_l^{-1})=a'a_l^{-1}=e_l$$

此即 $aa_l^{-1}=e_l$. 于是

$$ae_l=a(a_l^{-1}a)=(aa_l^{-1})a=e_la=a$$

故 e_l 也是右单位元. 如果 e_1 和 e_2 为两个左单位元,既然它们还是右单位元,则 $e_1=e_1e_2=e_2$. 故左单位元是唯一的,记为 e. 最后,任取 G 中右单位元 e_r,则 $e=ee_r=e_r$. 因此,e 是唯一的左、右单位元,即为单位元.　证毕

题 1　设 G 在定义 2′意义下成群,证明 G 中任一右单位元 e_r 必是左单位元,且右、左单位元就是唯一的单位元.

题 2　令

$$G_1=\left\{R_\theta=\begin{pmatrix}\cos\theta & \sin\theta\\ -\sin\theta & \cos\theta\end{pmatrix}\right\}$$

$$G_2=\left\{F_\theta=\begin{pmatrix}\cos\theta & \sin\theta\\ \sin\theta & -\cos\theta\end{pmatrix}\right\}$$

这里$\begin{pmatrix}x'\\y'\end{pmatrix}=R_\theta\begin{pmatrix}x\\y\end{pmatrix}$是绕原点的旋转,$\begin{pmatrix}x'\\y'\end{pmatrix}=F_\theta\begin{pmatrix}x\\y\end{pmatrix}$是以直线 $y=\tan\dfrac{\theta}{2}x$ 为轴的反射.

证明 G_1 关于矩阵乘法成群,称为平面旋转群. G_2 关于矩阵乘法不成群. 然而,$G=G_1\cup G_2$ 关于矩阵乘法成群,称为平面正交变换群.

有限群　仅含有限个元素的群称为**有限群**. 由定义 3 知,在任一群中左、右消去律必然成立. 但是,反之不然,例如,$\mathbf{Z}^*$ 关于数的乘法满足(Ⅰ),(Ⅱ)和(Ⅵ),但不成群. 可是对于有限群,我们有如下的定理.

定理 1　非空有限集合 G 关于某运算成群⇔满足(Ⅰ),(Ⅱ)和(Ⅵ).

事实上,对于带有某一运算的有限集,当它满足(Ⅰ),(Ⅱ),(Ⅵ)时,由消去律易证 $aG=G=Ga$,故此有限集满足定义 1.

题 3　设 G 是有右单位元的有限半群,且满足左消去律,证明 G 是群.(提示:定义 2′.)

例 2　取定自然数 n,容易验证

$$G_n=\{a\mid a\in\mathbf{C},a^n=1\}$$

关于复数的乘法成群,称为 n 次**单位根群**. 整数模 n 的剩余类系

$$\mathbf{Z}/(n)=\{\overline{0},\overline{1},\cdots,\overline{n-1}\}$$

关于剩余类加法

$$\overline{i}+\overline{j}=\overline{k},\text{这里 } i+j\equiv k(\bmod n)$$

成群,称为**整数模 n 的剩余类加群**,其中 k 所属的剩余类为

$$\overline{k}=\{ln+k\mid l\in\mathbf{Z}\},0\leqslant k\leqslant n-1$$

有限群 G 中的元素个数称为 G 的**阶**. 在计算有限群的阶时,别忘了去验证其中元素的互异性.

例 3　设 $G=\langle a,b\rangle$ 为由 a 和 b 生成的群(见§6),其中 $a\neq b$,a 为 n 阶元,b 为 2 阶元,且 $aba=b$,证明 $|G|=2n$.

证　若 $n=1$,则 $G=\{e,b\}$,其中 $e=a$. 若 $n=2$,则由 $ab=ba^{-1}=ba$ 知 $G=\{e,a,b,ab\}$ 为 4 阶群. 设 $n\geqslant 3$. 由 $aba=b$ 可得

$$ba^k=a^{-k}b,\forall k\in\mathbf{Z}$$

故任一 $x\in G$ 必可写成

$$x=a^ib^j,i=0,1,k,\cdots,n-1,\ j=0,1$$

所以 $|G|\leqslant 2n$.(若直接写成 $|G|=2n$,就错了!)

如果存在某对 p,q 使 $a^p=a^qb$,则以 $b=a^{p-q}$ 代入 $aba=b$ 得 $a^2=e$,与 a 的阶 $n\geqslant 3$ 矛盾,故 $|G|=2n$.　证毕

§2　群中元素的阶

设 G 为某个群,e 为某单位元.

元素的阶　G 中元素 a 的阶指的是能使 $a^r=e$ 成立的**最小自然数** r,记为

$(a:1)=r$. 因此,由 $a^n=e$ 仅能推出 $r|n$ 而未必有 $r=n$,若这种有限数 r 不存在,就说 a 为无限阶元,也称 a 的阶为 0.

任取 $a\in G$. 由 $(a^{-1})^r=(a^r)^{-1}$ 易知 a 与 a^{-1} 同阶. 由此可证偶数阶群 G 中必有 2 阶元. 事实上,G 中阶大于 2 的元素 a 与 a^{-1} 必成对出现,故共有偶数个,而 e 为 1 阶元,故 G 中必有奇数个 2 阶元. 任取 $a,b\in G$,由

$$(ab)^r=e\Leftrightarrow(ba)^{r-1}=a^{-1}b^{-1}=(ba)^{-1}\Leftrightarrow(ba)^r=e$$

知 ab 与 ba 同阶,因而 ab 与 $(ab)^{-1}=b^{-1}a^{-1}$ 同阶,也与 $a^{-1}b^{-1}$ 同阶.

有限群中任一元必为有限阶元. 但反之不然,例如,无限乘法群

$$G=\{x\mid x\in\mathbf{C},\text{存在自然数 } n \text{ 使 } x^n=1\}$$

中任一元素都是有限阶元.

以下两个定理很重要.

定理 1 设 G 是任一群,a 和 b 分别是 G 中的 m 阶和 n 阶元,且 $ab=ba$. 记 $q=[m,n]$(最小公倍数),则

(1)ab 的阶 r 必整除 q;

(2)若 m 与 n 互素,则 ab 的阶为 $q=mn$;

(3)G 中必存在 q 阶元.

证 (1)由 $(ab)^q=e$ 知 $r|q$.

(2)设 $(ab:1)=r$,由 $(ab)^{mn}=e$ 知 $r\mid mn$. 由 $b^{mr}=(ab)^{mr}=e$ 知 $n\mid mr$. 由 $a^{nr}=(ab)^{nr}=e$ 知 $m\mid nr$. 再由 $(m,n)=1$ 知 $n\mid r,m\mid r,nm\mid r$. 于是 $r=mn$. 这就是说,两个阶互素的可交换元的乘积的阶等于阶的乘积,这是一个很有用的结论.

(3)设

$$m=\prod_{i=1}^{l}p_i^{t_i},n=\prod_{i=1}^{l}p_i^{s_i},t_i,s_i\geqslant 0$$

这里 $p_1,p_2,\cdots,p_l$ 为两两互异的素数,则

$$q=\prod_{i=1}^{l}p_i^{e_i},e_i=\max\{t_i,s_i\}$$

不妨设 $t_i\geqslant s_i,i=1,\cdots,k;t_i<s_i,i=k+1,\cdots,l$,则

$$\alpha=a^{\prod_{j=k+1}^{l}p_j^{t_j}}\text{ 的阶为 }u=\prod_{j=1}^{k}p_j^{t_j}$$

$$\beta=b^{\prod_{j=1}^{k}p_j^{s_j}}\text{ 的阶为 }v=\prod_{j=k+1}^{l}p_j^{s_j}$$

且 $(u,v)=1,\alpha\beta=\beta\alpha$,故 $\alpha\beta$ 为 G 中的 $q=uv$ 阶元. 证毕

题 1 有人断言,在定理 1 的假设之下,ab 即为 q 阶元. 他的“证明”如下:记

$q=[m,n],d=(m,n)$，则 $dq=mn$. 由 $(a{:}1)=m$ 知 $(a^d{:}1)=\dfrac{m}{d}$；由 $(b{:}1)=n$ 知 $(b^d{:}1)=\dfrac{n}{d}$，再由 $\left(\dfrac{m}{d},\dfrac{n}{d}\right)=1$ 和 $a^db^d=(ab)^d=b^da^d$ 知

$$((ab)^d{:}1)=\frac{mn}{d^2}=\frac{q}{d}$$

于是 $(ab{:}1)=\dfrac{q}{d}\cdot d=q$. 请指出错误所在.

题 2　设 a 和 b 分别是群 G 中 m 和 n 阶元且 $ab=ba$. 如果 $\langle a\rangle\cap\langle b\rangle=\{e\}$，证明 ab 的阶为 $q=[m,n]$.（提示：由 $(ab)^r=e$ 知 $a^r=b^{-r}=e$.）

定理 2　设 G 是交换群. 如果 G 中存在阶最大的元 a，$(a{:}1)=m$，则 G 中任一元的阶必整除 m.

证　若存在 $b\in G$，其阶 $r\nmid m$，则 G 中必存在 $q=[r,m]$ 阶元，而 $q>m$，这与 m 的最大性矛盾. 证毕

§3　子　群

子群的定义及其判别法　群 G 的非空子集 H 称为 G 的**子群**，如果 H 关于 G 中运算也成群. 记为 $H\leqslant G$. 记号 $H<G$ 表示 $H\leqslant G,H\neq G$.

例 1　设 F 为某一数域，容易验证

$$GL_n(F)=\{\boldsymbol{A}\mid\boldsymbol{A}\in M_n(F),\det\boldsymbol{A}\neq 0\}$$
$$SL_n(F)=\{\boldsymbol{A}\mid\boldsymbol{A}\in M_n(F),\det\boldsymbol{A}=1\}$$

关于矩阵乘法都成群，分别称为 F 上 n 阶**一般线性群和特殊线性群**. 且当 $|F|>2$ 时，$SL_n(F)<GL_n(F)$.

题 1　设 H 是群 G 的子群，证明 H 的单位元就是 G 的单位元，因而 G 的单位元必在 H 中. 任一 $a\in H$ 在 H 中的逆元就是 a 在 G 中的逆元，因而 $a\in H$ 在 G 中的逆元必在 H 中.（提示：利用消去律.）

定理 1　群 G 的非空子集 H 是子群

$\Leftrightarrow$ 对任何 $a,b\in H$ 有 $ab\in H,a^{-1}\in H$

$\Leftrightarrow$ 对任何 $a,b\in H$ 有 $ab^{-1}\in H$.

例 2　设 ~ 是群 G 中某个等价关系使得对任何 $a,x,y\in G$，由 $ax\sim ay$ 必可推出 $x\sim y$，证明

$$H=\{x\mid x\in G,x\sim e\}$$

必是 G 的子群，这里 e 为 G 的单位元.

证 任取 $x,y\in H$,则 $x\sim e,y\sim e$,必有 $x\sim y$,即 $y(y^{-1}x)\sim y(y^{-1}y)=ye$,于是由条件知 $y^{-1}x\sim e,y^{-1}x\in H,H\leqslant G$. 证毕

题 2 设群 G 的某个非空子集 H 中全是有限阶元,证明 $H\leqslant G\Leftrightarrow$对任何 $a,b\in H$ 必有 $ab\in H$.(提示:由 $a^r=e$ 得 $a^{-1}=a^{r-1}$.)

题 3 群 G 的非空有限子集 H 是子群$\Leftrightarrow$对任何 $a,b\in H$ 有 $ab\in H$.(提示:利用消去律验证条件(Ⅲ).)

重要子群 任一群 G 至少有以下五个重要子群:

1. 中心

$$C(G)=\{g\mid g\in G,gx=xg,\forall x\in G\}$$

2. G 中元素 a **在 G 中的中心化子**

$$C_G(a)=\{g\mid g\in G,ga=ag\}$$

易见,$C(G)=\bigcap\limits_{a\in G}C_G(a)$.

3. G 的非空子集 K **在 G 中的中心化子**

$$C_G(K)=\{g\mid g\in G,gk=kg,\forall k\in K\}$$

4. G 的非空子集 K **在 G 中的正规化子**

$$N_G(K)=\{g\mid g\in G,gK=Kg\}$$

易见,$C_G(K)\leqslant N_G(K)$. 对 $a\in G$ 有 $N_G(a)=C_G(a)$. 要注意的是,$gK=Kg$ 仅仅是集合等式,即对任一 $k\in K$,必存在 $k'\in K$ 使 $gk=k'g$,而未必有 $k'=k$.

5. 换位子群

$$D(G)=\{G\text{ 中有限个换位子的乘积}\}$$

所谓群 G 中的元素 a 与 b 的**换位子**指的是 G 中的元素$[a,b]=a^{-1}b^{-1}ab$. 要注意,G 中换位子全体未必成群. 易见,群 G 是交换群当且仅当 e 是 G 中唯一的换位子.

例 3 设 a 是群 G 中唯一的 2 阶元,则由$(g^{-1}ag)^2=e$ 知 $g^{-1}ag=a,ag=ga$,$\forall g\in G$,故 $C_G(a)=G$.

例 4 设 A 是群 G 的子集,$C(A)$表示 A 在 G 中的中心化子,则 $C(C(C(A)))=C(A)$.

证 按中心化子的定义知对 G 的任一子集 S 有

$$S\subseteq C(C(S))\text{ 和 }C(S)\supseteq C(C(C(S)))$$

在这两个式子中分别取 $S=C(A)$和 A 即得

$$C(A)\subseteq C(C(C(A)))\text{ 和 }C(A)\supseteq C(C(C(A)))$$

故等式成立. 证毕

子群的乘积 设 H 和 K 是群 G 的两个子群,问子集

$$HK=\{hk\mid h\in H,k\in K\}$$

何时是 G 的子群? 这无疑是一个饶有兴趣而且颇为重要的问题,我们有

定理 2　设 $H\leqslant G,K\leqslant G$，则 $HK\leqslant G\Leftrightarrow KH\subseteq HK$.

证　$\Rightarrow$：任取 $g=kh\in KH$，则由 $H,K\leqslant G$，知 $g^{-1}=h^{-1}k^{-1}\in HK$. 因为 $HK\leqslant G$，所以 $g\in HK$，故 $KH\subseteq HK$.

$\Leftarrow$：任取 $g_1=h_1k_1,g_2=h_2k_2\in HK$，则由 $H,K\leqslant G$ 且 $KH\subseteq HK$ 知

$$\begin{aligned} g_1g_2^{-1} &= (h_1k_1)(h_2k_2)^{-1}=h_1k_1k_2^{-1}h_2^{-1}=h_1k_3h_2^{-1} \\ &= h_1h_3k_4=h_4k_4\in HK \end{aligned}$$

故 $HK\leqslant G$.　**证毕**

注意，条件 $KH\subseteq HK$ 仅能保证对任何 $k\in K,h\in H$，必存在 $h_1\in H,k_1\in K$ 使 $kh=h_1k_1$，而不能保证 $kh=hk_1$ 或 $kh=h_1k$.

推论　设 $H\leqslant G,K\leqslant G$，则 $KH\subseteq HK\Leftrightarrow KH=HK$.

事实上，由 $KH\subseteq HK$ 和 H 和 K 都是子群知，对任一 $h\in H,k\in K$，必有 $k^{-1}h^{-1}=h_1k_1$，故 $hk=k_1^{-1}h_1^{-1}\in KH$，即 $HK\subseteq KH$，所以 $KH=HK$.

这样，就得到了如下重要结论

定理 3　设 $H\leqslant G,K\leqslant G$，则 $HK\leqslant G\Leftrightarrow KH\subseteq HK\Leftrightarrow KH=HK\Leftrightarrow HK\subseteq KH\Leftrightarrow KH\leqslant G$.

特别，当 G 的两个子群 H 和 K 中至少有一个是正规子群时，必有 $HK=KH\leqslant G$. 如果两个都是正规子群，则由 $gHK=HgK=HKg,\ \forall g\in G$，知 $HK=KH$ 必是 G 的正规子群.

这里我们介绍一种简洁的形式证法. 由群的定义知对任一群 H 有

$$H=H^{-1}=\{h^{-1}\mid h\in H\}$$

$$H=HH=\{h_1h_2\mid h_1,h_2\in H\}$$

据此可证，当 $H,K\leqslant G$ 时，$HK\leqslant G\Leftrightarrow HK=KH$. 事实上，若 $HK\leqslant G$，则 $HK=(HK)^{-1}=K^{-1}H^{-1}=KH$. 反之，若 $HK=KH$，则 $(HK)(HK)^{-1}=HKK^{-1}H^{-1}=HKKH=HKH=HHK=HK$，故由子群判别法（定理 1）知 $HK\leqslant G$.

最后，我们给出一个与子群的阶有关的公式，读者应当学会灵活应用这一公式

$$|HK|\cdot|H\cap K|=|H|\cdot|K|$$

这里 H 和 K 是群 G 的任意两个有限子群. 当然 HK 未必成群.

题 4　设 H 和 K 分别是群 G 的 m 和 n 阶子群，且 $(m,n)=1$，证明 $|HK|=mn$.

§4　正规子群与商群

陪集分解式　设 H 是群 G 的任一子群，则可在集合 G 中确定如下两个等价关系

$$a\sim b\Leftrightarrow ab^{-1}\in H,\quad a\sim' b\Leftrightarrow b^{-1}a\in H$$

G 中元素 a 所属的由 $\sim$ 和 $\sim'$ 确定的等价类分别为

$$Ha=\{g\mid g\in G, ga^{-1}\in H\}$$
$$aH=\{g\mid g\in G, a^{-1}g\in H\}$$

分别称它们为 a 所属的 H 的**右陪集**和**左陪集**. 易证

$$Ha=Hb\Leftrightarrow a\sim b\Leftrightarrow ab^{-1}\in H\Leftrightarrow ba^{-1}\in H$$
$$aH=bH\Leftrightarrow a\sim' b\Leftrightarrow b^{-1}a\in H\Leftrightarrow a^{-1}b\in H$$

于是得到 G 关于子群 H 的两种**陪集分解式**

$$G=\bigcup_{i\in I}Ha_i, G=\bigcup_{i\in I}b_iH$$

这里 $\{a_i\mid i\in I\}$ 与 $\{b_i\mid i\in I\}$ 分别是两种陪集分解式的**完全代表系**,即互异陪集的代表元系,I 为某个指标集. 由

$$Ha_i=Ha_j\Leftrightarrow a_i^{-1}H=a_j^{-1}H$$

知必有

$$G=\bigcup_{i\in I}Ha_i=\bigcup_{i\in I}a_i^{-1}H$$

但是未必有

$$G=\bigcup_{i\in I}Ha_i=\bigcup_{i\in I}a_iH$$

不过,可以证明:当 I 为 n 元有限集时,必存在 $z_1,\cdots,z_n\in G$ 使

$$G=\bigcup_{i\in I}^{n}Hz_i=\bigcup_{i\in I}^{n}z_iH$$

详见 N. Jacobson, Basic Algebra 1, p. 53.

Lagrange 定理 群 G 关于子群 H 的左、右陪集之间有何关系呢? 记

$$S_r=\{H\text{ 的互异右陪集全体}\}$$
$$S_l=\{H\text{ 的互异左陪集全体}\}$$

则由 $\varphi: Ha\to a^{-1}H$ 是 S_r 到 S_l 的双射知

$$|S_r|=|S_l|=[G:H]$$

我们称$[G:H]$为 H 在 G 中的**指数**. 再由 $\varphi: h\to ha$ 和 $\psi: h\to ah$ 分别是 H 到 Ha 和 H 到 aH 的双射知

$$|H|=|Ha|=|aH|, \forall a\in G$$

由此我们可得到如下重要结论

定理 1(Lagrange) 设 H 是有限群 G 的子群,则

$$|G|=[G:H]\cdot|H|$$

因此,对 n 阶有限群来说,它的任一子群的阶必整除 n,它的任一元素的阶也必整除 n.

例 1 任一 6 阶群 G 有且仅有一个 3 阶子群.

证 如果 G 中所有非单位元都是 2 阶元,则对互异的非单位元 a 和 b,由 $abab=e$知 $ba=a^{-1}b^{-1}=ab$,故 G 必有 4 阶子群 $H=\{e,a,b,ab\}$,这显然是不可能的. 所以必存在 $g\in G$,使$(g:1)=3$ 或 6. 于是

$$\langle g\rangle=\{e,g,g^2\}\text{或}\langle g^2\rangle=\{e,g^2,g^4\}$$

即为 G 的 3 阶子群. 如果 H 和 K 是 G 的互异 3 阶子群,则由 $H\cap K=\{e\}$ 知

$$|G|\geqslant|HK|=\frac{|H|\cdot|K|}{|H\cap K|}=9$$

与 $|G|=6$ 矛盾,故 G 仅有唯一的 3 阶子群. 证毕

题 1　证明任一 $4k+2$ 阶群中不可能存在两个互异的可交换的 2 阶元.(提示:否则将有 $4|(4k+2)$.)

定理 2　设 $K\leqslant H\leqslant G$ 是三个群,且 $[G:K]$ 为有限数,则有指数公式

$$[G:K]=[G:H][H:K]$$

正规子群及其判别法　群 G 的子群 N 是**正规子群**(记为 $N\lhd G$)

$\Leftrightarrow$对任何 $g\in G$ 都有 $Ng=gN$

$\Leftrightarrow$对任何 $g\in G,h\in N$ 都有 $ghg^{-1}\in N$

$\Leftrightarrow$对任何 $g\in G$ 都有 $gNg^{-1}\subseteq N$,此即 $gNg^{-1}=N$.

这里 $gN=Ng,gNg^{-1}=N$ 等都是集合等式.

交换群的任何子群都是正规子群. 群 G 的任一指数为 2 的子群 H 必是 G 的正规子群,这是因为由陪集分解式知对任一 $g\in G,g\notin H$,必有 $gH=Hg$. 群 G 的中心 $C(G)\lhd G$. 由

$$g^{-1}[a,b]g=[g^{-1}ag,g^{-1}bg]$$

知 G 的换位子群 $D(G)\lhd G$. 设 $H\leqslant K\leqslant G$ 是三个群. 如果 $H\lhd G$,则 $H\lhd K$. 但是,当 $H\lhd K,K\lhd G$ 时,未必有 $H\lhd G$. 也就是说,正规子群是没有传递性的. 需要加什么条件,才有这种传递性,将在§8 和§10 中讨论.

题 2　设 $N\lhd G,H_1\lhd G,H_2\leqslant G$,且 $H_1\subseteq H_2$,证明 $H_1N\lhd H_2N$.(提示:$H_1N\lhd G$.)

题 3　(1)群 G 中元素 a 在 G 中的中心化子 $C(a)$ 是不是 G 的正规子群?(答:否.)

(2)群 G 的子群 H 在 G 中的正规化子 $N(H)$ 是不是 G 的正规子群? H 是不是 $N(H)$ 的正规子群?(答:否. 是.)

例 2　设 $H\leqslant G,N\lhd G$,则 $H\cap N\lhd H$,但未必有 $H\cap N\lhd N$.

例 3　设 p 是群 G 的阶 n 的某个素因子. 如果方程 $x^p=e$ 在 G 内恰有 p 个解,则由这 p 个解组成的集合 H 必是 G 的正规子群.

证　因为 p 为素数,所以方程 $x^p=e$ 在 G 中的任一非单元解 a 必是 p 阶元. 易见

$$H=\{e,a,a^2,\cdots,a^{p-1}\}=\langle a\rangle\leqslant G$$

任取 $g\in G$,由 $(gag^{-1})^p=e$ 知 $gag^{-1}\in H$,故 $H\lhd G$. 证毕

单群　除了单位元群 $\{e\}$ 和 G 本身以外,不存在其他正规子群的群 G 称为单

群. 1963 年, W. Feit 和 J. G. Tompson 证明了有限非交换单群必为偶数阶群, 因而奇数阶单群必是交换群, 即为奇素数阶循环群. (已知阶数小于 1 000 的非交换单群仅有五个, 其阶数分别为 60, 168, 360, 504 和 660.) 所有 60 阶单群都与 5 次交错群 A_5 (见 §7) 同构①. 关于单群的进一步讨论将在 §9 中进行.

商群 设 $N \lhd G$, 容易验证集合

$$G/N = \{aN \mid a \in G\} = \{\bar{a} \mid a \in G\}$$

关于陪集乘法

$$(aN)(bN) = abN \text{ 即 } \bar{a}\,\bar{b} = \overline{ab}$$

成群, 称为 **G 模 N 的商群**, 且 $|G/N| = [G:N]$, 特别, 当 G 为有限群时, $|G/N| = |G|/|N|$.

在验证 G/N 成群时, 我们会发现子群 N 是正规子群当且仅当陪集运算 $(aN)(bN) = abN$ 是单值运算. 事实上, 设 $N \lhd G$. 如果 $aN = a'N, bN = b'N$, 则必存在 $h_1, h_2 \in N$ 使 $a' = ah_1, b' = bh_2$. 于是由

$$a'b' = a(h_1 b)h_2 = abh_3 h_2 = abh_4 \in abN$$

知 $(a'N)(b'N) = a'b'N = abN = (aN)(bN)$. 这就说明了运算是单值的, 不依赖于陪集中代表元的选择. 反之, 如果上述运算是单值的, 可证 $N \lhd G$. 为此, 任取 $h \in N$, $g \in G$, 有

$$(hN)(gN) = (hg)N$$
$$(eN)(gN) = (egN) = gN$$

但由 $hN = N$ 和单值性知 $(hN)(gN) = (eN)(gN)$, 故

$$(hgN) = (gN), g^{-1}hg \in N, N \lhd G$$

现举一实例说明如下. 取 $H = \{(1), (1\ 2)(3\ 4)\}$ 是 A_4 的子群, 但不是正规子群 (见 §7), 有

$$(1\ 2\ 3)H = \{(1\ 2\ 3), (2\ 4\ 3)\} = (2\ 4\ 3)H$$
$$(1\ 2\ 4)H = \{(1\ 2\ 4), (2\ 3\ 4)\} = (2\ 3\ 4)H$$

但据陪集乘法的定义有

$$(1\ 2\ 3)H \cdot (1\ 2\ 4)H = (1\ 4)(2\ 3)H$$
$$(2\ 4\ 3)H \cdot (2\ 3\ 4)H = H$$

在与商群有关的问题中, 初学者往往容易犯如下"想当然"的错误. 设 $H \lhd G$, $H' \lhd G'$. 如果 $G \cong G', H \cong H'$, 则 $G/H \cong G'/H'$. 请读者举出一反例说明此结论是错误的.

换位子群的重要性质 以下定理给出了群的换位子群的一个十分重要的性质, 利用它可把一般群的研究化为交换群的研究.

---

① 参见张远达, 有限群的构造, 上册, P. 239.

定理 3　设 G 为群，则

(1) $D(G) \lhd G$，且 $G/D(G)$ 是交换群；

(2) 若 $D(G) \leqslant H \leqslant G$，则 $H \lhd G$，即 G 的包含 $D(G)$ 的子群必为正规子群；

(3) 若 $H \lhd G$，则 G/H 为交换群 $\Leftrightarrow D(G) \subseteq H$，即群的换位子群是使商群成为交换的最小正规子群.

证　(1) 任取 $\bar{a}, \bar{b} \in G/D(G)$，则据陪集乘法定义有

$$\bar{a}^{-1}\bar{b}^{-1}\bar{a}\,\bar{b} = \overline{a^{-1}b^{-1}ab} = (a^{-1}b^{-1}ab)D(G) = D(G)$$

故 $\bar{a}\bar{b} = \bar{b}\bar{a}$，$G/D(G)$ 为交换群.

(2) 任取 $h \in H, g \in G$，则由

$$h^{-1}g^{-1}hg \in D(G) \subseteq H$$

知 $g^{-1}hg \in H$，故 $H \lhd G$.

(3) G/H 为交换群 $\Leftrightarrow (aH)(bH) = (bH)(aH), \forall a, b \in G$

$$\Leftrightarrow a^{-1}b^{-1}ab \in H, \forall a, b \in G \Leftrightarrow D(G) \subseteq H.$$

证毕

题 4　设 H 和 K 都是群 G 的正规子群，且 G/H 和 G/K 都是交换群，证明 $H \cap K$ 是 G 的正规子群，且 $G/H \cap K$ 也是交换群.

商群的子群

定理 4　设 H 是群 G 的正规子群，则

(1) 商群 G/H 的子群必为 K/H，这里 K 是 G 的某个包含 H 的子群；

(2) 设 $H \leqslant K \leqslant G$，则 $K/H \lhd G/H \Leftrightarrow K \lhd G$.

证　(1) 任取 G/H 的子群 $\widetilde{K}$，它由 G 关于 H 的某些陪集组成. 令

$$K = \{k \mid k \in G, \bar{k} = kH \in \widetilde{K}\} = \bigcup_{kH \in \widetilde{K}} kH$$

由 $\widetilde{K}$ 是群知对任意 $k_1, k_2 \in K$ 有

$$(k_1k_2^{-1})H = (k_1H)(k_2H)^{-1} \in \widetilde{K}$$

故 $k_1k_2^{-1} \in K$，$K \leqslant G$，且 $H \lhd K \leqslant G$. 再由 K 的定义知

$$\widetilde{K} = \{kH \mid k \in K\} = K/H$$

(2) 任取 $k \in K, g \in G$，有

$$(gH)(kH)(gH)^{-1} = (gkg^{-1})H \in K/H \Leftrightarrow gkg^{-1} \in K$$

这即说明 $K/H \lhd G/H \Leftrightarrow K \lhd G$.　证毕

例 4　设 $N \lhd G$ 但 $N \neq G$. 如果不存在子群 K 合于 $N \lhd K \lhd G, K \neq N, K \neq G$，则称 N 是 G 的**极大正规子群**. 因为当 $N \lhd G$ 时有

$$K/N \lhd G/N \Leftrightarrow N \lhd K \lhd G$$

所以 G/N 是单群$\Leftrightarrow G/N$ 不存在非平凡正规子群$\Leftrightarrow$当 $N \lhd K \lhd G$ 时必有 $K=N$ 或 $K=G$，即 N 是 G 的极大正规子群. 这就是常用的判别商群为单群的方法，也是由群 G 构造单群 G/N 的方法. 在 §8 中讨论合成群列时将会用到这个结论.

§5　同态定理与同构定理

各种同态映射的定义　设$(G,\circ)$和$(\overline{G},\bar{\circ})$是两个群，$G \xrightarrow{\varphi} \overline{G}$. 对 $a \in G$，记 $\varphi(a)=\bar{a}$. 称 φ 是 G 到 $\overline{G}$ 内的**同态映射**，如果

$$\overline{a \circ b} = \bar{a} \,\bar{\circ}\, \bar{b}, \forall a,b \in G \tag{1}$$

如果至少存在一个 G 到 $\overline{G}$ 的同态满射 φ，则称 G 与 $\overline{G}$ **同态**，记为 $G \overset{\varphi}{\sim} \overline{G}$. 特别，$G$ 到 G 自身的同态满射称为 G 的**自同态**. G 到 $\overline{G}$ 的同态双射称为**同构映射**，它必为可逆映射. 如果群 G 和 $\overline{G}$ 之间存在同构映射 φ，则称它们是**同构**的，记为 $G \overset{\varphi}{\cong} \overline{G}$. 此时必存在 φ^{-1} 使 $\overline{G} \overset{\varphi^{-1}}{\cong} G$. 特别，$G$ 到自身的同构映射称为**自同构**. 如果 φ 是 G 到 $\overline{G}$ 内的**同态单射**（未必是满射），则 G 与 $\overline{G}$ 的某个子群 $\varphi(G)$ 同构.

例 1　由行列式乘法规则知 $\varphi: \boldsymbol{A} \to \det \boldsymbol{A}$ 是 $GL_n(F)$ 到 F^* 的同态满射，这里 F^* 是数域 F 的非零元素乘法群.

题 1　证明实数加法群与正实数乘法群同构

$$(\mathbf{R},+) \overset{\varphi}{\cong} (\mathbf{R}^+,\cdot),(\mathbf{R}^+,\cdot) \overset{\psi}{\cong} (\mathbf{R},+)$$

试写出 φ 和 ψ.（提示：$a \xrightarrow{\varphi} \alpha^a, a \xrightarrow{\psi} \log_\alpha a, \alpha>0, \alpha \neq 1.$）

任给群同态 $G \overset{\varphi}{\sim} \overline{G}$，由同态的定义知 φ 保持结合律和交换律，且 $\varphi(e)=\bar{e}$，$\varphi(g^{-1})=\varphi(g)^{-1}, \forall g \in G$. 这里 e 和 $\bar{e}$ 分别为 G 和 $\overline{G}$ 的单位元. 但是，必须注意，即使说两个群同构，也只能说明这两个群具有相同的与运算有关的性质，而绝不是说它们相等. 例如整数加群$(\mathbf{Z},+)$与偶数加群$(\mathbf{E},+)$是同构的，$n \to 2n$ 是它们之间的同构映射，但 $\mathbf{E} < \mathbf{Z}$. 又如，n 次单位根群$(G_n,\circ)$与整数模 n 的剩余类加群$(\mathbf{Z}/(n),+)$也是同构的，但这是两个完全不同的群.

下例给出一些证明两个群互不同构的方法.

例 2　证明有理数加法群 $\mathbf{Q}^+$ 与非零有理数乘法群 $\mathbf{Q}^*$ 是不同构的. 如果 $\mathbf{Q}^+ \overset{\varphi}{\cong} \mathbf{Q}^*$，我们可采用以下几种反证法：

一法　易见 $\mathbf{Q}^+$ 中无 2 阶元（若 $2a=0$ 必有 $a=0$），$\mathbf{Q}^*$ 中有 2 阶元 -1，而同构

映射是保阶的,故此 φ 不存在.

二法　由 $\varphi(a)=\varphi\left(\frac{a}{2}+\frac{a}{2}\right)=\varphi\left(\frac{a}{2}\right)^2\geqslant 0$ 知 φ 不是满射.

三法　必有 $\varphi(0)=1$. 设 $\varphi(a)=-1$,则由 $(-1)^2=1$ 知 $2a=0$,必有 $a=0$,这与 φ 的单值性矛盾.

题 2　证明整数加群 $\mathbf{Z}^+$ 与有理数加群 $\mathbf{Q}^+$ 不同构.

反同态与反同构　只要把上述条件(1)改为

$$\overline{a\circ b}=\overline{b}\circ\overline{a},\ \forall a,b\in G$$

即可得到反同态与反同构的定义,这也是常见的一类映射. 例如,求转置运算与求逆运算都是群 $GL_n(F)$ 的反自同构. 在§7 中我们将给出一些反同构的变换群.

同态的核与同态定理　设 φ 是群 G 到群 $\overline{G}$ 内的同态映射(未必是满射). 称 G 的子集

$$K=\{g\mid g\in G,\varphi(g)=\overline{e}\text{ 为 }\overline{G}\text{ 的单位元}\}$$

为同态 φ 的**核**,记为 $\operatorname{Ker}\varphi$,它必是 G 的正规子群. 易见,φ 是同态单射当且仅当 $\operatorname{Ker}\varphi=\{e\}$.

例 3　设 $\mathbf{R}^+$ 为实数加群,U 是模为 1 的复数乘群,则 $\varphi:\theta\to e^{i\theta}$ 是 $\mathbf{R}^+$ 到 U 的同态满射,核为

$$\operatorname{Ker}\varphi=\{2n\pi\mid n\in\mathbf{Z}\}$$

题 3　设 $\mathbf{Z}^+$ 为整数加群,G 是任一群. 取定某个 $a\in G$,证明 $\varphi:n\to a^n$ 是 $\mathbf{Z}^+$ 到 G 内的同态映射,并定出 $\operatorname{Ker}\varphi$.(提示:区别 a 为有限阶元和无限阶元两种情形.)

定理 1(同态定理)　(1)群 G 的任一商群 G/N 必是 G 的同态象,$G\overset{\nu}{\sim}G/N$,这里 $\nu:g\to gN,\forall g\in G$,称为 G 到 G/N 的**自然同态**.

(2)设群 $G\overset{\varphi}{\sim}G'$,$K=\operatorname{Ker}\varphi$,则

$$G/K\overset{\varphi^*}{\cong}G'$$

且满足 $\varphi=\varphi^*\nu$,其中

$$\varphi^*:gK\to\varphi(g),\nu:g\to gK$$

同态定理的证明非常简单,仅是按定义验证而已. 然而,在抽象代数乃至其他学科中都有广泛的应用,因此读者必须熟记定理的条件与结论,并要学会灵活应用.

例 4　考虑实数域 $\mathbf{R}$ 中如下两个变换集合

$$G=\{\sigma_{(a,b)}:x\to ax+b\mid a\in\mathbf{R}^*,b\in\mathbf{R}\}$$

$$N=\{\tau_b:x\to x+b\mid b\in\mathbf{R}\}$$

证明 G 是群,$N\lhd G$,且 $G/N\cong\mathbf{R}^*$.

证　因为对任一 $x\in\mathbf{R}$ 都有

$$\sigma_{(a,b)}\sigma_{(c,d)}(x) = a(cx+d)+b = \sigma_{(ac,ad+b)}(x)$$

所以

$$\sigma_{(a,b)}\sigma_{(c,d)} = \sigma_{(ac,cd+b)} \in G \tag{2}$$

$$\sigma_{(a,b)}^{-1} = \sigma_{(\frac{1}{a},-\frac{b}{a})} \in G$$

故 G 成群. 由(2)式知 $\varphi:\sigma_{(a,b)} \to a$ 是 G 到 $\mathbf{R}^*$ 的同态满射,核恰为 N,故 $N \lhd G$ 且

$$G/N \cong \mathbf{R}^*$$

证毕

题 4 设 $\mathbf{R}^*$ 是非零实数乘法群,证明

$$GL_n(\mathbf{R})/SL_n(\mathbf{R}) \cong \mathbf{R}^*$$

自同构群与内自同构群 设 G 是群. 容易验证

$$A(G) = \{G \text{ 的自同构全体}\}$$

关于 G 中的变换乘法成群,它是 G 中一一变换全体所成的群的子群,称为 G 的**自同构群**. 任一 $a \in G$,必可确定 G 中的一个**内自同构**

$$\sigma_a : x \to axa^{-1}, \forall x \in G$$

例 5 $I(G) = \{G \text{ 的内自同构全体}\} \lhd A(G)$.

证 σ_a 显然是单值映射和双射. 由

$$\sigma_a(xy) = a(xy)a^{-1} = (axa^{-1})(aya^{-1}) = \sigma_a(x)\sigma_a(y)$$

知 $I(G) \subseteq A(G)$. 由

$$\sigma_a\sigma_b(x) = abxb^{-1}a^{-1} = \sigma_{ab}(x), \forall x \in G$$

知 $\sigma_a\sigma_b = \sigma_{ab} \in I(G)$, $(\sigma_a)^{-1} = \sigma_{a^{-1}} \in I(G)$,故 $I(G) \leqslant A(G)$. 任取 $\sigma_a \in I(G)$, $\tau \in A(G)$,不难验证

$$(\tau\sigma_a\tau^{-1})(x) = \sigma_{\tau(a)}(x), \forall x \in G \tag{3}$$

即 $\tau\sigma_a\tau^{-1} = \sigma_{\tau(a)} \in I(G)$,因此, $I(G) \lhd A(G)$. 证毕

称 $I(G)$ 为 G 的**内自同构群**. 有的书上把 $A(G)/I(G)$ 称为 G 的**外自同构群**,不过它的元素并不是 G 的自同构!

例 6 设 G 为 $2k$ 阶群, k 为奇数. 如果在 G 中存在两个互异的 2 阶元 a 与 b,则 $A(G)$ 必不是交换群.

证 如果 $A(G)$ 是交换群,则 $I(G)$ 也是交换群. 由 $\sigma_a\sigma_b = \sigma_b\sigma_a$ 知

$$abxb^{-1}a^{-1} = baxa^{-1}b^{-1}, \forall x \in G$$

特别,取 $x = a$ 得 $(ab)^4 = e$. 若 ab 为 4 阶元,则 $4 \mid 2k$,这不可能. 若 ab 为 2 阶元,则由 $abab = e$, $ab = ba$ 知 G 存在 4 阶子群 $\{e,a,b,ab\}$,因此同样应该有 $4 \mid 2k$,矛盾. 故 $A(G)$ 不是交换群. 证毕

由 $\sigma_a\sigma_b = \sigma_{ab}$ 知 $a \xrightarrow{\varphi} \sigma_a$ 是 G 到 $I(G)$ 的同态满射,再由

$$\sigma_a(x) = x \Leftrightarrow axa^{-1} = x \Leftrightarrow ax = xa, \forall x \in G$$

知 φ 的核就是 G 的中心 C，因此得到

定理 2　若 C 是群 G 的中心，则 $G/C \cong I(G)$

题 5　证明任一非交换单群 G 必同构于 $I(G)$.

例 7*　若已知某群 G 的自同构群 $A(G)$ 为单位元群，即恒等变换 1 是唯一的自同构，证明

(1) G 必为交换群，且 G 中任一非单位元必为 2 阶元.

(2) 如果已知此群 G 为有限生成群(见 §6)，则 $|G| \leqslant 2$.

证　(1) 由 $A(G)=\{1\}$ 和 $I(G)=\{1\}$，故由定理 2 知 $C=G$，G 为交换群. 再由 G 是交换群可知，对任何 $a \in G$，$a \xrightarrow{\varphi} a^{-1}$ 必是 G 的自同构，故由条件知 $\varphi=1$，$a=a^{-1}$，故任一非单位元 a 为 2 阶元.

(2) 设 $G=\langle a_1,a_2,\cdots,a_n\rangle$ 是由 $a_1,a_2,\cdots,a_n$ 生成的群，且 $\{a_1,a_2,\cdots,a_n\}$ 是**极小生成系**，即任意去掉一个 a_i，就生成 G 的真子群了！由于 G 是交换群，所以任一 $x \in G$ 必可表为

$$x=a_1^{\delta_1}a_2^{\delta_2}\cdots a_n^{\delta_n}$$

且由 a_i 都是 2 阶元知 $\delta_i=1$ 或 0. 任取 n 阶置换(见 §7)

$$\sigma=\begin{pmatrix}1 & 2 & \cdots & n\\ i_1 & i_2 & \cdots & i_n\end{pmatrix}=\begin{pmatrix}j_1 & j_2 & \cdots & j_n\\ 1 & 2 & \cdots & n\end{pmatrix}\in S_n$$

考虑由 σ 确定的 G 中的如下变换(仍用 σ 表示)

$$x=a_1^{\delta_1}a_2^{\delta_2}\cdots a_n^{\delta_n}\xrightarrow{\sigma}x'=a_{i_1}^{\delta_1}a_{i_2}^{\delta_2}\cdots a_{i_n}^{\delta_n}$$

首先，由

$$a_{j_1}^{\delta_1}a_{j_2}^{\delta_2}\cdots a_{j_n}^{\delta_n}\xrightarrow{\sigma}a_1^{\delta_1}a_2^{\delta_2}\cdots a_n^{\delta_n}$$

知 σ 为满射. 设

$$y=a_1^{\varepsilon_1}a_2^{\varepsilon_2}\cdots a_n^{\varepsilon_n}\xrightarrow{\sigma}y'=a_{i_1}^{\varepsilon_1}a_{i_2}^{\varepsilon_2}\cdots a_{i_n}^{\varepsilon_n}$$

如果 $x'=y'$，则

$$a_{i_1}^{\delta_1-\varepsilon_1}=a_{i_2}^{\varepsilon_2-\delta_2}\cdots a_{i_n}^{\varepsilon_n-\delta_n}$$

如果 $\delta_1\neq\varepsilon_1$，则 $\delta_1-\varepsilon_1=\pm1$，注意到 a_{i_1} 为 2 阶元知 a_{i_1} 可由 $a_{i_2},\cdots,a_{i_n}$ 生成，这与 $\{a_1,a_2,\cdots,a_n\}$ 的极小性矛盾，故必有 $\delta_1=\varepsilon_1$. 同理，$\delta_i=\varepsilon_i$，$i=2,3,\cdots,n$. 因而必有 $x=y$，故 σ 为单射. 最后，由 G 是交换群知

$$\sigma(xy)=\sigma(x)\sigma(y)$$

这就是说，在 $A(G)=\{1\}$ 条件下，G 的生成元之间的任一置换必确定 G 的一个自同构，因此，$n=1$，即 $|G|\leqslant 2$.　　证毕

题 6　设群 G 不是交换群，证明 $I(G)$ 和 $A(G)$ 必不是循环群.(提示：用反证法. 由 $I(G)\cong G/C$ 为循环群推出 G 为交换群.)

两个同构定理　首先,读者必须弄清楚象集与完全原象之间的关系. 设 $A \xrightarrow{\varphi} \overline{A}$. 集合 A 的子集 S 在 φ 之下的**象集**

$$\varphi(S)=\{\overline{x}\mid\overline{x}\in\overline{A},\text{存在 } x\in A \text{ 使 } \varphi(x)=\overline{x}\}\subseteq\overline{A}$$

$\overline{A}$ 的子集 $\overline{S}$ 在 φ 之下的**完全原象**

$$\varphi^{-1}(\overline{S})=\{x\mid x\in A,\varphi(x)=\overline{x}\in\overline{S}\}\subseteq A$$

不难看出,由 $S=\varphi^{-1}(\overline{S})$ 必可推出 $\overline{S}=\varphi(S)$. 但是,由 $\overline{S}=\varphi(S)$ 仅能推出 $S\subseteq\varphi^{-1}(\overline{S})$. 当 φ 为单射时,等号成立.

设群 $G\overset{\varphi}{\sim}\overline{G},\varnothing\neq\overline{H}\subseteq\overline{G},H=\varphi^{-1}(\overline{H})$,利用子群和正规子群判别法不难证明

$$H\leqslant G\Leftrightarrow\overline{H}\leqslant\overline{G},H\lhd G\Leftrightarrow\overline{H}\lhd\overline{G}$$

(在证明时要应用条件 $H=\varphi^{-1}(\overline{H})$.)

定理 3(第一同构定理)　设群 $G\overset{\varphi}{\sim}\overline{G},\overline{H}\lhd\overline{G},H=\varphi^{-1}(\overline{H})$,则 $G/H\cong\overline{G}/\overline{H}$.

证　有 $G\overset{\varphi}{\sim}\overline{G}\overset{\nu}{\sim}\overline{G}/\overline{H}$. 因为自然同态 ν 的核为 $\overline{H}$,而 $\overline{H}$ 在 φ 之下的完全原象为 H,故同态 $\nu\varphi$ 的核恰为 H,于是由同态定理得证. 　证毕

在应用这一定理时,条件 $H=\varphi^{-1}(\overline{H})$ 不可忽视,否则有如下反例. 考虑 12 阶循环群 $G=\langle a\rangle$ 和子群 $\overline{G}=\langle a^2\rangle$,则

$$G\overset{\varphi}{\sim}\overline{G},\quad \varphi:a\to a^2$$

取 $H=\langle a^4\rangle$,则 $\overline{H}=\varphi(H)=H$. 此时,$G/H$ 为 4 阶群,$\overline{G}/\overline{H}$ 为 2 阶群,必不同构,原因是 $H<\varphi^{-1}(\overline{H})=\overline{G}$.

推论　设 $H\lhd G,K\lhd G$ 且 $K\leqslant H$,则

$$G/H\cong(G/K)/(H/K)$$

事实上,取 $\overline{G}=G/K,\overline{H}=H/K$,考虑 $G\overset{\nu}{\sim}G/K$ 有 $\nu^{-1}(\overline{H})=H$,故 $G/H\cong\overline{G}/\overline{H}$.

定理 4(第二同构定理)　设 G 为群,$H\lhd G,K\leqslant G$,则 $KH\leqslant G,K\cap H\lhd K$ 且 $KH/H\cong K/K\cap H$.

证　在§3 末已指出,据 $H\lhd G,K\leqslant G$ 知 $KH\leqslant G$ 且 $H\lhd KH$,故 KH/H 成群. 易见

$$KH/H=\{kH\mid k\in K\}$$

且 $k\to kH$ 是 K 到 KH/H 的同态满射,核为 $K\cap H$,所以由同态定理得证. 　证毕

例 8　设 $H\lhd G,|H|=n,[G:H]=m$,且 $(m,n)=1$,则 H 是 G 的唯一的 n 阶子群.

证　设 K 是 G 的任一 n 阶子群. 设 $KH/H\cong K/K\cap H$ 的阶为 l,则由 $KH/H\leqslant G/H$

知 $l|m$；由 $|K|=n$ 知 $l|n$，所以由 $(m,n)=1$ 必有 $l=1$，即 $K=K\cap H$，$K\subseteq H$. 但 $|K|=|H|=n$，所以 $K=H$.　证毕

在证明两个群有包含关系时经常采用本例中所提供的证法.

题 7　设 G 是 n 阶群，N 是 G 的 m 阶正规子群，$[G:N]=l$，且 $(l,m)=1$，证明对 G 的任一子群 H，只要 H 的阶整除 m，则 H 必为 N 的子群.（提示：$HN/N\cong H/H\cap N$ 的阶为 1.）

题 8　设 H 和 K 是群 G 的子群，且对任一 $k\in K$ 有 $kH=Hk$，证明 $H\lhd KH$，$H\cap K\lhd K$ 且 $KH/H\cong K/K\cap H$.（提示：先证 KH 是 G 的子群，然后再在群 KH 中运用第二同构定理.）

§6　循环群与有限生成群

在 §6 和 §7 中介绍的循环群和置换群是两类结构研究得比较清楚的群，也是两类重要的具体的群.

循环群及其同构类　若群 G 中的任一元素都可表为某个确定元素 $a\in G$ 的幂，则称 G 是由 a 生成的**循环群**，记为 $\langle a\rangle$，并称 a 是 G 的一个**生成元**. 当然，$\langle a\rangle$ 的生成元未必唯一. 在同构意义下，循环群只有以下两类：

若 a 是无限阶元，则

$$\langle a\rangle=\{a^n\mid n\in\mathbf{Z}\}\overset{\varphi}{\cong}(\mathbf{Z},+),\varphi:a^n\to n$$

若 a 是 n 阶元，则

$$\langle a\rangle=\{e,a,a^2,\cdots,a^{n-1}\}\overset{\varphi}{\cong}(\mathbf{Z}/(n),+)$$

$$\varphi:a^k\to\bar{k}$$

因此，两个循环群同构当且仅当它们的阶相同. 无限循环群都是同构的.

例 1　循环群的自同态必为自同构. 事实上，循环群的自同态由其生成元的象确定，且必把生成元变为生成元，故自同态个数即为生成元个数. 任一无限循环群 $\langle a\rangle$ 有且仅有两个自同态

$$\sigma_1:a\to a,\sigma_2:a\to a^{-1}$$

任一 n 阶循环群 $\langle a\rangle$ 有且仅有 $\varphi(n)$ 个自同态

$$\sigma_k:a\to a^k,(k,n)=1$$

这里函数 $\varphi(n)$ 是不超过 n 且与 n 互素的自然数个数，我们称此函数为**欧拉函数**. 显然，上述自同态都是自同构.

题 1　分别定出整数加群 $\mathbf{Z}^+$ 和剩余类加群 $\mathbf{Z}/(10)$ 的自同构群.

如何判定某交换群为循环群，也是群论中的研究课题之一. 任一素数阶群必是

循环群，且任一非单位元都是生成元. 群 G 是交换单群$\Leftrightarrow G$ 为素数阶循环群.

定理1　设 G 是 n 阶交换群，令

$$K=\{k \mid k\text{ 为自然数}, a^k=e, \forall a\in G\}$$

则 G 为循环群$\Leftrightarrow n=\min K$.

证　$\Rightarrow$：设 $G=\langle a\rangle$，则 a 为 n 阶元，且 G 中任一元的阶必整除 n，故 $n=\min K$.

$\Leftarrow$：只要证明 G 中存在 n 阶元. 如果 G 中最高阶元的阶数 $m<n$，则据 §2 定理 2 知对任一 $a\in G$ 必有 $a^m=e$，于是 $m=\min K$，这与 n 的最小性矛盾，故 G 中必存在 n 阶元 a，$G=\langle a\rangle$.　证毕

循环群的子群

定理2　设 $G=\langle a\rangle$，则

(1) G 的任一子群 H 必是循环群. 若 $H\neq\{e\}$，则 $H=\langle a^m\rangle$，这里

$$m=\min\{k \mid k\text{ 为自然数}, a^k\in H\}$$

(2) 如果 G 是无限循环群，则 G 的任一非单位子群也是无限循环群.

(3) 如果 G 是 n 阶循环群，而 $n=mq$ 为 n 的任一自然数分解式，则 $\langle a^m\rangle$ 是 $\langle a\rangle$ 的唯一的 q 阶子群. 因此，n 阶循环群的子群个数恰为 n 的互异自然数因子的个数.

(4) 设 G 是 n 阶循环群，则对任一 $0\leqslant d\leqslant n$，必存在唯一的能整除 n 的自然数 m（实际上，$m=(d,n)$），使 $\langle a^d\rangle=\langle a^m\rangle$. 因而，对任一 $0<d\leqslant n$，a^d 的阶

$$r=\frac{n}{(d,n)}=\frac{[d,n]}{d}$$

证　前三个结论是容易证明的，现证结论(4). 取 $m=(d,n)$. 可设 $m=dd'+nn'$. 则由 $a^m=(a^d)^{d'}\in\langle a^d\rangle$ 知 $\langle a^m\rangle\subseteq\langle a^d\rangle$. 反之，由 $m\mid d$ 知 $a^d\in\langle a^m\rangle$，又得 $\langle a^d\rangle\subseteq\langle a^m\rangle$. 于是 $\langle a^d\rangle=\langle a^m\rangle$，且 $m\mid n$. 唯一性由结论(3)得证. 易见

$$r=|\langle a^d\rangle|=|\langle a^m\rangle|=\frac{n}{m}=\frac{n}{(d,n)}=\frac{[d,n]}{d}$$

证毕

题2　设 $\langle a\rangle$ 为 n 阶循环群，$n=mq$ 为 n 的任一自然数分解式，证明 $\langle a\rangle$ 的 q 阶子群必为

$$H=\{x \mid x\in\langle a\rangle, x^q=e\}$$

（提示：证明 $H=\langle a^m\rangle$.）

例2　设 $A=\langle a^s\rangle$ 和 $B=\langle a^t\rangle$ 为循环群 $\langle a\rangle$ 的两个子群，$q=[s,t]$. 证明 $A\cap B=\langle a^q\rangle$.

证　设 $q=ss'=tt'$，则由 $a^q=(a^s)^{s'}=(a^t)^{t'}$ 知 $a^q\in\langle a^s\rangle\cap\langle a^t\rangle$，所以 $\langle a^q\rangle\subseteq\langle a^s\rangle\cap\langle a^t\rangle$. 再证 $\langle a^s\rangle\cap\langle a^t\rangle\subseteq\langle a^q\rangle$. 任取

$$x=a^{sm}=a^{tn}\in\langle a^s\rangle\cap\langle a^t\rangle$$

如果 a 是无限阶元，则必有 $sm=tn$，$s\mid tn$. 再由 $t\mid tn$ 知 $q\mid tn$，于是 $x=a^{tn}\in\langle a^q\rangle$. 此

时，结论得证. 设 a 为 r 阶元，区分以下两种情形：

(1) $s|r$ 且 $t|r$. 此时，据 $a^{sm}=a^{tn}$ 可设 $sm-tn=rl$. 于是 $s|tn, q|tn, x=a^{tn}\in\langle a^q\rangle$，结论得证.

(2) $s\nmid r$ 或 $t\nmid r$. 据定理 2 之结论(4)知

$$\langle a^s\rangle=\langle a^{(r,s)}\rangle,\langle a^t\rangle=\langle a^{(r,t)}\rangle$$

因为 $(r,s)|r,(r,t)|r$，所以可利用上述(1)中结论知

$$\langle a^s\rangle\cap\langle a^t\rangle\subseteq\langle a^{[(r,s),(r,t)]}\rangle$$

但容易验证(或见第四章 §3 例 1)

$$[(r,s),(r,t)]=(r,[s,t])=(r,q)$$

故由 $(r,q)=ur+vq$ 和 $a^r=e$ 知

$$\langle a^s\rangle\cap(a^t)\subseteq\langle a^{(r,q)}\rangle\subseteq\langle a^q\rangle$$

结论得证. 证毕

题 3　如果上例用下法证明，请指出错在哪里？根据定理 2 之结论(1)可设 $\langle a^s\rangle\cap\langle a^t\rangle=\langle a^d\rangle$. 设 $q=ss'=tt'$，则由

$$a^q=a^{ss'}=a^{tt'}\in\langle a^s\rangle\cap\langle a^t\rangle=\langle a^d\rangle$$

可知 $d|q$. 反之，由 $a^d\in\langle a^s\rangle$ 和 $a^d\in\langle a^t\rangle$，知 $s|d, t|d$，又得 $q|d$，因此，$q=d$，$\langle a^s\rangle\cap\langle a^t\rangle=\langle a^q\rangle$.

必须强调指出：在讨论有限循环群 $\langle a\rangle$ 的子群 $\langle a^s\rangle$ 时，生成元 a^s 未必是 $\langle a^s\rangle$ 中具最小正幂的元. 例如，12 阶群 $\langle a\rangle$ 的子群

$$\langle a^8\rangle=\{e,a^4,a^8\}$$

例 3　任一循环群 $G=\langle a\rangle$ 的任一真商群 G/H，即 $\{e\}\neq H=\langle a^m\rangle$，必是 m 阶循环群，这里 a^m 是 H 中具最小正幂的生成元.

有限生成群　设 G 为群，S 为 G 中任一非空子集. G 的包含 S 的最小子群，也就是 G 的所有包含 S 的子群的交，称为 G 的由 S **生成的子群**，记为 $\langle S\rangle$，并称 S 为**生成元集**. 按照群的定义易见

$$\langle S\rangle=\{a_1^{l_1}a_2^{l_2}\cdots a_m^{l_m}\mid m\in\mathbf{N},l_i\in\mathbf{Z},\ \forall\, a_i\in S\}$$

对于一般的非交换群. $\langle S\rangle$ 中每个元素表达式中的 a_i 可以重复出现.

容易研究的是 $S=\{a_1,a_2,\cdots,a_n\}$ 为有限集的情形. 此时把 $\langle S\rangle$ 记为 $\langle a_1,a_2,\cdots,a_n\rangle$，称为**有限生成群**. 有限生成群是循环群的推广. 注意，只有当它为交换群时才有

$$\langle a_1,a_2,\cdots,a_n\rangle=\{\prod_{i=1}^{n}a_i^{l_i}\mid l_i\in\mathbf{Z}\}$$

我们感兴趣的问题是有限生成群何时是循环群？

例 4　设 a 和 b 分别是群 G 中的 m 和 n 阶元，且 $(m,n)=1$，证明

(1) $\langle a\rangle\cap\langle b\rangle=\{e\}$；

(2)若 $ab=ba$,则$\langle a,b\rangle=\langle ab\rangle$为 mn 阶循环群.

证 (1)可设$(m,n)=um+vn=1$,则对任一 $x\in\langle a\rangle\cap\langle b\rangle$有

$$x=x^{um}\cdot x^{vn}=e\cdot e=e$$

故$\langle a\rangle\cap\langle b\rangle=\{e\}$. 这是有限群论中常用的证明方法. 当然,也可以如下证明. 任取 $x\in\langle a\rangle\cap\langle b\rangle$. 如果 $x\neq e$,则可设

$$x=a^s=b^t,0<s<m,0<t<n$$

于是,由 $a^{sn}=b^{tn}=e$ 和$(a{:}1)=m$ 和 $m\mid sn$,再由$(m,n)=1$ 知 $m\mid s$,这是不可能的. 故$\langle a\rangle\cap\langle b\rangle=\{e\}$.

(2)由 §2 定理 1 之结论(2)知$(ab{:}1)=mn$,故由$\langle ab\rangle\subseteq(a,b)$知

$$mn=(ab{:}1)=|\langle ab\rangle|\leqslant|\langle a,b\rangle|\leqslant mn$$

所以$|\langle ab\rangle|=|\langle a,b\rangle|=mn$. 由$\langle ab\rangle\subseteq\langle a,b\rangle$即得$\langle a,b\rangle=\langle ab\rangle$为 mn 阶循环群.

题 4 证明有理数加群 $\mathbf{Q}^+$ 的任一有限生成子群 H 必为循环群.

题 5 证明 21 阶群 G 是循环群$\Leftrightarrow G$ 中存在 7 阶元 a 和 3 阶元 b 且 $ab=ba$,使 $G=\langle a,b\rangle$.

§7 变换群与置换群

变换群是一类应用非常广泛的群,它的具有代表性的特例——置换群,是现今所研究的一切抽象群的来源,是由抽象代数创始人 E. Galois(1811—1832)在证明次数大于四的一元代数方程不可能用根号求解时引进的.

变换群 前已提到,集合 A 到自身的任一映射τ都称为 A 中的一个变换. 关于变换,我们引入两种乘积

$$(\lambda\circ\tau)(a)=\tau(\lambda(a))=(a^\lambda)^\tau,\ \forall a\in A$$
$$(\lambda\,\bar{\circ}\,\tau)(a)=\lambda(\tau(a))=(a^\tau)^\lambda,\ \forall a\in A$$

注意,第一章 §2 中讲的是映射(当然也包括变换)乘积的两种书写形式,这里讲的是变换乘积的两种定义,每种定义都有两种书写形式.

易见集合

$$G=\{A\text{ 中一一变换全体}\}$$

关于上述两种运算成两个反同构的群

$$G_1=(G,\circ),G_2=(G,\bar{\circ})$$

反同构映射即为 G 中恒等变换,有

$$\lambda\circ\tau=\tau\,\bar{\circ}\,\lambda,\ \forall\lambda,\tau\in G$$

正因为它们是反同构的,因此,可任意选定一种来研究.

按照通常公认的说法,把 G 的任一子群 H 称为集合 A 的一个**变换群**. 因此,变

换群并不限指 G 本身. 例如

$$H=\left\{R_\theta=\begin{pmatrix}\cos\theta & \sin\theta\\ -\sin\theta & \cos\theta\end{pmatrix}\right\}$$

是平面旋转群,它是平面上一一变换群 G 的子群.

例 1　任一实数 a 可确定平面上的一个点变换

$$(x,y)\xrightarrow{\sigma_a}(x+a,0)$$

易证

$$T=\{\sigma_a\mid a\in\mathbf{R}\}$$

关于变换乘法成交换群

$$\sigma_a\sigma_b=\sigma_{a+b},e=\sigma_0,(\sigma_a)^{-1}=\sigma_{-a}$$

且与实轴上的平移群

$$\overline{T}=\{x\xrightarrow{\tau_a}x+a,\ \forall x\in\mathbf{R}\mid a\in\mathbf{R}\}$$

同构. 但是,由于 σ_a 不是平面上的一一变换,所以 T 不是平面上的变换群. 这个例子告诉我们,平面上的非一一变换集合 T 也可能成群,但不是平面上的变换群.

Cayley 定理　从群论的发展历史上看,首先出现的是置换群(有限集合上的变换群),以后,Frobenius 等人撇开了置换群的具体属性,引入了抽象群. 然而,下面的定理却反过来说明,任一抽象群实质上必是某个变换群.

定理 1(Cayley)　任何一个群 G 必同构于该集合 G 上的某一个变换群.

证　考虑 G 中右乘变换 $\rho_x:g\to gx,\forall g\in G$ 全体

$$G_r=\{\rho_x\mid x\in G\}$$

由

$$(\rho_x\circ\rho_y)(g)=\rho_y(\rho_x(g))=gxy=\rho_{xy}(g),\forall g\in G$$

知 $\rho_x\circ\rho_y=\rho_{xy},(\rho_x)^{-1}=\rho_{x^{-1}}$,故 $(G_r,\circ)$ 成群,且

$$G\overset{\varphi}{\cong}G_r,\varphi:x\to\rho_x,\forall x\in G$$

由

$$(\rho_x\,\bar{\circ}\,\rho_y)(g)=\rho_x(\rho_y(g))=gyx=\rho_{yx}(g),\forall g\in G$$

知 $\rho_x\,\bar{\circ}\,\rho_y=\rho_{yx}$,故 G 与群 $(G_r,\bar{\circ})$ 反同构.　证毕

题 1　考虑 G 中左乘交换集合

$$G_l=\{\tau_x\mid x\in G\}$$

其中 $\tau_x:g\to xg,\forall g\in G$. 证明 G_l 关于运算

$$(\tau_x\circ\tau_y)(g)=\tau_y(\tau_x(g)),\forall g\in G$$

$$(\tau_x\,\bar{\circ}\,\tau_y)(g)=\tau_x(\tau_y(g)),\forall g\in G$$

分别成群 $(G_l,\circ)$ 和 $(G_l,\bar{\circ})$,且 G 与 $(G_l,\circ)$ 反同构,G 与 $(G_l,\bar{\circ})$ 同构.

例 2　证明在任一有单位元 1 的群胚 G 中,与所有右乘变换都可交换的变换必是左乘变换.

证　设 G 中某变换 α 满足 $\alpha\rho_x=\rho_x\alpha$, $\forall x\in G$. 记 $a=\alpha(1)$,则

$$\alpha(x)=\alpha(1\cdot x)=\alpha(\rho_x(1))=\rho_x(\alpha(1))=\rho_x(a)=ax,\ \forall x\in G$$

这说明 $\alpha=\tau_a$ 为由 a 确定的左乘变换. 证毕

题 2　证明在任一有单位元 1 的群胚 G 中,与所有左乘变换都可交换的变换必是右乘变换.

题 3　设 $\mathbf{R}$ 为实数域. 考虑如下实数对集合

$$G=\{(a,b)\mid a\in\mathbf{R}^*,b\in\mathbf{R}\}$$

和实轴上线性变换集合

$$\overline{G}=\{x\xrightarrow{\sigma}ax+b,\ \forall x\in\mathbf{R}\mid a\in\mathbf{R}^*,b\in\mathbf{R}\}$$

证明　(1) G 关于以下两个运算都成群,分别记为 G_1 和 G_2

$$(a,b)\mathbin{\bar{\circ}}(c,d)=(ac,ad+b)$$

$$(a,b)\circ(c,d)=(ac,bc+d)$$

且 G_1 与 G_2 反同构.

(2) $\overline{G}$ 关于以下运算成群,且与 G_1 同构

$$(\sigma_1\mathbin{\bar{\circ}}\sigma_2)(x)=\sigma_1(\sigma_2(x)),\ \forall x\in\mathbf{R}$$

(3) $\overline{G}$ 关于以下运算成群,且与 G_2 同构

$$(\sigma_1\circ\sigma_2)(x)=\sigma_2(\sigma_1(x)),\ \forall x\in\mathbf{R}$$

对称群与置换群　n 元集合 $S=\{1,2,\cdots,n\}$ 中的一一变换 τ 称为 n 元**置换**,记为

$$\tau=\begin{pmatrix}1&2&\cdots&n\\j_1&j_2&\cdots&j_n\end{pmatrix}\text{或}\tau=\begin{pmatrix}i_1&i_2&\cdots&i_n\\1&2&\cdots&n\end{pmatrix}$$

这里 $j_1j_2\cdots j_n$ 和 $i_1i_2\cdots i_n$ 都为某个 n 阶排列. 它表示把 i 变为 j_i, $i=1,2,\cdots,n$ 或把 i_j 变为 j, $j=1,2,\cdots,n$. 为了运算方便起见,我们规定两个 n 元置换 λ 与 τ 之积为

$$(\lambda\circ\tau)(i)=\tau(\lambda(i))=(i^\lambda)^\tau,i=1,2,\cdots,n$$

例如

$$\begin{pmatrix}1&2&3\\2&1&3\end{pmatrix}\begin{pmatrix}1&2&3\\3&1&2\end{pmatrix}=\begin{pmatrix}1&2&3\\1&3&2\end{pmatrix}$$

即从左到右求变换值.

易证 S 中 n 元置换全体关于置换乘法成群,称为 n 次**对称群**,记为 S_n. 其中单位元即恒等变换,用(1)表示. S_n 的任一子群称为 n 次**置换群**.

置换的奇偶性　任一 k - 轮换

$$\begin{pmatrix}\cdots&i_1&\cdots&i_2&\cdots&i_{k-1}&\cdots&i_k&\cdots\\\cdots&i_2&\cdots&i_3&\cdots&i_k&\cdots&i_1&\cdots\end{pmatrix}=(i_1\quad i_2\quad\cdots\quad i_k)$$

(其中不明显写出的文字是变换前后不变的文字)必可表为若干个对换(即 2 - 轮换)之积. 例如

$$(i_1\ i_2 \cdots\ i_k) = (i_1\ i_k)(i_2\ i_k)\cdots(i_{k-1}\ i_k)$$
$$= (i_1\ i_2)(i_1\ i_3)\cdots(i_1\ i_k)$$

等等. 且 k - 轮换的任一对换分解式中所含对换的个数的奇偶性必相同,它与 k 的奇偶性正好相反. k - 轮换 τ 为**偶轮换**当且仅当 k 为奇数. 任一 n 元置换 σ 必可唯一地表为若干个互不相交(即不含公共文字,因而可交换)的轮换之积,简称为 σ 的**轮换分解式**. 例如

$$\sigma = \begin{pmatrix} 1\ 2\ 3\ 4\ 5\ 6\ 7\ 8\ 9\ 10 \\ 4\ 7\ 6\ 5\ 1\ 2\ 3\ 9\ 8\ 10 \end{pmatrix} = (1\ 4\ 5)(2\ 7\ 3\ 6)(8\ 9)(10)$$

σ 为**偶置换**当且仅当在 σ 的轮换分解式中,奇轮换的个数为偶数. 例如上述之 10 元置换 σ 为偶置换.

n 元偶置换全体成群,称为 n 次**交错群**,记为 A_n. A_n 是 S_n 的指数为 2 的子群,因而 $A_n \lhd S_n$. 且

$$|S_n| = n!,\ |A_n| = \frac{1}{2}n!,\ n \geqslant 2$$

置换的阶　显然,k - 轮换的阶即为 k. 设置换 α 的轮换分解式为

$$\alpha = \tau_1\ \tau_2 \cdots \tau_s$$

其中 τ_i 为 k_i - 轮换,$i = 1, 2, \cdots, s$. 记 $q = [k_1, k_2, \cdots, k_s]$ 为最小公倍数,则由 τ_i 与 τ_j 可交换知道 α 的阶必为 q. 某置换 σ 的阶为素数 p 当且仅当 σ 为若干不相交的 p - 轮换的乘积.

题 4　设 p 为素数,证明 S_p 中恰有 $(p-1)!$ 个 p 阶元和 $(p-2)!$ 个 p 阶子群.

共轭置换与共形置换　在置换群中,还经常碰到一个问题,就是如何计算某个 n 元置换 τ 的共轭置换 $\sigma^{-1}\tau\sigma$? 这里 σ 是任一 n 元置换. 如果

$$\tau = (a_1\ a_2 \cdots\ a_r)(b_1\ b_2 \cdots\ b_s)\cdots(c_1\ c_2 \cdots\ c_t)$$

为 τ 的轮换分解式,则容易验证

$$\sigma^{-1}\tau\sigma = (a_1^\sigma\ a_2^\sigma \cdots\ a_r^\sigma)(b_1^\sigma\ b_2^\sigma \cdots\ b_s^\sigma)\cdots(c_1^\sigma\ c_2^\sigma \cdots\ c_t^\sigma)$$

例如,若 $\sigma = (1\ 2\ 3)$,$\tau = (1\ 3\ 4)$,则 $\sigma^{-1} = (3\ 2\ 1)$,且

$$\sigma^{-1}\tau\sigma = (2\ 1\ 4),\ \sigma\tau\sigma^{-1} = (3\ 2\ 4)$$

如何判定两个置换共轭? 现有一个很简便直观的方法. 称 S_n 中两个置换

$$\tau = (a_1 \cdots\ a_{i_1})(a_{i_1+1} \cdots\ a_{i_2})\cdots(a_{i_{s-1}+1} \cdots\ a_{i_s})$$
$$\rho = (b_1 \cdots\ b_{j_1})(b_{j_1+1} \cdots\ b_{j_2})\cdots(b_{j_{t-1}+1} \cdots\ b_{j_s})$$

是**共形**的,如果 $s = t$,且可适当调整轮换因子的次序使 $i_k = j_k$,$k = 1, 2, \cdots, s$. 例如,以下两个 10 元置换是共形的

$$\tau = (1\ 2\ 3)(4\ 5\ 6\ 7)(8\ 9\ 10)$$

$$\rho=(2\ 4\ 5)(6\ 7\ 9)(1\ 3\ 8\ 10)$$

进一步可证，τ与ρ共轭$\Leftrightarrow\tau$与ρ共形. 事实上，如果τ与ρ共轭，则由上述共轭置换的求法知τ与ρ必共形. 反之，若τ与ρ共形. 如果在轮换分解式中把所有 1－轮换，即不变文字，也包括在内，则可设$i_s=n$，于是令

$$\sigma=\begin{pmatrix} a_1 & \cdots & a_{i_1} & a_{i_1+1} & \cdots & a_{i_2} & \cdots & a_{i_{s-1}+1} & \cdots & a_{i_s} \\ b_1 & \cdots & b_{i_1} & b_{i_1+1} & \cdots & b_{i_2} & \cdots & b_{i_{s-1}+1} & \cdots & b_{i_s} \end{pmatrix}$$

必有$\rho=\sigma^{-1}\tau\sigma$.

例3　若置换$\sigma=\rho\tau$且ρ与τ共形，则σ必可表为一个换位子. 事实上，由ρ与τ共形，τ与τ^{-1}必共形，知ρ与τ^{-1}也共形，因此，可设$\rho=\lambda^{-1}\tau^{-1}\lambda$，于是，$\sigma=\lambda^{-1}\tau^{-1}\lambda\tau$为换位子.

对称群与交错群的结构

定理2　关于S_n和A_n的结构有以下结论：

(1) $S_n=\langle(1\ 2),(1\ 3),\cdots,(1\ n)\rangle, n\geqslant 2$.

(2) $A_n=\langle(1\ 2\ 3),(1\ 2\ 4),\cdots,(1\ 2\ n)\rangle, n\geqslant 3$.

(3) 当$n\geqslant 3$时，S_n的中心为单位元群$\{(1)\}$.

(4) S_n的换位子群$D(S_n)=A_n$.

(5) $D(A_n)=\begin{cases} A_n, & \text{若 } n\geqslant 5; \\ K_4, & \text{若 } n=4; \\ \{(1)\}, & \text{若 } n\leqslant 3, \end{cases}$

其中$K_4=\{(1),(1\ 2)(3\ 4),(1\ 3)(2\ 4),(1\ 4)(2\ 3)\}$称为 Klein **四元群**. 这是一个很重要的群.

证　(1) 由$(i_1\ i_2\cdots\ i_k)=(1\ i_1)(1\ i_2)\cdots(1\ i_k)(1\ i_1)$得证.

(2) 由$(1\ i)(1\ j)=(1\ 2\ i)(1\ 2\ i)(1\ 2\ j)$得证.

(3) 在S_n中任取中心元素τ. 如果$\tau\neq(1)$，则存在$i\neq j$有$i^{\tau}=j$. 由$n\geqslant 3$知可取$k\neq i,j$，令$\sigma=(j\ k)$，则由$i^{\tau\sigma}=k$和$i^{\sigma\tau}=j$知$\sigma\tau\neq\tau\sigma$. 矛盾.

(4) 因为任一换位子必为偶置换，所以$D(S_n)\subseteq A_n$. 反之，当$n\geqslant 3$时，由

$$(1\ 2\ i)=(1\ i)(1\ 2)(1\ i)^{-1}(1\ 2)^{-1}$$

可推得$A_n\subseteq D(S_n)$，因此，$D(S_n)=A_n$. 对$n\leqslant 2$，结论显然.

(5) 对$n\geqslant 5$，据

$$(1\ 2\ i)=(1\ b\ i)(1\ a\ 2)(1\ b\ i)^{-1}(1\ a\ 2)^{-1}$$

知$A_n\subseteq D(A_n)$，这里$1,2,i,a$和b是互异的 5 个文字. 而$D(A_n)\subseteq A$是显然的，故$D(A_n)=A_n$.

当$n=4$时，由

$$(1\,2)(3\,4)=(1\,4\,3)(1\,3\,2)(1\,4\,3)^{-1}(1\,3\,2)^{-1}$$
$$(1\,4)(2\,3)=(1\,2\,3)(2\,3\,4)(1\,2\,3)^{-1}(2\,3\,4)^{-1}$$
$$(1\,3)(2\,4)=(1\,2)(3\,4)(1\,4)(2\,3)$$

知 $K_4\subseteq D(A_4)$. 反之,由

$$\sigma^{-1}(i\,j)(k\,l)\sigma=(i^\sigma\,j^\sigma)(k^\sigma\,l^\sigma),\ \forall\sigma\in S_4$$

这里 $(i\,j)(k\,l)$ 为 K_4 中任一元素,和 σ 为一一变换知

$$K_4\lhd S_4 \text{ 且 } K_4\lhd A_4$$

再由 A_4/K_4 为 3 阶交换群知 $D(A_4)\subseteq K_4$(见 §4 定理 3). 于是 $D(A_4)=K_4$.

对 $n\leqslant 3$: A_n 为交换群,结论显然.　　证毕

例 4　证明 $S_4/K_4\cong S_3$, $A_4/K_4\cong A_3$.

证　在同构意义下,可以认为 $S_3\leqslant S_4$. 据 $K_4\lhd S_4$ 知 $S_3\leqslant K_4S_3\leqslant S_4$ 且 $K_4\cap S_3=\{(1)\}$,所以由

$$|K_4S_3|=\frac{|K_4|\,|S_3|}{|K_4\cap S_3|}=24=|S_4|$$

知 $S_4=K_4S_3$,于是由第二同构定理得

$$S_4/K_4=K_4S_3/K_4\cong S_3/K_4\cap S_3\cong S_3$$

由 A_4/K_4 和 A_3 同为 3 阶群知必同构.　　证毕

题 5　设 a 和 b 是群 G 中互异 2 阶元且 $ab=ba$,证明 $\langle a,b\rangle\cong K_4$.

例 5　证明任一 4 阶群 G 或为循环群,或同构于 K_4. 事实上,G 中任一非单位元的阶或为 4 或为 2. 如果 G 中含 4 阶元,则 $G=\langle a\rangle$. 否则,$G=\{e,a,b,c\}$,且 a,b,c 都是 2 阶元,必有 $ab=ba=c$,于是 $G=\langle a,b\rangle\cong K_4$.

题 6　证明:当 $n\geqslant 2$ 时必有

$$S_n=\langle(1\,2),(2\,3),\cdots,(n-1\ n)\rangle$$
$$S_n=\langle(1\,2),(1\,2\cdots n)\rangle$$
$$S_n=\langle(1\,2),(2\,3\cdots n)\rangle$$

(提示:$(1\,k)=(1\ k-1)(k-1\ k)(1\ k-1)$. 记 $a=(1\,2)$, $b=(1\,2\cdots n)$, $c=ba=(2\,3\cdots n)$,则有 $c^{-1}(1\,k)c=(1\ k+1)$.)

A_n 的单性　现在讨论一个重要的问题:A_n 何时是单群? A_1,A_2,A_3 都是交换单群. 可证

$$A_4=\{(1),(1\,2)(3\,4),(1\,3)(2\,4),(1\,4)(2\,3),(1\,2\,3),$$
$$(1\,2\,4),(1\,3\,4),(2\,3\,4),(1\,3\,2),(1\,4\,2),(1\,4\,3),(2\,4\,3)\}$$

不是单群,且 K_4 是 A_4 的唯一的真正规子群. (若 A_4 的某正规子群 N 中含有 3-轮换,则由所有 3-轮换皆共形,必共轭,知 $N=A_4$.)因而,12 阶群 A_4 必无 6 阶子群.

定理 3　当 $n\geqslant 5$ 时,A_n 是单群.

利用这个结论，可以确定 S_n 的所有正规子群. S_2 无真正规子群，A_3 是 S_3 的唯一的真正规子群.

例 6　(1) S_4 的真正规子群仅有 A_4 和 K_4 两个.

(2) 当 $n\geqslant 5$ 时，A_n 是 S_n 的唯一的真正规子群.

证　(1) 在定理 2 中已证 K_4 是 S_4 的真正规子群. 设 N 是 S_4 的真正规子群，且 $N\neq A_4$，要证 $N=K_4$. 如果 N 中含有对换 $(1\ 2)$，则必含有与其共形的 $(1\ 3)$ 和 $(1\ 4)$，因此，$N=S_4$. 如果 N 中含有 4－轮换 $(1\ 2\ 3\ 4)$，则必含对换

$$(1\ 2\ 3\ 4)(1\ 2\ 4\ 3)(1\ 2\ 4\ 3)=(1\ 3)$$

也有 $N=S_4$. 如果 N 中含 3－轮换 $(1\ 2\ 3)$，则也含 $(1\ 2\ 4)$，因此有

$$A_4\leqslant N\leqslant S_4$$

再由 $N\neq A_4$，$[S_4:A_4]=2$ 知 $N=S_4$. 以上三种情形都不可能，因此，N 中必含有两个对换之积 $(1\ 2)(3\ 4)$，于是，必有 $N=K_4$.

(2) 设 N 是 S_n 的真正规子群，要证 $N=A_n$. 由 $A_n\cap N\lhd A_n$ 和 A_n 是单群知仅有两种可能性：

①$A_n\cap N=\{(1)\}$. 此时，N 中非单位元必须都是奇置换，必有 $N=\{(1),\sigma\}$，σ 为某个奇置换. 由 $N\lhd S_n$ 知对任何 $g\in S_n$ 有 $g^{-1}\sigma g=\sigma$，$g\sigma=\sigma g$，σ 为 S_n 的中心元，必有 $\sigma=(1)$，矛盾.

②$A_n\cap N=A_n$. 此时，$A_n\leqslant N\leqslant S_n$ 且 $N\neq S_n$. 由 $[S_n:A_n]=2$ 得 $N=A_n$.　证毕

有限群的 Cayley 定理

定理 4　任一 n 阶群 G 必同构于某个 n 次置换群.

证　设 $G=\{a_1,a_2,\cdots,a_n\}$. 由 a_j 确定的右乘变换

$$\rho_j: a_i\to a_i a_j\xlongequal{\text{def}}a_{j(i)},\ i=1,2,\cdots,n$$

与 n 元置换

$$\sigma_j=\begin{pmatrix}1 & \cdots & i & \cdots & n\\ j(1) & \cdots & j(i) & \cdots & j(n)\end{pmatrix},\ i^{\sigma_j}=j(i)$$

是互相唯一确定的，且由

$$a_i\xrightarrow{\rho_j}a_{j(i)}\xrightarrow{\rho_k}a_{k(j(i))},\ i=1,2,\cdots,n$$

$$(i^{\sigma_j})^{\sigma_k}=(j(i))^{\sigma_k}=k(j(i)),\ i=1,2,\cdots,n$$

知 $\rho_j\rho_k$ 对应的 n 元置换恰为 $\sigma_j\sigma_k$，因此，G 同构于右乘变换群 G_r，而 G_r 又同构于由这些 σ_j 组成的 n 次置换群，不妨就把它看作 G_r.　证毕

下例是这个定理的一个妙用.

例 7　设 k 为奇数，证明在任一 $2k$ 阶群 G 中必存在 k 阶正规子群.

证　由定理 4 知必有

$$G \cong G_r < S_{2k}, \text{且} |G_r| = |G| = 2k$$

其中 G_r 是 G 的右乘变换群. 因为任一有限群中阶大于 2 的元必成对出现,所以在偶数阶群 G_r 中必有 2 阶元. 任取一个 2 阶元 σ. 因为 $\sigma \in S_{2k}$ 且阶为 2,因此 σ 仅能表为若干个两两不相交的对换之积. 再据 σ 作为 G 上的一个右乘变换,必没有不动文字,知 σ 必可表为 k 个对换之积,所以 σ 必为奇置换,于是 G_r 中偶置换全体所成的群 H_0 必为 G_r 的 k 阶正规子群. H_0 在 G 中的同构原象 H 必为 G 的 k 阶正规子群. 证毕

题 7　设 G 为 S_n 的某个子群. 如果 G 中含有奇置换,则 G 中偶置换全体 H 必是 G 的指数为 2 的正规子群.

§8　可解群

可解群是通过群的满足某些条件的子群序列来定义和讨论的,利用各种群列来研究群的结构和性质,是研究群论的重要方法之一.

正规群列与合成群列　所谓群 G 的一个**正规群列**指的是如下有限长群列

$$G = G_0 \rhd G_1 \rhd \cdots \rhd G_{r-1} \rhd G_r = 1 \qquad (1)$$

这里 G_i 是 G_{i-1} 的正规子群(未必是 G 的正规子群),1 为单位元群. 自然数 r 称为群列的**长度**,也就是**因子群** G_{i-1}/G_i 的个数. 当每个因子群都不是单位元群(即 $G_{i-1} \neq G_i$)时,称(1)是无重复的正规群列. 群 G 的某个无重复正规群列称为**合成群列**,如果它的每个因子群都是单群(称为**合成因子群**),即 G_i 是 G_{i-1} 的极大正规子群(见§4 例 4). 例如

$$S_4 \rhd A_4 \rhd 1 \text{ 和 } S_4 \rhd K_4 \rhd 1$$

都是 S_4 的正规群列,而

$$S_4 \rhd A_4 \rhd k_4 \rhd \{(1),(1\,2)(3\,4)\} \rhd 1$$

是 S_4 的合成群列. 当 $n \geqslant 5$ 时,$S_n \rhd A_n \rhd 1$ 是 S_n 唯一的合成群列.

设 G 为有限群. 考虑正规群列 $G \rhd 1$. 如果 G 不是单群,则存在极大正规子群 G_1,于是,在正规群列 $G \rhd G_1 \rhd 1$ 中 G/G_1 为单群. 我们称这个过程为**加细**. 如果 G_1 还不是单群,则可再加细成 $G \rhd G_1 \rhd G_2 \rhd 1$, G_1/G_2 也是单群,如此下去. 由于 G 是有限群,这种加细过程必在有限步终止. 由此可得合成群列(1). 因此,任一有限群必有合成群列. 无限循环群是没有合成群列的.

题 1　证明有限群的阶等于它的全体合成因子群的阶的乘积.

题 2　证明有合成群列的交换群必是有限群. (提示:考虑交换单群的阶.)

例 1　有限循环群 $G = \langle a \rangle$ 的合成群列是唯一的 $\Leftrightarrow G$ 为 p **群**(G 的阶为某素数 p

的幂).

证　如果 $|G|=p^k$,则由循环群的同阶子群的唯一性知

$$\langle a\rangle \triangleright \langle a^p\rangle \triangleright \langle a^{p^2}\rangle \triangleright \cdots \triangleright \langle a^{p^{k-1}}\rangle \triangleright \langle a^{p^k}\rangle = 1$$

为 $\langle a\rangle$ 的唯一的合成群列,每个因子群都为 p 阶群.

如果 $n=|G|$ 至少有两个互异素因子 p 和 q,则必可由以下两个正规群列

$$\langle a\rangle \triangleright \langle a^p\rangle \triangleright 1 \text{ 和 } \langle a\rangle \triangleright \langle a^q\rangle \triangleright 1$$

加细成不同的合成群列.　证毕

具有传递性的正规子群　我们知道,子群的正规性是没有传递性的. 现在要问:在什么条件下,可由 $K\triangleleft H\triangleleft G$ 推出 $K\triangleleft G$ 呢?

例 2　设 $K\triangleleft H\triangleleft G$, $|K|=n$, $[H:K]=m$. 如果 $(n,m)=1$,则 $K\triangleleft G$.

证　任取 $k\in K, g\in G$. 由 $H\triangleleft G$ 知 $(g^{-1}kg)K$ 为 m 阶群 H/K 中某一元素,设其阶为 x,则 $x\mid m$. 另一方面,由 $k^n=e$ 知

$$((g^{-1}kg)K)^n=(g^{-1}kg)^nK=(g^{-1}k^ng)K=K$$

为 H/K 中单位元,所以又有 $x\mid n$,于是 $x=1$, $g^{-1}kgK=K$, $g^{-1}kg\in K$,故 $K\triangleleft G$.　证毕

另外一种证法是根据§5 例 8 知 K 是 H 中唯一的 n 阶子群. 而对任一 $g\in G$, $g^{-1}Kg$ 也是 H 的 n 阶子群,因此 $g^{-1}Kg=K$,故 $K\triangleleft G$.

在§10 末将证明,在完全可约群中,子群的正规性必有传递性.

题 3　如果有限群 G 的某个正规群列

$$G\triangleright G_1\triangleright G_2\triangleright\cdots\triangleright G_{r-1}\triangleright G_r=1$$

中 G_i 的阶与 G_i 在 G 中的指数互素,证明 $G_i\triangleleft G$.(提示:对 $G_{i-2}\triangleright G_{i-1}\triangleright G_i$,利用例 2 的结论,并注意到指数公式 $[G:G_{i-1}][G_{i-1}:G_i]=[G:G_i]$ 可得 $G_{i-2}\triangleright G_i$. 同理由 $G_{i-3}\triangleright G_{i-2}\triangleright G_i$ 知 $G_{i-3}\triangleright G_i$. 如此下去即可证得 $G\triangleright G_i$.)

可解群　称群 G 为**可解群**,如果存在 G 的某个正规群列,使它的每个因子群都是交换群. 显然,任一交换群必是可解群,因此,可解群是交换群的推广. S_3 和 S_4 都是非交换的可解群. 任一非交换单群 G 仅有唯一的正规群列 $G\triangleright 1$,因而 G 必不是可解群. 当 $n\geqslant 5$ 时, A_n 和 S_n 都不是可解群. 要提醒读者注意的是,对于可解群来说,并非任一正规群列的因子群都是交换群. 但是,它总可加细成某个正规群列,使其每个因子群都是交换群.

可解群的判别方法　判别某群是否可解群的方法很多,这里仅介绍换位群列判别法. 我们把群 G 的换位子群记为 $D^1(G)$,把群 $D^1(G)$ 的换位子群记为 $D^2(G)$,依此类推. 由直接验证等式

$$g^{-1}[[a,b],[c,d]]g=[[g^{-1}ag,g^{-1}bg],[g^{-1}cg,g^{-1}dg]]$$

可知每个 $D^k(G)$ 都是 G 的正规子群,于是得到由 G 的正规子群构成的群列(未必有限长)

$$G=D^0(G)\triangleright D^1(G)\triangleright D^2(G)\triangleright\cdots\triangleright D^k(G)\triangleright\cdots$$

我们称之为 G 的**换位群列**. 它是研究可解群的重要工具.

根据 §4 定理 3 易证

定理 1　群 G 是可解群⇔存在自然数 r 使 $D^r(G)=1$.

推论　(1) 可解群 G 的任一子群 H 必是可解群.

(2) 可解群 G 的任一同态象 G'(因而任一商群)必是可解群.

(3) 若存在 G 的可解正规子群 N,使 G/N 是可解群,则 G 必是可解群.

证　(1) 由 $D^r(H)\subseteq D^r(G)=1$ 知 $D^r(H)=1$.

(2) 由同态 σ 把换位子变为换位子可得递推公式

$$\sigma(D^i(G))=D(\sigma(D^{i-1}(G)))=D^i(G')$$

所以由 $D^k(G)=1$ 知 $D^r(G')=1$.

(3) 考虑自然同态 $G\overset{\nu}{\sim}G/N=G'$. 由 G' 为可解群知存在 k 使

$$\nu(D^k(G))=D^k(G')=N/N$$

故 $D^k(G)\subseteq N$. 再由 N 是可解群知其子群 $D^k(G)$ 也是可解群,即存在 l 使 $D^{l+k}(G)=1$,故 G 为可解群.　证毕

例 3　有限群 G 是可解群⇔G 的合成因子群都是素数阶循环群.

证　任取 G 的合成群列①

$$G=G_0\triangleright G_1\triangleright\cdots\triangleright G_{i-1}\triangleright G_i\triangleright\cdots\triangleright G_r=1$$

如果每个因子群都是循环群,显然 G 为可解群. 反之,若 G 是可解群,则由上述推论知 G_{i-1} 为可解群,G_{i-1}/G_i 为可解单群,因此是交换单群即素数阶循环群.　证毕

题 4　设 $H\leqslant G, N\lhd G$. 如果 H 和 N 都是可解群,证明 HN 也是可解群.(提示:第二同构定理.)

题 5　若 G/M 和 G/N 都是可解群,证明 G/MN 和 $G/M\cap N$ 都是可解群.(提示:第一同构定理的推论和第二同构定理.)

§9　Sylow 定理

设 G 为 n 阶群. Lagrange 定理告诉我们,对 G 的任一子群的阶 m,必有 $m|n$. 我们反过来要问:是否对任一 $m|n$,G 中必有 m 阶子群? 这就是 Lagrange 定理的逆问题,简称为 CLT 问题. 由 §6 定理 2 知,对任一有限循环群,CLT 问题正确. 由 §11 定理 1

---

① 同一群 G 的任意两个合成群列必同构,即在两组合成因子群之间可建立一一对应,使对应的因子群同构.

可知,对任一有限交换群,CLT 问题也正确.但确实存在有限非交换群,它的 CLT 问题不正确.例如,在§7 中已证,K_4 是 A_4 的唯一的真正子群,所以 12 阶群 A_4 必无 6 阶子群.

群方程　群方程是研究有限群的重要工具.设 C 是群 G 的中心.任取 $a\in G$. a 在 G 中的**共轭类**

$$C_a=\{xax^{-1}\mid x\in G\}$$

是 G 的子集. $C_a=\{a\}\Leftrightarrow a\in C$.考虑 a 在 G 中的中心化子 $N(a)$ 在 G 中的互异左陪集集合

$$S_l=\{xN(a)\mid x\in G\}$$

易证 $xax^{-1}\longrightarrow xN(a)$ 是 C_a 到 S_l 的一一对应,所以

$$|C_a|=[G:N(a)],\ \forall a\in G$$

设 G 为有限群,$a_1,a_2,\cdots,a_s$ 是 G 中非中心元所属的互异共轭类的完全代表系,则立得 G 的**群方程**

$$|G|=|C|+\sum_{i=1}^{s}[G:N(a_i)]$$

且可证明此群方程与代表元素$\{a_i\}$的选择无关.(若 $b=gag^{-1}$,则 $x\longrightarrow g^{-1}xg$ 是 $N(b)$ 到 $N(a)$ 的一一对应.)

***p* 群**　由 Lagrange 定理知 p 群 G 的任一非单位子群必为 p 群.问:p 群的中心是否可能是单位元群?

定理 1　p 群 G 的中心 C 必为 p 群.

证　如果 $C=\{e\}$,则群方程为

$$p^k=1+\sum_{i=1}^{s}[G:N(a_i)]$$

由 $a_i\notin C$ 和 $|G|=p^k$ 知 $p\mid[G:N(a_i)]$,$i=1,2,\cdots,s$.于是得出 $p\mid 1$ 之矛盾.故 $|C|=p^l$,$1\leqslant l\leqslant k$.　证毕

例 1　证明 p^2 阶群 G 必是交换群.

证　设 G 不是交换群,则 $|C|=p$.任取非中心元 a.因为 C 中元素和 a 都与 a 可交换,所以 a 在 G 中的中心化子 $N(a)=G$,这又说明 $a\in C$,矛盾.　证毕

当然,也可如下证明:如果 G 不是交换群,则 $|C|=p$,G/C 为 p 阶循环群.可设 $G/C=\langle\overline{g_0}\rangle$,生成元为 $\overline{g_0}=g_0C$.任取 $g_1,g_2\in G$,则据 $\overline{g_1}=\overline{g_0}^m$,$\overline{g_2}=\overline{g_0}^n$ 可设

$$g_1=g_0^mc_1,\ g_2=g_0^nc_2,\text{其中 } c_1,c_2\in C$$

于是由 c_i 为中心元知 $g_1g_2=g_2g_1$,G 为交换群,矛盾.

注意:p^3 阶群未必是交换群.例如四元数群和 8 阶两面体群都不是交换群(见本章末习题 33 和 34).

题 1　若已知 N 和 G/N 都是交换群,问 G 是否必为交换群.证明或举反例.

题 2　证明任一非交换的 p 群的内自同构群 $I(G)$ 必是 p 群.

例 2　设 G 为 p 群，$H<G$，则 $H<N(H)$. 这里 $N(H)$ 是 H 在 G 中的正规化子. 这就是说，p 群的真子群必是其正规化子的真子群.

证　对 $|G|$ 用归纳法.

若 $|G|=p$，则 $H=\{e\}$，$N(H)=G$. 结论成立.

设对阶小于 p^k 的 p 群结论成立，现对 $|G|=p^k$ 的情形用反证法. 如果 $H=N(H)$，则由 G 的中心 $C\leqslant N(H)=H<G$ 知

$$\overline{H}=H/C<G/G=\overline{G}$$

由 C 为 p 群知 $\overline{G}$ 为阶小于 p^k 的 p 群，故由归纳假设知 $\overline{H}<N(\overline{H})$，即存在 $\overline{a}\in N(\overline{H})$ 而 $\overline{a}\notin\overline{H}$. 等式 $\overline{a}\,\overline{H}=\overline{H}\,\overline{a}$ 说明，对任一 $h\in H$，有 $\overline{a}\,\overline{h}\,\overline{a}^{-1}\in\overline{H}$，即

$$(aC)(hC)(aC)^{-1}=(aha^{-1})C\in H/C$$

于是，$aha^{-1}\in H$，$\forall h\in H$，故 $aH\subseteq Ha$. 此时必有 $aH=Ha$，$a\in N(H)$，然而由 $\overline{a}\notin\overline{H}$ 知 $a\notin H$，这与 $N(H)=H$ 的假设矛盾，所以必有 $H<N(H)$. 　证毕

在有限群问题的证明中，我们经常采用作商群以减小群的阶的方法，请读者学会并灵活运用这一方法.

定理 2　任一 p 群 G 必是可解群.

证　设 $|G|=p^n$. 若 $n=1$，则 G 为交换群，当然为可解群. 设对任一 $k<n$，p^k 阶群都是可解群，则 G 模中心 C 的商群 G/C 为可解群，但交换群 C 为可解群，所以 G 必为可解群. 　证毕

Sylow **定理**　设 G 为 n 阶群，p 是 n 的任一素因子. 设 $n=p^m s$，$p\nmid s$. G 的任一 $p^k(1\leqslant k\leqslant m)$ 阶子群称为 G 的 **p 子群**. 特别，G 的任一 p^m 阶子群 P 称为 G 的 **Sylow－p 子群**. 例如，4 阶群 K_4 是 A_4 的唯一的 Sylow－2 子群，A_4 的 Sylow－3 子群有且仅有以下 4 个：$\langle(1\ 2\ 3)\rangle$，$\langle(1\ 2\ 4)\rangle$，$\langle(1\ 3\ 4)\rangle$，$\langle(2\ 3\ 4)\rangle$. 关于有限群的 p 子群有以下重要定理.

定理 3（Sylow）　设群 G 的阶 $n=p^m s$，$p\nmid s$，则

（1）对任何 $1\leqslant k\leqslant m$，G 中至少有一个 p^k 阶子群.

（2）G 的任一 p 子群必包含在 G 的某个 Sylow－p 子群之中.

（3）G 的任意两个 Sylow－p 子群 P_1 和 P_2 必是 G 共轭的，即必存在 $g\in G$ 使 $P_2=gP_1g^{-1}$.

（4）设群 G 的 Sylow－p 子群的个数为 l_p，则

$$l_p\mid s \text{ 且 } l_p\equiv 1\pmod p$$

据此，立刻推知，CLT 问题对 G 的阶 n 的任一素因子成立.

例 3　6 阶群 G 或为循环群，或同构于 S_3. 事实上，由定理 3 之（1）知 G 中必有

3 阶元 a 和 2 阶元 b. 由 $\langle a\rangle \lhd G$ 知 $b^{-1}ab\in\langle a\rangle$，所以 $b^{-1}ab$ 只有两种可能性. 或者 $b^{-1}ab=a$，则由 $ab=ba$ 知 ab 为 6 阶元，G 为循环群. 或者 $b^{-1}ab=a^2$，则 $ba^2=ab$，$aba=b$，此时 G 与 S_3 有如下同构对应

$$e\to(1),a\to(1\ 2\ 3),b\to(1\ 2)$$

例 4　设 P 是有限群 G 的任一 Sylow－p 子群，p 是 $|G|$ 的某个确定的素因子. 如果 G 的某个子群 H 满足

$$G\geqslant H\geqslant N(P)\geqslant P$$

这里 $N(P)$ 是 P 在 G 中的正规化子，则 $N(H)=H$. 特别，$N(N(P))=N(P)$.

证　只要证明 $N(H)\subseteq H$. 任取 $x\in N(H)$，则有

$$H=x^{-1}Hx\supseteq x^{-1}Px\xlongequal{\text{def}}P'$$

这说明 P 和 P' 都是群 H 的 Sylow－p 子群（这是证明的关键一步）. 据定理 3 之(3) 知必存在 $h\in H$ 使 $P'=hPh^{-1}$，所以

$$P=h^{-1}P'h=h^{-1}x^{-1}Pxh=(xh)^{-1}P(xh)$$

这说明 $xh\in N(P)\subseteq H$，于是 $x\in H$，$N(H)\subseteq H$.　　证毕

题 3　设 K 是 n 阶群 G 的某个 p 子群，p 是 n 的某个素因子. 如果 K 是 G 的正规子群，证明 G 的所有 Sylow－p 子群都包含 K.（提示：定理 3 之(2)和(3).）

有限非单群的判别法　W. Fert 和 J. G. Thompson 在 1963 年证明了任一奇数阶群必是可解群，因而有限非交换单群必为偶数阶群，因此，奇数阶非交换群必非单群. 由此可知，我们仅需讨论偶数阶非交换群何时不是单群. 如果某个 p 群 G 是单群，则中心 $C=G$，G 为交换单群，必为 p 阶循环群. 因此，p 群的情形已非常清楚.

定理 4　设对 $|G|$ 的某个素因子 p 有 $l_p=1$，且 G 不是 p 群（同一个 p），则 G 不是单群.

证　设 P 是 G 的唯一的 Sylow－p 子群，则对任何 $g\in G$，必有 $g^{-1}Pg=P$，故 $P\lhd G$. $P\neq\{e\}$. 由 G 不是 p 群知 $P\neq G$，故 G 不是单群.　　证毕

例 5　设群 G 的阶 $n=p^2q$，p 与 q 为互异素数，则 G 不是单群.

证　据定理 3 之(4)和 G 的 p^2 阶和 q 阶子群的个数分别为

$$l_p=1 \text{ 或 } q,\ l_q=1 \text{ 或 } p \text{ 或 } p^2$$

如果 $p>q$，则 $l_p=1$. 如果 $p<q$，且 $l_q\neq1$，则由 $1+q>p$ 知 $l_q\neq p$，所以必有 $l_q=p^2$. 由于互异 q 阶循环群的交必为 $\{e\}$，因此 G 中的 q 阶元的个数为 $p^2(q-1)=p^2q-p^2$，而剩下的 p^2 个元素恰组成一个 p^2 阶子群，故 $l_p=1$. 综上可知或 $l_p=1$ 或 $l_q=1$，故 G 不是单群.　　证毕

题 4　证明 56 阶，148 阶，200 阶和 pq 阶群都不是单群，这里 p 和 q 为互异素数.

例 6　36 阶群 G 不是单群. 因为 $36=2^2\times3^2$. 如果 $l_3>1$，则可任取 G 的两个互

异 9 阶子群 H_1 与 H_2. 由

$$|H_1H_2|\cdot|H_1\cap H_2|=|H_1|\cdot|H_2|$$

知 $|H_1\cap H_2|\neq 1,9$，所以 $H=H_1\cap H_2$ 必为 3 阶子群. 考虑 H 在 G 中的正规化子 N. 由 H_1 和 H_2 都是交换群知

$$|N|\geqslant 2\times 6+3=15$$

所以 $|N|=18$ 或 36. 若 $|N|=18$，则 $N\lhd G$；若 $|N|=36$，则 $N=G$，$H\lhd G$，故 G 不是单群.

§10 直　积

群的直积在群论研究中占有很重要的地位：群的外直积提供了由已知群构造新群的方法，群的内直积分解可把研究群 G 的结构化为研究其若干子群的结构. 例如，任一有限生成交换群必可分解为若干循环子群的直积.

外直积　群 G_1 和 G_2 的积集

$$G_1\times G_2=\{(a_1,a_2)\mid a_1\in G_1,a_2\in G_2\}$$

关于乘法

$$(a_1,a_2)(b_1,b_2)=(a_1b_1,a_2b_2)$$

成群，称为 G_1 和 G_2 的**外直积**，记为 $G_1\otimes G_2$.

例 1　设 G 为交换群，如果 H 是 G 的子群使 G/H 为无限循环群，证明

$$G\cong H\otimes G/H$$

证　设 $G/H=\langle\bar{a}\rangle$，$\bar{a}=Ha$ 为无限阶元，即

$$\bar{a}^i=(Ha)^i=Ha^i=H\Leftrightarrow i=0$$

任取 $g\in G$，由 $\bar{g}=\bar{a}^i$ 知 g 必可唯一地表为 $g=ha^i$，$h\in H$，于是得到 G 到 $H\otimes G/H$ 的单值映射

$$g\xrightarrow{\varphi}(h,Ha^i)$$

φ 显然是满射. 由 $\bar{a}$ 为无限阶元知 φ 为单射，再由

$$\begin{aligned}\varphi(g_1g_2)&=\varphi(h_1a^i\cdot h_2a^i)=\varphi(h_1h_2a^{i+i})\\&=(h_1h_2,Ha^{i+j})=(h_1,Ha^i)(h_2,Ha^j)\\&=\varphi(g_1)\varphi(g_2)\end{aligned}$$

知 φ 即为所求的同构映射.　　证毕

更简单的证明见本节例 6.

题 1　设 $H\lhd G$，问是否必有 $G\cong H\otimes G/H$? 证明或举反例.

题 2　设 H 和 K 是群 G 的子群，证明

(1)如果 $H,K\lhd G$,且 $H\cap K=\{e\}$,则 G 与 $G/H\otimes G/K$ 的某个子群同构.(提示:找一个 G 到 $G/H\otimes G/K$ 内的同态单射.)

(2)如果 $G=HK$,且 $hk=kh,\forall h\in H,k\in K$,则 G 必是 $H\otimes K$ 的同态象.(提示:找一个 $H\otimes K$ 到 G 的同态满射.)

外直积的基本性质

(1)$G_1\otimes G_2\cong G_2\otimes G_1$.

(2)$G_1\otimes G_2$ 是交换群当且仅当 G_1 和 G_2 都是交换群.

(3)若记 $G'=G_1\otimes G_2$,则有

① $$G_1\cong G_1'=\{(a_1,e_2)\mid a_1\in G_1\}\lhd G'$$
$$G_2\cong G_2'=\{(e_1,a_2)\mid a_2\in G_2\}\lhd G'$$

这里 e_1 和 e_2 分别是 G_1 和 G_2 的单位元.

②G' 中任一元必可唯一地表为 G_1' 和 G_2' 中元之积
$$(a_1,a_2)=(a_1,e_2)(e_1,a_2)$$

③$G_1'\cap G_2'=\{(e_1,e_2)\}$ 为 G' 的单位元子群.

④G_1' 中的元素与 G_2' 中的元素可交换.

定理 1 若 C_n 表示 n 阶循环群,则
$$C_r\otimes C_s\cong C_{rs}\Leftrightarrow(r,s)=1$$

证 设 $C_r=\langle a\rangle,C_s=\langle b\rangle$,则 (a,b) 在 $C_r\otimes C_s$ 中的阶 $k=q=[r,s]$. 事实上,由 $(a,b)^q=(a^q,b^q)=(e_1,e_2)$ 知 $k\mid q$. 反之,由 $(a^k,b^k)=(a,b)^k=(e_1,e_2)$ 知 $a^k=e_1$, $b^k=e_2,r\mid k,s\mid k$,又得 $q\mid k$,故 $k=q$,于是
$$(a,b)\text{的阶为 } rs\Leftrightarrow(r,s)=1$$

当 $(r,s)=1$ 时,rs 阶群 $C_r\otimes C_s$ 中有 rs 阶元 (a,b),故 $C_r\otimes C_s$ 为循环群. 当 $(r,s)>1$ 时,由 $(a^i,b^j)^q=(e_1,e_2)$ 知 $C_r\otimes C_s$ 中任意元的阶都 $\leqslant q<rs$,决不存在 rs 阶元,故 $C_r\otimes C_s$ 不是循环群. 证毕

注意:当 $(r,s)>1$ 时,不能据 (a,b) 不是 rs 阶元直接断言 $C_r\otimes C_s$ 不是循环群,必须证明不存在任何 rs 阶元.

题 3 设 $\mathbf{Z}$ 表示整数加群,证明
$$\mathbf{Z}/(2)\oplus\mathbf{Z}/(3)\cong\mathbf{Z}/(6)$$
这里,由于考虑的是加法,故外直积表现为外直和,用 $\oplus$ 表示.

内直积的定义 设 G_1 和 G_2 是群 G 的两个子群,考虑以下四个条件:

①$G_1\lhd G,G_2\lhd G$;

②任一 $g\in G$ 可表为 $g=g_1g_2,g_1\in G_1,g_2\in G_2$;

③$G_1\cap G_2=\{e\}$,即 $g=g_1g_2$ 表法是唯一的;

④$g_1g_2=g_2g_1,\forall g_1\in G_1,g_2\in G_2$,

和两个等价条件组：

（Ⅰ）{①,②,③}；

（Ⅱ）{②,③,④}.

题 4　证明上述两个条件组等价.（提示：{①,③}⇒④,{②,④}⇒①.）

如果群 G 与子群 G_1 和 G_2 满足上述两个条件组之一，则称 G 为 G_1 与 G_2 的（内）**直积**，记为 $G=G_1\times G_2$，并称 G_1 和 G_2 为 G 的**直积因子**.

例 2　设 $G=G_1\times G_2$，$G_1\leqslant H\leqslant G$，则 $H=G_1\times(H\cap G_2)$.

证　依次验证条件①,②和③. 由 $G_1\lhd G$ 知 $G_1\lhd H$. 由 $G_2\lhd G$，$H\subseteq G$ 知 $H\cap G_2\lhd H$. 由 $G=G_1G_2$ 知任一 $h\in H$ 必可表为 $h=g_1g_2$. 再由 $G_1\subseteq H$ 知 $g_2=g_1^{-1}h\in H\cap G_2$，故 $H=G_1(H\cap G_2)$. $G_1\cap H\cap G_2=G_1\cap G_2=\{e\}$.　证毕

题 5　设 G_1 和 G_2 是群 G 的正规子群，且 $G=\langle G_1,G_2\rangle$，$G_1\cap G_2=\{e\}$，证明 $G=G_1\times G_2$.

例 3　设 $G=G_1\times G_2$，$H\lhd G_1$，证明 $H\lhd G$ 且

$$G/H\cong G_1/H\otimes G_2$$

证　先证 G 的直积因子 G_1 的正规子群 H 必是 G 的正规子群. 任取 $h\in H$，$g=g_1g_2\in G$，则由交换性条件④知

$$g^{-1}hg=g_2^{-1}(g_1^{-1}hg_1)g_2=g_2^{-1}h'g_2=h'\in H$$

故 $H\lhd G$. 其次，考虑 G/H 到 $G_1/H\otimes G_2$ 的映射

$$gH=g_1g_2H\xrightarrow{\varphi}(g_1H,g_2)$$

由于 G/H 中元素 gH 的表法不唯一，必须要验证 φ 的单值性.（注意，不能据 $g=g_1g_2$ 的表法唯一断言 φ 是单值映射.）由 $gH=\tilde{g}H$，即 $g_1g_2H=\tilde{g}_1\tilde{g}_2H$ 知

$$(g_1^{-1}\tilde{g}_1)(\tilde{g}_2g_2^{-1})\in H\subseteq G_1,\ \tilde{g}_2g_2^{-1}\in G_1\cap G_2=\{e\}$$

于是必有 $g_2=\tilde{g}_2$，$g_1H=\tilde{g}_1H$，故 φ 是单值的. φ 显然是满射. 下证 φ 是单射. 设另有

$$\tilde{g}H=\tilde{g}_1\tilde{g}_2H\xrightarrow{\varphi}(\tilde{g}_1H,\tilde{g}_2)$$

如果 $g_1H=\tilde{g}_1H$，$g_2=\tilde{g}_2$，则由条件④和 $H\subseteq G_1$ 知

$$gH=g_1g_2H=g_1Hg_2=\tilde{g}_1\tilde{H}\tilde{g}_2=\tilde{g}_1\tilde{g}_2H=\tilde{g}H$$

最后，由

$$\begin{aligned}gH\cdot\tilde{g}H&=g_1g_2H\cdot\tilde{g}_1\tilde{g}_2H\\&=g_1H\cdot\tilde{g}_1H\cdot g_2\tilde{g}_2\xrightarrow{\varphi}(g_1H\cdot\tilde{g}_1H,g_2\tilde{g}_2)=(g_1H,g_2)(\tilde{g}_1H,\tilde{g}_2)\end{aligned}$$

知 φ 为同构映射，结论得证.　证毕

例 4　设 $G_1,G_2\lhd G$ 且 $G=G_1G_2$. 记 $K=G_1\cap G_2$，问是否必有

$$G/K \cong G_1/K \otimes G_2/K$$

$$G/K = G_1/K \times G_2/K$$

证　结论都是肯定的. 首先,由 $G_1 \lhd G, G_2 \lhd G$ 知对任何 $g_1 \in G_1$ 和 $g_2 \in G_2$ 都有

$$g_1 g_2 g_1^{-1} g_2^{-1} \in G_1 \cap G_2 = K, g_1 K \cdot g_2 K = g_2 K \cdot g_1 K$$

现在考虑 $G_1/K \otimes G_2/K$ 到 G/K 的映射

$$(g_1 K, g_2 K) \xrightarrow{\psi} g_1 g_2 K$$

由 $K \lhd G$ 知 $g_1 g_2 K = g_1 K \cdot g_2 K$,据此易证 ψ 为单值映射. 由 $G = G_1 G_2$ 知 ψ 为满射. 由

$$(g_1 K, g_2 K)(\tilde{g}_1 K, \tilde{g}_2 K) = (g_1 K \cdot \tilde{g}_1 K, g_2 K \cdot \tilde{g}_2 K)$$

$$\xrightarrow{\psi} g_1 K \cdot \tilde{g}_1 K \cdot g_2 K \cdot \tilde{g}_2 K = (g_1 K \cdot g_2 K)(\tilde{g}_1 K \cdot \tilde{g}_2 K)$$

知 ψ 为同态满射,核为单位元(K,K),故 ψ 为同构映射,第一式得证. 为证第二式,仅需验证条件①,②和③. 由 $G_i \lhd G$ 知 $G_i/K \lhd G/K, i = 1,2$. 由 $G = G_1 G_2$ 知 $G/K = (G_1/K)(G_2/K)$. 任取 $gK \in G_1/K \cap G_2/K$. 可设

$$gK = g_1 K = g_2 K$$

由 $g_1^{-1} g \in K \subseteq G_1$ 知 $g \in G_1$. 由 $g_2^{-1} g \in K \subseteq G_2$ 知 $g \in G_2$,所以 $g \in K, gK = K$ 为 G/K 之单位元. 结论得证.　　证毕

在这两个例题中有很多值得注意的地方. 首先,必须验证映射的单值性. 其次,在两例中也可改证

$$G_1/H \otimes G_2 \overset{\psi}{\cong} G/H, (g_1 H, g_2) \xrightarrow{\psi} g_1 g_2 H$$

$$G/K \overset{\varphi}{\cong} G_1/K \otimes G_2/K, gK = g_1 g_2 K \xrightarrow{\varphi} (g_1 K, g_2 K)$$

所定义的两对 φ 和 ψ 都为互逆的同构映射,显然验证两个 ψ 的单值性比较容易. 最后,在例 3 中证明 φ 是单值映射和在例 4 中证明 $G_1/K \cap G_2/K = K$ 时所用的技巧需要熟练掌握.

由条件④立得 $G = G_1 \times G_2 = G_2 \times G_1$.

题 6　(1)证明 $G = G_1 \times G_2$ 为交换群$\Leftrightarrow G_1$ 和 G_2 都为交换群.

(2)证明 45 阶群必须是交换群.(提示:Sylow 定理.)

题 7　证明阶为 15,51 和 85 的群必是循环群.(提示:用 Sylow 定理和本节定理 1.)

例 5　证明 255 阶群 G 必是循环群.

证　$255 = 17 \times 5 \times 3$. 由 Sylow 定理知必有

$$l_{17} = 1, l_5 = 1 \text{ 或 } 51, l_3 = 1 \text{ 或 } 85$$

由 $l_{17} = 1$ 知 G 必有 17 阶正规子群 A. 由 $|G| = 255$ 知,不可能同时有 $l_5 = 51$ 和 $l_3 = 85$,因此,必有 $l_5 = 1$ 或 $l_3 = 1$. 设 $l_5 = 1$.($l_3 = 1$ 的情形留作习题.)则 G 有 5 阶正规子群 B. 由 G/A 为 15 阶循环群知 $D(G) \subseteq A$;由 G/B 为 51 阶循环群知 $D(G) \subseteq B$. 故

由 $A\cap B=\{e\}$ 知 $D(G)=\{e\}$，G 为交换群，任一子群必为正规子群. 再由 Sylow 定理知 G 中必存在 17 阶元 a，5 阶元 b 和 3 阶元 c，故由定理 1 知

$$G=C_{17}\times C_5\times C_3\cong C_{85}\times C_3\cong C_{255}$$ 证毕

注意：上述关于 C_{17}，C_5 和 C_3 的正规性的证明是必不可少的，否则，就未必是内直积了！

内直积与外直积之间的关系 由定义知，两个群的外直积与一个群的内直积分解是完全不同的概念. 但是，它们之间还是有联系的. 如果 $G=G_1\times G_2$，则必有 $G\overset{\varphi}{\cong}G_1\otimes G_2$，其中

$$\varphi:g=g_1g_2\to(g_1,g_2)$$

因此，例 4 中第一个结论可由第二个结论推出.

题 8 设 $G=\langle a\rangle$ 为 mn 阶循环群，且 $\langle m,n\rangle=1$. 令 $G_1=\langle a^m\rangle$，$G_2=\langle a^n\rangle$，证明 $G=G_1\times G_2\cong G_1\otimes G_2$.

注意，确实存在群 G 的正规子群 G_1 和 G_2 使

$$G\cong G_1\otimes G_2，但\ G\neq G_1\times G_2$$

例如，$G=\{e,a,b,ab\}$ 为 Klein 四元群，取 $G_1=G_2=\{e,a\}$，则由 $G_1\otimes G_2$ 为 4 阶非循环群知必同构于 G，但 G 决不是 G_1 与 G_2 的内直积.

群的内直积分解 设 $G=G_1\times G_2$，则易证

$$g=g_1g_2\xrightarrow{\varphi}g_2\ 和\ g=g_1g_2\xrightarrow{\psi}g_1$$

分别是 G 到 G_2 和 G 到 G_1 的同态满射，核分别为 G_1 和 G_2. 因此，必有

$$G/G_1\overset{\varphi^*}{\cong}G_2\ 和\ G/G_2\overset{\psi^*}{\cong}G_1$$

但是，反之不然，即不能由 $G/G_1\cong G_2$ 或 $G/G_2\cong G_1$ 推出 $G=G_1\times G_2$. 仍取 $G=K_4=\{e,a,b,ab\}$ 和 $G_1=G_2=\{e,a\}$ 即为反例. 尽管如此，我们还是有以下结果：

定理 2 设 $G_1,G_2\lhd G$. 如果存在 G 的某个同态象 G'：$G\overset{\varphi}{\sim}G'$，其核为 G_1，且同时有 $G_2\overset{\varphi}{\cong}G'$，则 $G=G_1\times G_2$.

证 仅需再验证条件②与③.

由已知条件知

$$G/G_1\overset{\varphi^*}{\cong}G',\varphi^*(\overline{g})=\varphi(g),\ \forall\,\overline{g}=G_1g\in G/G_1$$

任取 $g\in G$，可设 $\varphi^*(\overline{g})=x'\in G'$. 由 $G_2\overset{\varphi}{\cong}G'$ 知存在 $g_2\in G_2$ 使 $\varphi(g_2)=x'$，于是

$$\varphi^*(\overline{g_2})=\varphi(g_2)=x'=\varphi^*(\overline{g})$$

由 φ^* 是单射知 $\overline{g_2}=\overline{g}$，即 $G_1g_2=G_1g$，故 $g\in G_1g_2\subseteq G_1G_2$. 这就证明了 $G=G_1G_2$.

任取 $x\in G_1\cap G_2$. 由 $x\in G_1$ 知 $\varphi(x)=e'$ 为 G' 的单位元. 再由 $x\in G_2\overset{\varphi}{\cong}G'$ 和 φ 为

同构知 $x=e$，所以 $G_1\cap G_2=\{e\}$. 证毕

这说明，对群 G 的正规子群 G_1 和 G_2，只要存在群 G' 和映射 φ 满足

$$G/G_1 \overset{\varphi^*}{\cong} G' \text{和 } G_2 \overset{\varphi}{\cong} G', \varphi^*(\bar{g})=\varphi(g)$$

就有 $G\cong G_1\times G_2$.

下面的定理 3 是定理 2 的一个常用的推论.

定理 3 设 $G_1, G_2 \lhd G$. 如果在自然同态 $G\overset{\nu}{\sim}G/G_1$ 之下有 $G_2\overset{\nu}{\cong}G/G_1$，则 $G=G_1\times G_2$.

例 6 设 G 是交换群. 如果 H 是 G 的子群使 G/H 为无限循环群，证明

$$G\cong H\otimes G/H$$

证 考虑 $G\overset{\nu}{\sim}G/H=\langle\bar{a}\rangle$. 令 $K=\langle a\rangle$，则两个无限循环群必同构：$K\overset{\nu}{\cong}G/H$，于是由定理 3 可得

$$G=H\times K\cong H\otimes K\cong H\otimes G/H$$ 证毕

题 9 设 K 和 H 都是交换群 G 的子群. 如果 $K/K\cap H=\langle\bar{u}\rangle$ 为无限循环群，证明

$$K=\langle u\rangle\times(K\cap H)\cong K/K\cap H\otimes(K\cap H)$$

直积的推广 上述群的直积分解概念可以推广到任意有限多个直积因子的情形. 设 $G_1, G_2, \cdots, G_n$ 是群 G 的子群. 考虑如下四个条件：

①$G_i\lhd G, i=1,2,\cdots,n$;

②$G=G_1G_2\cdots G_n$;

③$G_i\cap\prod\limits_{j=1}^{i-1}G_j=\{e\}, i=2,3,\cdots,n$;

④$g_ig_j=g_jg_i, \forall g_i\in G_i, g_j\in G_j, i\neq j$.

类似可证以下两个条件组等价

$$\{①,②,③\}\Leftrightarrow\{②,③,④\}$$

如果 G 与子群 $G_1, G_2, \cdots, G_n$ 满足上述条件组之一，就称 G 为 $G_1, G_2, \cdots, G_n$ 的直积，记为

$$G=G_1\times G_2\times\cdots\times G_n$$

在群的直积分解式中，各直积因子可任意调换次序，且可任意加括号和去括号.

有时以条件：

③′$G_i\cap\prod\limits_{\substack{j=1\\j\neq i}}^{n}G_j=\{e\}, i=1,2,\cdots,n$.

代替③. 必须指出：条件③′强于③. 但可证仍有

$$\{①,②,③\}\Leftrightarrow\{①,②,③'\}\Leftrightarrow\{②,③',④\}\Leftrightarrow\{②,③,④\}$$

例 7　设 G 是 n 阶交换群

$$n=p_1^{e_1}p_2^{e_2}\cdots p_m^{e_m}$$

$\{p_i\}$ 为两两互异素数，则

$$G=S_{p_1}\times S_{p_2}\times\cdots\times S_{p_m}$$

这里 S_{p_i} 为 G 的 Sylow $-p_i$ 子群，$i=1,2,\cdots,m$.

证　逐一验证条件①，②和③′. 由 Sylow 定理知这 m 个 S_{p_i} 必存在，且为 G 的正规子群. 因为 $|S_{p_i}|=p_i^{e_i}$ 且各 p_i 两两互素，由 Lagrange 定理知

$$S_{p_i}\cap\prod_{\substack{j=1\\ j\neq i}}^{m}S_{p_j}=\{e\},i=1,2,\cdots,m$$

再据 $\left|\prod_{i=1}^{m}S_{p_i}\right|=|G|$ 就得所需之直积分解式.　证毕

题 10　设 G 是有限交换群，H_i 是 G 的 m_i 阶子群，$i=1,2,\cdots,s$，且 $G=H_1H_2\cdots H_s$. 如果对 $i\neq j$ 都有 $(m_i,m_j)=1$，证明 $G=H_1\times H_2\times\cdots\times H_s$.

可约群与完全可约群　能分解成若干个真子群的直积的群称为可约群，不可分解的群称为**既约群**. 能分解成若干真子单群的直积的群称为**完全可约群**. 易见，任一单群必是既约群，无限循环群 $\langle a\rangle$ 必是既约群，因为，对任何自然数 m 和 n 必有 $e\neq a^{mn}\in\langle a^m\rangle\cap\langle a^n\rangle$.

例 8　有限循环群 $G=\langle a\rangle$ 是既约群 $\Leftrightarrow G$ 为循环 p 群.

证　若 G 不是 p 群，则由例 7 知 G 为可约群. 若 $|G|=p^s$，则 G 的任意两个真子群

$$H=\langle a^{p^s}\rangle,K=\langle a^{p^t}\rangle,0<s,t<e$$

的交必不等于单位元群，故 G 为既约群.　证毕

题 11　证明 S_n 必是既约群.

由下例可知，可约群的直积分解式未必唯一.

例 9　设 $G=\langle a\rangle\times\langle b\rangle$，其中 a 为 8 阶元，b 为 4 阶元. 易见，G 必为交换群. 令 $c=ab,d=a^4b$，则可证

$$G=\langle c\rangle\times\langle d\rangle$$

事实上，由 $c^5d^3=a^{17}b^8=a$ 和 $c^4d=a^8b^5=b$ 知 $G\subseteq\langle c\rangle\times\langle d\rangle$，而反向包含是显然的，故 $G=\langle c\rangle\times\langle d\rangle$.

可约群的判别法　如何判定群 G 是可约群呢？为此，我们引进投影概念. 设 η 是群 G 到 G 内的某个同态（未必为满射）. 称 η 是**正规同态**，如果对任一内自同构 $\sigma_a\in I(G)$ 都有 $\eta\sigma_a=\sigma_a\eta$. 称 η 是**幂等同态**，如果 $\eta^2=\eta$. 既正规又幂等的同态称为**投影**. 易见，恒等变换 1^* 是投影，**零同态** $0^*:x\to e,\ \forall x\in G$，也是投影.

定理 4（可约性判别准则）　群 G 是可约群 $\Leftrightarrow$ 存在 G 的投影 $\eta\neq0^*,1^*$.

证　⇒:设 $G=G_1\times G_2$. 则可验证

$$\eta: x=x_1x_2\to x_1$$

是所需的投影. 其他条件都是显然的,现验证它是正规的

$$(\sigma_a\eta)(x)=\sigma_a(x_1)=ax_1a^{-1}$$

$$(\eta\sigma_a)(x)=\eta(axa^{-1})=\eta(ax_1a^{-1}\cdot ax_2a^{-1})=ax_1a^{-1}$$

对任何 $x=x_1x_2$ 都成立,故 $\sigma_a\eta=\eta\sigma_a$.

⇐:取 $G_2=\eta(G)\leqslant G$. 由 $\eta\neq 0^*$ 知 $G_2\neq\{e\}$. 如果 $G_2=\eta(G)=G$,则对任一 $g\in G$,必存在 $g'\in G$ 使 $\eta(g')=g$. 由 $\eta(g)=\eta^2(g')=\eta(g')=g$ 知 $\eta=1^*$,矛盾,所以 $G_2<G$. 任取 $g_2=\eta(g)\in G_2$. 由 η 的正规性知对任一 $a\in G$ 有

$$ag_2a^{-1}=\sigma_a(g_2)=\sigma_a\eta(g)=\eta\sigma_a(g)\in G_2$$

故 $G_2\lhd G$. 取 G_1 为同态 $G\overset{\eta}{\sim}G_2$ 的核,则 $G_1\lhd G$.

现证 $G=G_1G_2$. 任取 $g\in G$. 由

$$\eta(g\cdot\eta(g)^{-1})=\eta(g)\cdot\eta^2(g^{-1})=\eta(g)\eta(g)^{-1}=e$$

知 $g_1=g\eta(g)^{-1}\in G_1$,于是 $g=g_1\eta(g)\in G_1G_2$.

再证 $G_1\cap G_2=\{e\}$. 任取 $x\in G_1\cap G_2$. 由 $x\in G_2=\eta(G)$ 可设 $x=\eta(g)$. 再由 $x\in G_1$ 知 $\eta(x)=e$,于是

$$x=\eta(g)=\eta^2(g)=\eta(x)=e$$

综上所证即得 $G=G_1\times G_2$.　　证毕

既然有 $G\overset{\eta}{\sim}G_2$, $G/G_1\overset{\eta^*}{\cong}G_2$,必然联想到是否可套用本节定理 2 直接推出 $G=G_1\times G_2$呢? 回答是肯定的,只要取 G'为 G_2 就可以了! 为此,尚需证明 $G_2\overset{\eta}{\cong}G_2$. 事实上,对任取的 $g_2=\eta(g)\in G_2$ 必有

$$\eta(g_2)=\eta^2(g)=\eta(g)=g_2$$

这又显示了定理 2 的威力!

例 10　证明当群 G 的换位子群 $D(G)=G$ 时,恒等变换 1^* 是 G 的唯一的正规自同构.

证　任取 G 的正规自同构 ρ,即 $\rho\in A(G)$,且

$$\rho\sigma_g=\sigma_g\rho,\ \forall\sigma_g\in I(G)$$

要证 $\rho=1^*$. 利用 §5 例 5 中(3)式得

$$\sigma_g=\rho\sigma_g\rho^{-1}=\sigma_{\rho(g)},\ \forall g\in G$$

于是,对任取之 $g_1,g_2\in G$ 有

$$\begin{aligned}\rho(g_1g_2g_1^{-1}g_2^{-1})&=\rho(\sigma_{g_1}(g_2)\cdot g_2^{-1})=(\rho\sigma_{g_1}(g_2))\cdot\rho(g_2^{-1})\\&=(\sigma_{g_1}(\rho(g_2)))\cdot\rho(g_2)^{-1}=g_1\rho(g_2)g_1^{-1}\rho(g_2)^{-1}\\&=g_1\sigma_{\rho(g_2)}(g_1^{-1})=g_1\sigma_{g_2}(g_1^{-1})=g_1g_2g_1^{-1}g_2^{-1}\end{aligned}$$

这就是说,ρ 不变 G 中任一换位子. 再由 $G=D(G)$ 即得 $\rho=1^*$. 证毕

题 12　证明当群 G 的中心 $C=\{e\}$ 时,1^* 是 G 中唯一的正规自同构.(提示:利用 $\sigma_g=\sigma_{\rho(g)}$ 证明 $g^{-1}\rho(g)\in C,\forall g\in G$.)

完全可约群的几个特性　设

$$G=G_1\times G_2\times\cdots\times G_n$$

每个 G_i 都是单群. 对任一 $N\lhd G$ 必有集合等式

$$G=G_1G_2\cdots G_n=NG_1G_2\cdots G_n$$

因为 $N\cap G_1$ 是单群 G_1 的正规子群,所以仅有两种可能性:

(1) $N\cap G_1=G_1$,即 $G_1\subseteq N$. 此时 $NG_1=N$,故可把 G_1 舍去有

$$G=NG_2\cdots G_n$$

(2) $N\cap G_1=\{e\}$,此时,$NG_1=N\times G_1$,故

$$G=(N\times G_1)G_2\cdots G_n$$

由于 $N\times G_1$ 也是 G 的一个正规子群. 故可对单群 G_2 的正规子群 $NG_1\cap G_2$ 作同样处理,或者把 G_2 舍去,或者有 $NG_1G_2=N\times G_1\times G_2$. 如此下去,经有限步后,可得

$$G=N\times G_{i_1}\times G_{i_2}\times\cdots\times G_{i_r}$$

故得

性质 1　完全可约群的任一正规子群必可作为其直积因子.

由上述推理过程可知 N 必同构于那些被舍去的单群 G_i 的直积,且

$$G/N\cong G_{i_1}\times G_{i_2}\times\cdots\times G_{i_r}$$

性质 2　完全可约群的正规子群 N 和商群 G/N 是完全可约群.

性质 3　设 G 是完全可约群. 如果 $H\lhd N\lhd G$,则必有 $H\lhd G$.

事实上,可设 $G=N\times N'$,$N=H\times H'$,则 $G=H\times H'\times N'$,所以 $H\lhd G$. 这就是说,在完全可约群中,子群的正规性是有传递性的.

题 13　举一实例说明可约群未必是完全可约群.

§11　有限生成交换群基本定理

有限交换群

定理 1(初等因子定理)　任一非单位有限交换群 G 必有直积分解式

$$G=G_1\times G_2\times\cdots\times G_s$$

这里 G_i 为 $p_i^{e_i}$ 阶循环群,p_i 为素数(这 s 个 p_i 未必两两互异),且 $\{p_1^{e_1},p_2^{e_2},\cdots,p_s^{e_s}\}$ 由 G 唯一确定,称为 G 的**初等因子组**.

因为同阶循环群必同构,所以两个有限交换群同构当且仅当它们有相同的初

等因子组.

例 1 由 $36=3^2\times2^2$ 知 36 阶交换群的初等因子组有且仅有以下四种

$$\{3^2,2^2\},\{3^2,2,2\},\{3,3,2^2\},\{3,3,2,2\}$$

因此,在同构意义下,36 阶交换群有且仅有以下四类

$$C_9\otimes C_4,C_9\otimes C_2\otimes C_2,C_3\otimes C_3\otimes C_4,C_3\otimes C_3\otimes C_2\otimes C_2$$

由于 $C_9\otimes C_4\cong C_{36}$, $C_9\otimes C_2\cong C_{18}$, $C_3\otimes C_4\cong C_{12}$ 和 $C_2\otimes C_3\cong C_6$,它们又可改写为

$$C_{36},C_2\otimes C_{18},C_3\otimes C_{12},C_6\otimes C_6$$

我们发现,它们的外积因子的阶具有整除性:$2|18$, $3|12$ 和 $6|6$.

题 1 分别写出阶为 8,18,45 和 108 的交换群在同构意义上的所有同构类.(答:分别有 3,2,2 和 6 个同构类.)

定理 2(不变因子定理) 任一非单位有限交换群 G 必有直积分解式

$$G=H_1\times H_2\times\cdots\times H_r$$

这里 H_i 为 h_i 阶循环群,且满足 $h_i|h_{i+1}$, $i=1,2,\cdots,r-1$. $\{h_1,h_2,\cdots,h_r\}$ 由 G 唯一确定,称为 G 的**不变因子组**.

两个有限交换群同构当且仅当它们有相同的不变因子组.

有限生成交换群 有限生成群的生成系未必唯一,且所含生成元的个数也不尽相同. 在讨论有限生成群时,必须弄清楚极小生成系与最小生成系这两个不同的概念. 设

$$G=\langle a_1,a_2,\cdots,a_n\rangle$$

称 $\{a_1,a_2,\cdots,a_n\}$ 为 G 的**极小生成系**,如果任意去掉某个 a_i,必生成 G 的真子群. 易见

$$S=\{(1\ 2),(1\ 3),\cdots,(1\ n)\}\text{ 和 }T=\{(1\ 2),(1\ 2\ \cdots\ n)\}$$

都是对称群 S_n 的极小生成系. 当 $n>3$ 时, $|S|>|T|$. 称 n 元生成系 $\{a_1,a_2,\cdots,a_n\}$ 为 G 的**最小生成系**. 如果不存在 G 的其他生成系,它所含生成元的个数小于 n. 因此,当 $n>3$ 时, S 并不是 S_n 的最小生成系. 最小生成系必是极小生成系. G 为循环群当且仅当 G 的最小生成系仅含一个元素.

定理 3 设 G 是具有 n 元最小生成系的交换群,则

$$G=\langle b_1\rangle\times\cdots\times\langle b_l\rangle\times\langle c_1\rangle\times\cdots\times\langle c_m\rangle$$

其中 $l+m=n$, $\langle b_i\rangle$ 都是无限循环群, $\langle c_j\rangle$ 为 m_j 阶循环群,满足 $m_1|m_2|\cdots|m_m$. l 与 m 由 G 唯一确定.

据定理 1,这些 $\langle c_j\rangle$ 又可分解为若干循环 p 群之直积,因此有

定理 4(有限生成交换群基本定理) 任一有限生成交换群 G 必有直积分解式

$$G=\langle b_1\rangle\times\cdots\times\langle b_l\rangle\times\langle d_1\rangle\times\cdots\times\langle d_k\rangle$$

其中 $\langle b_i\rangle$ 都为无限循环群, $|\langle d_j\rangle|=p_j^{e_j}$, p_j 为素数. l,k 与 $\{p_j^{e_j}\}$ 由 G 唯一确定.

称 $\{b_1,\cdots,b_l,d_1,\cdots,d_k\}$ 为有限生成交换群 G 的一个**基**. 基中元数个数由 G 唯

一确定.

例 2　K_4 有三个基:{(1 2)(3 4),(1 3)(2 4)},{(1 2)(3 4),(1 4)(2 3)},{(1 3)(2 4),(1 4)(2 3)}.

题 2　求出无限循环群$\langle a\rangle$的所有基.

设$\langle a_1\rangle,\langle a_2\rangle,\cdots,\langle a_n\rangle$是 n 个无限循环群. 则与

$$F_n=\langle a_1\rangle\otimes\langle a_2\rangle\otimes\cdots\otimes\langle a_n\rangle$$

同构的群称为有 n 个生成元的**自由交换群**. 因为无限循环群的子群必为无限循环群,所以自由交换群的子群必为自由交换群.

直积因子消去问题　作为本章的结束,我们讨论一下关于直积因子何时可从群的两个直积分解式中消去的问题.

设

$$G=G_1\times G_2=H_1\times H_2$$

如果 $G_1\cong H_1$,问是否必有 $G_2\cong H_2$?

如果 G 是有限循环群,因为其同阶子群是唯一的,所以 $G_1\cong H_1$ 即为 $G_1=H_1$,于是 $G_2\cong G/G_1=G/H_1\cong H_2$,必得 $G_2=H_2$. 下面定理告诉我们,无限循环群必可从交换群的直积等式中消去.

定理 5　设 A 和 B 是两个同构的交换群,且

$$A=H\times\langle a\rangle,B=K\times\langle b\rangle$$

这里$\langle a\rangle$和$\langle b\rangle$是无限循环群,则 $H\cong K$.

证　首先,我们把问题作如下演化. 设

$$A\overset{\varphi}{\cong}B,\varphi(H)=H',\varphi(a)=a'$$

则由 $\varphi(A)=\varphi(H)\times\varphi(\langle a\rangle)$知

$$B=K\times\langle b\rangle=H'\times\langle a'\rangle$$

因此,仅需对 B 证明 $K\cong H'$. 这就是说,可仅讨论

$$B=K\times\langle b\rangle=H\times\langle a\rangle$$

的情形. 因为 B 是交换群,所以 $HK\leqslant B$,由第二同构定理知

$$K/K\cap H\cong KH/H\leqslant B/H\cong\langle a\rangle$$

但$\langle a\rangle$为无限循环群,$K/K\cap H$ 或为单位元群$\{\bar{e}\}$或为无限循环群. 同理,$H/H\cap K$ 或为$\{\bar{e}\}$或为无限循环群.

另外,由§10 例 3 知

$$B/K\cap H\cong H/K\cap H\otimes\langle a\rangle\cong K/K\cap H\otimes\langle b\rangle$$

由无限循环群 Z 不同构于 $Z\otimes Z$ 可知,$H/K\cap H\cong K/K\cap H$ 或同为单位元群$\{\bar{e}\}$,或同为无限循环群. 在前一种情形有 $H=K\cap H=K$. 在后一种情形,由§10 题 9 可知

$$H\cong H/K\cap H\otimes(K\cap H)\cong K/K\cap H\otimes(K\cap H)\cong K$$

证毕

顺便提一下，定理 3 中 l 和 m 的唯一性可用消去无限循环群的方法和数学归纳法得证.

习　题　二

1. 设 $\mathbf{R}$ 是实数集. 考虑 $M_2(\mathbf{R})$ 的子集

$$S_1=\left\{\begin{pmatrix}a & b\\ 0 & 0\end{pmatrix}\middle| a\in\mathbf{R}^*,b\in\mathbf{R}\right\},S_2=\left\{\begin{pmatrix}a & 0\\ b & 0\end{pmatrix}\middle| a\in\mathbf{R}^*,b\in\mathbf{R}\right\}$$

运算取矩阵乘法.

(1) 证明 S_1 中有无限多个左单位元 $\begin{pmatrix}1 & d\\ 0 & 0\end{pmatrix}$，但不存在右单位元. 对任意取定的左单位元 $\begin{pmatrix}1 & d\\ 0 & 0\end{pmatrix}$，$S_1$ 中元未必存在左逆元.

(2) 对 S_2 叙述并证明类似的结论.

2. 设 A,B 和 C 是群 G 的子集，对下述命题，正确的给出证明，错误的举出反例.

(1) $AB=AC\Rightarrow B=C$. (答：否.)

(2) $A(B\cup C)=AB\cup AC$. (答：是.)

(3) $A(B\cap C)=AB\cap AC$. (答：否.)

(4) $AA=A\Rightarrow$ 对任一 $a\in A$ 有 $aA=A$. (答：否.)

这里 $AB=\{ab\mid a\in A,b\in B\}$，等等.

3. 证明 n 阶酉阵全体

$$U_n(\mathbf{C})=\{\boldsymbol{A}\mid\boldsymbol{A}\in M_n(\mathbf{C}),\boldsymbol{A}\overline{\boldsymbol{A}}'=\boldsymbol{I}_n\}$$

关于矩阵乘法成群，称为 n 阶酉群. 这里 $\overline{\boldsymbol{A}}'$ 表示 $\boldsymbol{A}$ 的共轭转置阵，$\boldsymbol{I}_n$ 是单位阵，$\mathbf{C}$ 是复数域.

4. 设 P 是任意数域，$\boldsymbol{S}=\begin{pmatrix}\boldsymbol{0} & \boldsymbol{I}_n\\ -\boldsymbol{I}_n & \boldsymbol{0}\end{pmatrix}$，证明

$$S_{p_{2n}}(P)=\{\boldsymbol{X}\mid\boldsymbol{X}\in M_{2n}(P),\boldsymbol{XSX}'=\boldsymbol{S}\}$$

关于矩阵乘法成群，称为 P 上 $2n$ 阶辛群.

5. 构造一个由 3 个 2 阶矩阵组成的乘法群. $\left(\text{答：}\left\langle\begin{pmatrix}0 & 1\\ -1 & -1\end{pmatrix}\right\rangle.\right)$

6. 设 G 是某个半群. 如果对任一 $a\in G$，必存在唯一的 $a^*\in G$，使得对任何 $b\in G$，都有

$$a^*(ab)=b=(ba)a^*$$

证明 G 必是群.（提示：对任一 $a\in G$，a^*a 都是左单位元，aa^* 都是右单位元，证明它们是 G 的单位元.）

7. 设 G 是么半群，$a\in G$，证明：a 是以 $b\in G$ 为逆元的可逆元素 $\Leftrightarrow aba=a$，$ab^2a=e$.（提示：证充分性时考虑元素 $abab^2a$，证明 $ab=e=ba$.）

8. 设 A 和 B 是有限群 G 的两个非空子集且 $|A|+|B|>|G|$，证明 $G=AB$.（提示：对任一 $g\in G$ 必有 $|A^{-1}g|=|A^{-1}|=|A|$.）

9. 设 a 和 b 是群 G 中两个 2 阶元，且 ab 是 $2k+1$ 阶元，证明 a 与 b 必是共轭元.（提示：取 $g=(ab)^k$，有 $gag^{-1}=b$.）

10. 设 a 是群 G 中某个 mn 阶元，而 $(m,n)=1$，证明在 G 的循环子群 $\langle a\rangle$ 中必存在 m 阶元 b 和 n 阶元 c 使 $a=bc=cb$.（提示：可设 $um+vn=1$.）

11. 设 A 和 B 是群 G 的任意两个子群，证明

$$|A|\cdot|B|/|A\cap B|=|AB|$$

（提示：记 $K=A\cap B$. 考虑 $A\times B\xrightarrow{\varphi}AB$，其中 $\varphi:(a,b)\to ab$. 证明 ab 在 φ 之下的完全原象

$$\varphi^{-1}(ab)=\{(ak,k^{-1}b)\mid k\in K\}=S$$

在 $A\times B$ 中引入等价关系：$(a_1,b_1)\sim(a_2,b_2)\Leftrightarrow a_1b_1=a_2b_2$，则每个等价类中元素个数恰为 $|S|=|K|$.）

12. 证明任一群 G 不可能是两个真子群的并，问能否是 3 个真子群的并？（提示：反证法. 能.）

13. 设 G 为群，单位元为 1，记 $x\circ y=x^{-1}y^{-1}xy$，$x^y=y^{-1}xy$，证明以下诸等式：

(1) $(x\circ y)^z=x^z\circ y^z$，$(x\circ y)^y=x^y\circ y$，$(x\circ y^{-1})^y=x^y\circ y^{-1}$.

(2) $xy\circ z=(x\circ z)^y(y\circ z)$.

(3) $x\circ yz=(x\circ z)(x\circ y)^z$.

(4) $(x\circ y)\circ x^{-1}=x\circ(y\circ x^{-1})$.

(5) $(x\circ y)\circ x=((x\circ y)(x^{-1}\circ y))^{xy}$.

(6) $x\circ(y\circ x)=((x\circ y)(x^{-1}\circ y))^x$.

(7) $(x\circ y)\circ x=1\Leftrightarrow x\circ(y\circ x)=1$.

(8) $x\circ y=y\circ x^{-1}\Leftrightarrow y^{-1}\circ x=x^{-1}\circ y^{-1}$.

14. 设 V 是平面向量加法群，L 是通过原点的定直线.

(1) 证明始点在原点而终点在 L 上的向量全体 H 是 V 的子群. 问 H 是不是 V 的正规子群？（答：是.）

(2) V 关于 H 的陪集是什么？并以图说明之.

15. 设 H_1 和 H_2 是群的子群. 如果 $[G:H_i]$ 有限，$i=1,2$，证明 $[G:H_1\cap H_2]$ 也有限.

16. 设 H 是群 G 的指数为 2 的子群，证明任取 $a\in G$，必有 $a^2\in H$.（提示：考虑陪集分解 $G=H\cup K$. 对 $a\in K$ 必有 $K=a^{-1}H$.）

17. 设群 G/H 的阶为 k，g 为 G 中 r 阶元. 如果 $(r,k)=1$，证明 $g\in H$.（提示：

$g^k \in H$.)

18. 设 G 为群. 如果存在某个自然数 n 使

$$(ab)^n = a^n b^n, \forall a, b \in G$$

则 $G^{(n)} = \{x^n \mid x \in G\}$ 和 $G_{(n)} = \{x \mid x \in G, x^n = e\}$ 都是 G 的正规子群, 且 $|G^{(n)}| = [G:G_{(n)}]$.(提示: $x^n \to xG_{(n)}$ 是 $G^{(n)}$ 到 $G/G_{(n)}$ 的一一对应.)

19. 称群 G 的真子群 H 为极大子群, 如果不存在子群 K 满足 $H < K < G$. 若非单位元群 H 是单群 G 的极大子群, 证明 H 在 G 中的正规化子 $N_G(H) = H$.(提示: $H \lhd N_G(H) \leqslant G$.)

20. 设 G 为 $2n$ 阶有限群, G 中恰有 n 个 2 阶元, 而其余 n 个元组成 G 的一个子群 H. 证明

(1) H 是 G 的奇数阶正规子群.

(2) H 是交换群.

(3) 对 G 中任意两个 2 阶元 a 和 b, 必存在 $h \in H$ 使 $b = hah^{-1}$.

(提示: (2) 对任一 $h \in H, a \in G \backslash H$, 必有 $ahah = e$, 故 $h = ah^{-1}a$. (3) 利用 $ah = h^{-1}a, \forall h \in H$, 证明 $C_a = \{hah^{-1} \mid h \in H\}$ 中恰含 n 个 2 阶元.)

21. 证明 $a \to a^{-1}$ 是群 G 的自同构 $\Leftrightarrow G$ 是交换群.

22. 设 $\boldsymbol{S}$ 是某个给定的 n 阶实对称阵. 令

$$O_n(\boldsymbol{S}) = \{\boldsymbol{T} \mid \boldsymbol{T} \text{ 为满足 } \boldsymbol{T}'\boldsymbol{S}\boldsymbol{T} = \boldsymbol{S} \text{ 的 } n \text{ 阶可逆实阵}\}$$

(1) 证明 $O_n(\boldsymbol{S})$ 关于矩阵乘法成群(称为关于 $\boldsymbol{S}$ 的**正交群**).

(2) 若 $\boldsymbol{S}_1$ 和 $\boldsymbol{S}_2$ 是两个 n 阶实对称阵, 且存在 n 阶可逆阵 $\boldsymbol{P}$ 使 $\boldsymbol{P}'\boldsymbol{S}_2\boldsymbol{P} = \boldsymbol{S}_1$, 证明 $O_n(\boldsymbol{S}_1) \cong O_n(\boldsymbol{S}_2)$.(提示: $\boldsymbol{T} \xrightarrow{\varphi} \boldsymbol{P}\boldsymbol{T}\boldsymbol{P}^{-1}$.)

23. 设 G 为 n 阶群, $A(G)$ 为 G 的自同构群, 证明 $|A(G)|$ 整除 $(n-1)!$(提示: 任一 $\sigma \in A(G)$ 确定 $T_\sigma \in S_{n-1}$.)

24. 设 G 是 n 阶群, $\sigma \in A(G)$ 且满足 $\sigma(a) = a \Leftrightarrow a = e$, 证明

(1) $a \xrightarrow{\varphi} \sigma(a)a^{-1}$ 是 G 上的一一变换, 因而

$$G = \{\sigma(a)a^{-1} \mid a \in G\}$$

(2) 如果 $a^2 = 1^*$(恒等变换), 则 G 必是奇数阶交换群.

(提示: (1) 验证 φ 是单射. (2) 证明 $\sigma(x) = x^{-1}, \forall x \in G$.)

25. 设群 $G \overset{\varphi}{\sim} G', H \lhd G, H' \lhd G'$, 且 $\varphi(H) \subseteq H'$. 证明必存在同态满射 φ^*

$$G/H \overset{\varphi^*}{\sim} G'/H', \nu'\varphi = \varphi^*\nu$$

这里 ν 和 ν' 分别是 G 到 G/H 和 G' 到 G'/H' 的自然同态.

26. 确定循环群 $G = \langle a \rangle$ 中 2 阶元的个数.(提示: 分别考虑 G 的阶.)

27. 设 A 和 B 是群 G 的两个子群, 证明

$$\langle A,B\rangle = AB \Leftrightarrow BA \subseteq AB$$

28. 设 $G=\langle a\rangle$ 是 n 阶循环群，证明方程 $x^k=a$ 在 G 中有解 $\Leftrightarrow (k,n)=1$.

29. 若群 G 同构于 G 的任一非单位子群，问 G 是什么群？（答：G 或是无限循环群，或是素数阶群.）

30. 证明 $S_3=\langle(2\ 3),(1\ 3\ 2)\rangle$.（提示：$(1\ 3\ 2)(2\ 3)=(1\ 2)$，$(1\ 2)(2\ 3)(1\ 2)=(1\ 3)$.）

31. 设 σ 是 n 元置换，它可表为 m 个两两不相交的轮换之积（包括 1 - 轮换，即不变文字），证明 σ 是偶置换 $\Leftrightarrow n-m$ 是偶数.（提示：σ 可表为 $n-m$ 个对换之积.）

32. 设 $\alpha=(1\ 2\ \cdots\ n)\in S_n$，先证明

(1) α 所属的共轭类 C_α 中元素个数为 $(n-1)!$.

(2) α 在 S_n 中的中心化子 $C(\alpha)=\langle\alpha\rangle$.

再分别从(1)推出(2)，从(2)推出(1).（提示：(1)与 α 共轭的是 n - 轮换全体.(2)证明 $\alpha x=x\alpha \Leftrightarrow x=\alpha^i, 1\leqslant i\leqslant n$. $|S_n|=|C_\alpha|\cdot|C(\alpha)|$.）

33. 四元数群（超复数群）

	1	i	j	k	-1	$-i$	$-j$	$-k$
1	1	i	j	k				
i	i	-1	k	$-j$		$-\boldsymbol{A}$		
j	j	$-k$	-1	i				
k	k	j	$-i$	-1				
-1								
$-i$		$-\boldsymbol{A}$				$\boldsymbol{A}$		
$-j$								
$-k$								

(1) 设 a 和 b 是群 G 中互异 4 阶元，且满足

$$a^2=b^2, a^3b=ba$$

证明 $Q=\langle a,b\rangle$ 为非交换 8 阶群.

(2) 取 $a=(1\ 2\ 5\ 6)(3\ 8\ 7\ 4)$，$b=(1\ 3\ 5\ 7)(2\ 4\ 6\ 8)\in S_8$. 写出 $Q=\langle a,b\rangle$ 中全部元素.

(3) 考虑以下 8 元集

$$G=\{1, i, j, k, -1, -i, -j, -k\}$$

其中运算如上表所示，其中 $\boldsymbol{A}$ 表示左上角的 4 阶阵. 证明 G 是群，称为四元数群.（提示：证明与(2)中的 Q 同构.）

34. 证明把平面上的某个圆内接正 $n(\geqslant 3)$ 边形的顶点变为顶点的所有旋转和反射关于变换乘法成群，称为两面体群，记为 D_n. 因为 D_n 中有 n 个旋转和 n 个反

射，故 D_n 为 $2n$ 阶群.

(1)设 G 为群，a 是 G 中 4 阶元，b 是 G 中 2 阶元，且 $aba=b$，证明 $D=\langle a,b\rangle$ 为 G 的非交换 8 元子群.

(2)证明 $D_4=\langle r,f\rangle$，其中 r 为按逆时针方向转 $\frac{\pi}{2}$ 的旋转变换，f 为某反射变换，并指出 D_4 中哪些元素是旋转，哪些元素是反射？

(3)取 $\alpha=(1\ 2\ 3\ 4)$，$\beta=(2\ 4)\in S_4$，求出 $D=\langle\alpha,\beta\rangle$ 中全部元素，并给出 D 到 D_4 的同构映射.

(4)确定 D_4 的中心和所有子群，并指出哪些是正规子群.

(5)列出自同构群 $A(D_4)$ 中元素，并证明 $A(D_4)\cong D_4$.

(6)设 D_n 中 n 个旋转为 $r_1,r_2,\cdots,r_n$；n 个反射为 $f_1,f_2,\cdots,f_n$，试在 S_n 中找一个子群 $D=\langle\alpha,\beta\rangle$ 与 D_n 同构.

(提示：$\alpha=(1\ 2\cdots\ n)$，$\beta=\begin{pmatrix}1 & 2 & 3 & \cdots & n-1 & n\\ 1 & n & n-1 & \cdots & 3 & 2\end{pmatrix}$.)

35. 设 G 是 n 阶循环群. 任取 G 的合成群列

$$G=G_1\rhd G_2\rhd\cdots\rhd G_r\rhd G_{r+1}=1$$

令 $|G_i|=n_i$，$i=1,2,\cdots,r+1$，证明 $p_i=n_i/n_{i+1}$，$i=1,2,\cdots,r$，必是素数. 反之，若 $n_1=n,n_2,\cdots,n_r,n_{r+1}=1$ 是 $r+1$ 个自然数使 $p_i=n_i/n_{i+1}$，$i=1,2,\cdots,r$，都是素数，证明 G 必有上述合成群列，使 $|G_i|=n_i$，$i=1,2,\cdots,r+1$. 利用这个事实和合成群列在同构意义上的唯一性证明算术基本定理，任一大于 1 的自然数必可唯一地表为若干个素数之积.

36. 列出四元数群 $Q=\{\pm1,\pm i,\pm j,\pm k\}$ 的所有合成群列.（提示：共三个.）

37. 若 N 是群 G 的子群，如下群列

$$G=G_0\rhd\cdots\rhd G_{i-1}\rhd G_i\rhd\cdots\rhd G_{r-1}\rhd G_r=N$$

称为 G 到 N 的一个正规群列，证明

(1) G 到正规子群 N 的上述正规群列与 G/N 的正规群列

$$G/N=G_0/N\rhd G_1/N\rhd\cdots\rhd G_{i-1}/N\rhd G_i/N\rhd\cdots\rhd G_{r-1}/N\rhd N/N$$

是一一对应.

(2)设 G 是存在合成群列的群，N 是 G 的正规子群，则在同构意义下，G 的合成因子群集是 G/N 的合成因子群集与 N 的合成因子群集的并集.（提示：正规群列 $G\rhd N\rhd 1$ 必可加细成合成群列，再应用第一同构定理的推论.）

38. 证明任一可解群必存在不是单位元群的交换正规子群.（提示：考虑换位群列.）

39. 设 G 是 n 阶群，$n>1$，证明 G 为 p 群 $\Leftrightarrow G$ 中元的阶都是 p 的幂.

40. 设 G 为 n 阶群，$n=p^ms$，$p\nmid s$，p 为素数. H 是 G 的某个 p 子群，P 是 G 的某

个Sylow $-p$子群，$N(P)$是P在G中的正规化子. 证明，当$H\subseteq N(P)$时必有$H\subseteq P$.（提示：由$P\lhd N(P)$和$H\leqslant N(P)$知可在群$N(P)$中应用第二同构定理得

$$|PH| = [H:H\cap P]\,|P|$$

再证$[H:H\cap P]=1$.）

41. 设G为n阶群，H是G的正规子群，$[G:H]=m$. 若p是n的某个素因子，但$p\nmid m$，证明G的所有Sylow $-p$子群都是H的Sylow $-p$子群.（提示：对任一Sylow $-p$子群P，证明$PH/H\cong P/P\cap H$的阶为1，因而$P\subseteq H$.）

42. 设H是群G的正规子群，证明存在G的正规子群K使得G有直积分解$G=H\times K\Leftrightarrow$存在$G$到$H$上的某个同态映射$\varphi$保持$H$中所有元素不变.（提示：$\Rightarrow$：$g=hk\xrightarrow{\varphi}h$. $\Leftarrow$：取$K=\ker(\varphi)$有$G=H\times K$.）

43. 设G是有限交换p群，证明G是循环群$\Leftrightarrow G$的指数为p的子群是唯一的.（提示：利用§11定理1.）

44. 证明：对任意素数$p_1,p_2,\cdots,p_r$和自然数$e_1,e_2,\cdots,e_r$，必存在交换群G，其初等因子组为$\{p_1^{e_1},p_2^{e_2},\cdots,p_r^{e_r}\}$.

45. 设G为n阶交换群. 如果$n=st$，$(s,t)=1$，证明G必可唯一地表为两个阶分别为s和t的子群的直积.（提示：考虑n的素数分解式.）

第三章　环与体

环和体是以群的代数结构为基础的两类新的代数系统，环论的重点内容是理想论和环上多项式理论.

§1　环

定义　称非空集合 R 关于其中定义的两个代数运算"+"和"·"成**环**，如果 $(R,+)$ 成交换群；$(R,\cdot)$ 成半群，且左、右分配律成立. 我们常把环 $(R,+,\cdot)$ 简记为 R.

满足乘法交换律的环称为**交换环**. 易见，加法群为循环群的环必为交换环. 只有当 R 为交换环时，才有

$$(ab)^n=a^nb^n,(a+b)^n=\sum_{k=0}^{n}\mathrm{C}_n^k a^k b^{n-k},\ \forall\, n\in\mathbf{N},a,b\in R$$

仅含有限个元素的环称为**有限环**.

通常我们把 $(R,+)$ 中的单位元和逆元分别称为**零元**（记为 0）和**负元**，以 R^* 表示差集 $R\setminus\{0\}$. 所谓**零环**指的是 $R=\{0\}$，0 既是加法单位元又是乘法单位元. 常用的环有整数环 $\mathbf{Z}$，偶数环 $\mathbf{E}$，数域 P 上多项式环 $P[x_1,x_2,\cdots,x_n]$ 和任意环 R 上的矩阵环 $M_n(R)$. 还有 Gauss 整数环 $\mathbf{Z}[\mathrm{i}]$.

例 1　整数模 n 剩余类环. 取定 $n\in\mathbf{Z}$，则易验证

$$\mathbf{Z}/(n)=\{\bar{0},\bar{1},\cdots,\overline{n-1}\}$$

其中 $\bar{k}=\{k+zn\mid z\in\mathbf{Z}\}$，关于两个单值运算

$$\bar{a}+\bar{b}=\overline{a+b},\bar{a}\cdot\bar{b}=\overline{ab}$$

成为有单位元 $\bar{1}$ 的 n 元交换环，且加法群为 n 阶循环群：$\langle\bar{k}\rangle$，$\langle k,n\rangle=1$.

题 1　设 R 关于 + 和 × 成有单位元 1 的环，验证 R 关于

$$a\oplus b=a+b-1,a\odot b=a+b-a\times b$$

也成有单位元 0 的环.（关于此题的另一证法见 §4 例 1.）

子环　如果环 R 的非空子集 S 关于 R 中两个运算也成环，则称 S 是 R 的**子环**，记为 $S\leqslant R$. $S<R$ 表示 $S\leqslant R$，$S\neq R$. S 是 R 的子环当且仅当对所有 $a,b\in S$ 有 $a-b\in S,ab\in S$. 任一环 R 必有平凡子环 $\{0\}$ 和 R. 环 R 的**中心**

$$C = \{a \mid a \in R, ax = xa, \forall x \in R\}$$

为 R 的子环. 任一 $a \in R$ 在 R 中的**中心化子**

$$C(a) = \{x \mid x \in R, xa = ax\}$$

也为 R 的子环.

设 R 为环,称 $a \in R$ 为**幂零元**,如果存在自然数 n 使 $a^n = 0$(注意,未必仅指 $a^2 = 0$). 称 $a \in R$ 为**幂等元**,如果 $a^2 = a$(因而对任何自然数 n 必有 $a^n = a$).

例 2　当环 R 中没有非零的幂零元时,R 中任一幂等元 a 必为中心元素. 事实上,利用 $a^2 = a$ 可得

$$(axa - ax)^2 = 0, (axa - xa)^2 = 0, \forall x \in R$$

于是 $ax = axa = xa, \forall x \in R, a$ 为中心元素.

题 2　证明交换环 R 中幂零元全体 N 必是 R 的子环.

零因子　如果存在 $a, b \in R^*$ 使 $ab = 0$,则称 a 是**左零因子**,b 是**右零因子**. 它们总是配对出现的,统称为**零因子**. 一般说来,左(右)零因子未必是右(左)零因子. 例如,在 $M_2(\mathbf{Z})$ 的子环

$$R = \left\{\begin{pmatrix} a & b \\ 0 & 0 \end{pmatrix} \mid a, b \in \mathbf{Z}\right\}$$

中 $\begin{pmatrix} 1 & 0 \\ 0 & 0 \end{pmatrix}$ 是右零因子,但不是左零因子. $\begin{pmatrix} 0 & 1 \\ 0 & 0 \end{pmatrix}$ 既是左零因子,又是右零因子.

不含零因子的环称为**无零因子环**. 易见,环 R 是无零因子环$\Leftrightarrow R$ 中左消去律成立$\Leftrightarrow R$ 中右消去律成立.

例 3　设 $n = lk$ 是 n 的任一自然数分解式,$l, k > 1$. 则 $\bar{l}$ 和 $\bar{k}$ 都是环 $\mathbf{Z}/(n)$ 中的零因子. 因此,$\mathbf{Z}/(n)$ 是无零因子环$\Leftrightarrow n$ 为素数.

例 4　设 R 是无零因子环. 如果对 $a \in R$,存在 $b \in R^*$ 和整数 m 使 $ab + mb = 0$,则 a 必是中心元素.

证　任取 $x \in R$. 由

$$(xa + mx)b = x(ab + mb) = 0, b \neq 0$$

知 $xa + mx = 0$. 再由

$$x(ax + mx) = (xa + mx)x = 0$$

知 $ax + mx = 0$,所以 $ax = xa, \forall x \in R$.　证毕

题 3　设 R 是无零因子环,证明 R 中非零的幂等元唯一,且就是 R 的单位元.(提示:若 $r^2 = r$,则 $(xr - x)r = 0, r(rx - x) = 0, \forall x \in R$.)

例 5　设 R 是交换环,如果 R 有且仅有有限个零因子,则 R 必是有限环.

证　任意取定某个零因子 a,由 R 是交换环知 R 的子环

$$aR = \{ar \mid r \in R\}$$

中的非零元(如果存在的话)都是零因子,故 aR 为有限集. 利用分配律得加法群同态

$$(R,+)\overset{\varphi}{\sim}(aR,+),\text{其中 }\varphi:r\to ar$$

其同态核为

$$K=\{r\mid r\in R,ar=0\}$$

易见,K 中非零元都是零因子,因此,K 也为有限集. 于是,由加法群同构 $R/K\cong aR$ 即知 R 为有限环. 证毕

题4 (1)设 $\mathbf{R}$ 为实数域,证明 $\boldsymbol{A}\in M_n(\mathbf{R})$ 不是零因子 $\Leftrightarrow\boldsymbol{A}$ 是 $M_n(\mathbf{R})$ 中可逆元.

(2)举例说明,上述结论对 $M_n(\mathbf{Z})$ 不成立.

环的单位元 由于环 R 对于乘法仅仅要求是一个半群,且 R 中兼有乘法和加法两种运算,这就使得对于环的单位元和逆元的讨论要比对群的单位元与逆元的讨论复杂得多! 读者在学习时要经常做一些比较,特别要注意分配律(联系加法与乘法运算的桥梁)的作用!

首先必须指出,若 S 是环 R 的子环,则可能 R 有单位元而 S 无单位元,例如,$\mathbf{Z}>\mathbf{E}$;可能 R 无单位元而 S 有单位元,例如 $\mathbf{E}>\{0\}$;也可能 R 与 S 有互异单位元,例如 $M_2(R)$ 与其子环

$$S=\left\{\begin{pmatrix}a&a\\0&0\end{pmatrix}\middle|\, a\in R\right\}$$

分别有单位元 $\begin{pmatrix}1&0\\0&1\end{pmatrix}$ 和 $\begin{pmatrix}1&1\\0&0\end{pmatrix}$. 但是,如果 R 的单位元落在子环 S 中,则由单位元的唯一性知它必是 S 的单位元.

其次,仍用 e_l 和 e_r 分别表示左单位元和右单位元,则有以下重要结论.

例6 若 e_l 是环 R 中唯一的左单位元,则必是单位元. 事实上,由

$$(e_l+xe_l-x)y=e_ly=y,\ \forall x,y\in R$$

知 $e_l+xe_l-x=e_l,xe_l=x,\forall x\in R$. 故 e_l 也是右单位元,因而是 R 的单位元.

注意,以下证明是错误的:"因为对任何 $x\in R$ 都有

$$(e_l+xe_l-x)x=x \tag{1}$$

所以必有 $e_l+xe_l-x=e_l,xe_l=x,e_l$ 为右单位元,必为单位元."错误在于元素 e_l+xe_l-x 依赖于 x,因此,不能由(1)式断言它就是左单位元.

题5 证明环 R 中唯一的右单位元必是单位元.

环中可逆元 设 R 是有单位元 e 的环,存在左逆元 a_l^{-1}(右逆元 a_r^{-1})的 a 称为**左(右)可逆元**. 易见左(右)可逆元可从等式的左(右)侧消去. 一般说来,左(右)可逆元未必是右(左)可逆元.

例 7　考虑实数域 $\mathbf{R}$ 上无限阶矩阵全体

$$M_{\infty}(\mathbf{R})=\left\{(a_{ij})\ \middle|\ \forall a_{ij}\in\mathbf{R},\text{每一行和每一列中仅有有限个非零数}\right\}$$

不难验证 $M_{\infty}(\mathbf{R})$ 关于运算

$$(a_{ij})+(b_{ij})=(a_{ij}+b_{ij})$$

$$(a_{ij})(b_{ij})=\left(\sum_{k=1}^{\infty}a_{ik}b_{kj}\right)$$

成环. 取

$$A=\begin{pmatrix}0&1&&\\&0&1&\\&&0&\ddots\\&&&\ddots\end{pmatrix},B=\begin{pmatrix}0&&&\\1&0&&\\&1&0&\\&&\ddots&\ddots\end{pmatrix},I=\begin{pmatrix}1&&\\&1&\\&&1\\&&&\ddots\end{pmatrix}$$

则由 $AB=I$ 知 A 为右可逆元，B 为左可逆元. 但 A 不是左可逆元（因为 XA 中第一列全为 0），B 不是右可逆元（因为 BX 中第一行全为 0）.

若对 $a\in R$，a_l^{-1} 和 a_r^{-1} 同时存在，则由

$$a_l^{-1}=a_l^{-1}(aa_r^{-1})=(a_l^{-1}a)a_r^{-1}=a_r^{-1}$$

知 a 必为可逆元. 因此，可逆元 a 的逆元是唯一的，记为 a^{-1}. 环 R 中可逆元全体 U 关于乘法成群，称为 R 的**可逆元素群**. 任一有单位元的环 R 必有可逆元素群.

例 8　$R=\mathbf{Z}/(n)$ 的可逆元素群

$$U=\{\overline{a}\mid\overline{a}\in R,(a,n)=1\}$$

其阶为 $\varphi(n)$，$\varphi(n)$ 表示不超过 n 且与 n 互素的自然数个数. 事实上，$\overline{a}$ 为可逆元$\Leftrightarrow$存在 $\overline{b}$ 使得 $\overline{a}\overline{b}=\overline{1}$，即存在 $z\in\mathbf{Z}$ 使 $ab=1+zn\Leftrightarrow(a,n)=1$.

例 9　设 R 是有单位元 1 的交换环. 考虑 R 上 n 阶全矩阵环

$$M_n(R)=\{A\mid A=(a_{ij})_{n\times n},\ \forall a_{ij}\in R\}$$

证明对任何 $A,B\in M_n(R)$，必有 $AB=I_n\Leftrightarrow BA=I_n$.

证　首先指出，由于 R 中非零元未必都是可逆元，这使

$$A\text{ 可逆}\Leftrightarrow|A|\neq0$$

这一常用命题，对环上矩阵来说，就不再成立了！例如，$A=\begin{pmatrix}2&0\\0&2\end{pmatrix}$ 就不是 $M_2(\mathbf{Z})$ 中可逆元. 但是，由于在行列式的定义和矩阵 A 的伴随阵 A^* 的定义中，并未要求两个元素相除，因此，由 R 为交换环知行列式乘法规则仍然成立，且仍有

$$AA^*=A^*A=|A|I_n$$

若 $AB=I_n$，则由 $|A|\cdot|B|=|B|\cdot|A|=1$ 知 $|A|$ 为 R 中可逆元，于是，由

$$|A|BA=A^*ABA=A^*A=|A|I_n$$

即得 $BA=I_n$. 利用对称性，也可由 $BA=I_n$ 推出 $AB=I_n$.　　证毕

下面的定理告诉我们,单侧可逆元何时是可逆元?

定理 1 在任一有单位元 e 的无零因子环中,a 为左可逆元$\Leftrightarrow a$ 为右可逆元. 此时,单侧可逆元必是可逆元.

证 注意到 $a\neq0$ 有

$$ba=e\Rightarrow(ab-e)a=0\Rightarrow ab=e$$

$$ab=e\Rightarrow a(ba-e)=0\Rightarrow ba=e$$

证毕

定理 2 设 R 是有单位元 e 的环,a 是 R 中某个右可逆元,则 a 为可逆元$\Leftrightarrow a$ 不是左零因子$\Leftrightarrow a$ 的右逆元唯一.

证 可逆元显然不是零因子. 设 a 不是左零因子,则对 a 的任意两个右逆元 u 和 v,由 $a(u-v)=0$ 立得 $u=v$. 设 u 是 a 的唯一的右逆元,则由

$$au=e \text{ 和 } a(ua-e+u)=e$$

知 $ua-e+u=u$,$ua=e$,故 a 为可逆元. 证毕

例如,例 7 中的 $\boldsymbol{A}$ 是左零因子,$\boldsymbol{B}$ 是右零因子,所以都不是可逆元. 应用定理 2 也可证得例 9 中的结论.

题 6 设 R 是有单位元 e 的环,a 是 R 中某个左可逆元,则 a 为可逆元$\Leftrightarrow a$ 不是右零因子$\Leftrightarrow a$ 的左逆元唯一.

推论 设 R 是有单位元 e 的环. 如果存在某个 $a\in R$,a 的右逆元存在但不唯一,则 a 必有无限多个右逆元. 因而 R 必为无限环.

证 设 a 的右逆元有且仅有 n 个:$b_1,b_2,\cdots,b_n,n\geqslant2$. 令

$$d_i=b_1+e-b_ia,i=1,2,\cdots,n$$

则由 $ad_i=e$ 知每个 d_i 都是 a 的右逆元,且 $d_1,d_2,\cdots,d_n$ 必两两互异. 如果存在某个 $d_i=b_1$,则 $b_ia=e$,a 为可逆元,与定理 2 矛盾. 故 $b_1,d_1,\cdots,d_n$ 是 a 的 $n+1$ 个互异右逆元,这与 n 的最小性矛盾. 证毕

读者必须熟练掌握这个推论以及其证明方法.

题 7 设 R 是有单位元 e 的环. 如果存在某个 $a\in R$,a 的左逆元存在但不唯一,则 a 必有无限多个左逆元.

由此即得

定理 3 在任一有单位元的有限环中,a 为左可逆元$\Leftrightarrow a$ 为右可逆元. 此时,单侧可逆元必是可逆元.

整环 有单位元的无零因子的交换环称为**整环**. 这是一类很重要的环. 例如,整数环 $\mathbf{Z}$,任意域 F,以及整环 I 上的多项式环 $I[x_1,x_2,\cdots,x_n]$ 等都是整环. 复数域的子环

$$\mathbf{Z}[\mathrm{i}]=\{a+b\mathrm{i}\mid a,b\in\mathbf{Z}\},\mathrm{i}=\sqrt{-1}$$

也是一个重要整环,称为 **Gauss 整数环**.

题 8　证明以下数集关于数的加法和乘法成整环：

(1) $R_1=\{a+b\sqrt{p}\mid a,b\in\mathbf{Z},p$ 为取定的非平方自然数$\}$；

(2) $R_2=\{a+b\sqrt{-p}\mid a,b\in\mathbf{Z},p$ 为取定的非平方自然数$\}$.

§2　体

定义　设 F 是一个至少含两个元素的集合. 称 F 关于其中定义的两个代数运算"+"和"·"成体，如果 $(F,+)$ 是交换群，$(F^*,\cdot)$ 是群，且左、右分配律成立. 把体 $(F,+,\cdot)$ 简记为 F. 满足乘法交换律的体称为**域**. 仅含有限个元素的体 F 必是域，且 $(F^*,\cdot)$ 为循环群.（见§5 例 4.）

例 1　对任一素数 p，$\mathbf{Z}/(p)$ 必是域. 因而，对任一自然数 a 必有

(1) 当 $(a,p)=1$ 时，$a^{p-1}\equiv 1(\bmod p)$；

(2) $a^p\equiv a(\bmod p)$.

事实上，对 $a=1,2,\cdots,p-1$，必有 $(a,p)=1$，故由§1 例 8 知 $\mathbf{Z}/(p)$ 中 $p-1$ 个非零元都为可逆元，故 $\mathbf{Z}/(p)$ 为域. 因为其乘法群为 $\varphi(p)=p-1$ 阶群，故对任一 $\bar{a}\in(\mathbf{Z}/(p))^*$ 必有 $\bar{a}^{p-1}=\bar{1}$ 和 $\bar{a}^p=\bar{a}$，即 $a^{p-1}\equiv 1(\bmod p)$ 和 $a^p\equiv a(\bmod p)$.

子体　如果体 F 的子集 K 关于 F 中运算成体，则称 K 是 F 的**子体**，F 是 K 的**扩体**. 相应地，可定义**子域**和**扩域**. 体 F 的含 0 和 1 的非空子集 K 是子体当且仅当对 $a,b\in K,c\in K^*$ 有 $a-b\in K,ac^{-1}\in K$. 例如，体 F 的中心必是子域. 与群和环不同的是，任一体 F 仅有一个平凡子体，即 F 本身.

环何时是体　一个重要的问题是，满足什么条件的环必是体？

定理 1　非零环 R 是体$\Leftrightarrow aR=R,\forall a\in R^*$. 即方程 $ax=b$ 对任何 $a\in R^*,b\in R$ 在 R 中有解$\Leftrightarrow Ra=R,\forall a\in R^*$. 即方程 $xa=b$ 对任何 $a\in R^*,b\in R$ 在 R 中有解. 这说明，对环来说，左方程有解与右方程有解是等价的.

证　易见，环 R 是体$\Leftrightarrow(R^*,\cdot)$ 成群.

上述两个必要性是显然的，现证第一个充分性. 逐个验证 $(R^*,\cdot)$ 成群的条件.

(1) R^* 的封闭性等价于 R 中无零因子. 如果存在 $a,b\in R^*$ 使 $ab=0$，则 $0=abR=aR=R$，矛盾.

(2) 由 $(R,\cdot)$ 成半群知结合律满足.

(3) 任意取定某个 $a\in R^*$. 由 $aR=R$ 知 R 中存在 e 使 $ae=a$（注意：由于这个 e 与 a 有关，所以不能据此断言 e 为右单位元）. 再由 $a(ea-a)=0,a\neq 0$ 知 $ea=a$. 于是，对任一 $x\in R$ 有

$$a(ex-x)=0,(xe-x)a=0$$

再由 $a\neq0$ 知 $ex=x=xe$, $\forall x\in R$,故 e 为单位元.

(4)任取 $a\in R^*$. 由 $aR=R$ 知存在 $b\in R$ 使 $ab=e$,再由 $(ba-e)b=0$, $b\neq0$ 知 $ba=e$,故 $b=a^{-1}$. 至此证得 $(R^*,\cdot)$ 成群. 同理可证第二个充分条件. 证毕

注意:条件"$aR=R$, $\forall a\in R^*$"比"$RR=R$"强得多. 后者仅能保证:对任一 $a\in R$,必存在 $b,c\in R$ 使 $a=bc$. 而左、右方程未必有解.

题1　(1)设 R 是有限非零环,$a\in R^*$ 不是零因子,证明 $aR=R=Ra$. 因而,任一无零因子的有限非零环 R 必是体,任一有限整环必是域.

(2)若 R 是 n 元无零因子环,证明对任一 $a\in R$ 必有 $a^n=a$.

例2　设 R 是环,$|R|\geqslant2$. 如果在 R 中存在某个元素 e,对任何 $y\in R$ 都有 $e+y-ey\neq0$,而对其他任一 $x\in R$,必存在 $y\in R$ 使 $x+y-xy=0$,证明 R 必是体.

证　(1)先证 e 为左单位元. 如果存在 $x\in R$ 使 $ex-x\neq0$,则 $e+ex-x\neq e$,必存在 $y\in R$ 使

$$\begin{aligned}0&=(e+ex-x)+y-(e+ex-x)y\\&=e+(y-x+xy)-e(y-x+xy)\end{aligned}$$

这与关于 e 的假设矛盾,故 e 为 R 的左单位元.

(2)再证 e 为单位元. 只要证 e 为 R 的唯一的左单位元(见§1 例6). 设 e' 也是 R 的左单位元且 $e'\neq e$,则存在 $y\in R$ 使 $0=e'+y-e'y=e'$. 由 $|R|\geqslant2$ 知这不可能. 故 e 为单位元.

(3)证明 R 为体. 任取 $a\in R^*$,则 $a+e\neq e$,必存在 $y\in R$ 使 $a+e+y-(a+e)y=0$, $a+e-ay=0$, $a(y-e)=e$,这说明 a 为右可逆元,于是方程 $xa=b$ 有解. 由定理1 知 R 为体. 证毕

实四元数体　一个重要的非交换体的实例是实四元数体,它是 W. R. Hamilton 在 1843 年发现的.

在第二章末习题33 中已介绍了四元数群

$$G=\{\pm1,\pm i,\pm j,\pm k\}$$

考虑如下形式的集合

$$H=\{a_0+a_1i+a_2j+a_3k\mid\forall a_i\in\mathbf{R}\}$$

$\mathbf{R}$ 为实数域. 对 H 中元素

$$q_1=a_0+a_1i+a_2j+a_3k,q_2=b_0+b_1i+b_2j+b_3k$$

规定如下运算

$$q_1=q_2\Leftrightarrow a_l=b_l,l=0,1,2,3$$

$$q_1+q_2=(a_0+b_0)+(a_1+b_1)i+(a_2+b_2)j+(a_3+b_3)k$$

$$q_1\cdot q_2=(a_0b_0-a_1b_1-a_2b_2-a_3b_3)+(a_0b_1+a_1b_0+a_2b_3-a_3b_2)i+$$

$$(a_0b_2+a_2b_0+a_3b_1-a_1b_3)j+(a_0b_3+a_3b_0+a_1b_2-a_2b_1)k$$

可以验证 H 是有单位元 1 的非交换环. 进一步,对

$$q=a_0+a_1i+a_2j+a_3k\in H$$

分别定义共轭元、范数和迹数如下

$$\overline{q}=a_0-a_1i-a_2j-a_3k$$

$$N(q)=q\overline{q}=\overline{q}q=\sum_{l=0}^{3}a_l^2$$

$$T(q)=q+\overline{q}=2a_0$$

于是,任一 $q\in H^*$ 必有逆元 $q^{-1}=\overline{q}/N(q)$. 因此,H 是体,称为**实四元数体**.

题 2　证明对 $q_1,q_2,q\in H$,必有

(1) $\overline{q_1+q_2}=\overline{q_1}+\overline{q_2}$;

(2) $\overline{q_1q_2}=\overline{q_2}\;\overline{q_1}$;

(3) $N(q_1q_2)=N(q_1)N(q_2$

(4) $q^2-T(q)q+N(q)=0$;

(5) $q^2+1=0\Leftrightarrow T(q)=0,N(q)=1$.

(提示:(5)的必要性可据 $N(q)$ 和 $T(q)$ 皆为实数得证.)

题 3　有人用以下方法证明 H 是域,请指出其错误所在:

由 $N(q)=q\overline{q}$ 知 $\overline{q}=N(q)/q$,于是

$$\overline{q_1q_2}=\frac{N(q_1q_2)}{q_1q_2}=\frac{N(q_1)N(q_2)}{q_1q_2},\overline{q_2}\;\overline{q_1}=\frac{N(q_2)}{q_2}\cdot\frac{N(q_1)}{q_1}=\frac{N(q_2)N(q_1)}{q_2q_1}$$

故由 $\overline{q_1q_2}=\overline{q_2}\;\overline{q_1}$ 和范数是实数知 $q_1q_2=q_2q_1$,故 H 为域.

例 3　H 的中心即为实数域 $\mathbf{R}$. 任取中心元素 $q=a_0+a_1i+a_2j+a_3k$. 由 $jq=qj$ 得 $q=a_0+a_2j$,再由 $iq=qi$ 即得 $q=a_0\in\mathbf{R}$.

设 $\mathbf{R}$,$\mathbf{C}$ 和 H 分别表示实数域、复数域和实四元数体,则不难直接验证以下三个映射

$$a+bi\xrightarrow{\sigma}\begin{pmatrix}a & b\\ -b & a\end{pmatrix}$$

$$a_0+a_1i+a_2j+a_3k\xrightarrow{\rho}\begin{pmatrix}a_0+a_1i & a_2+a_3i\\ -a_2+a_3i & a_0-a_1i\end{pmatrix}$$

$$a_0+a_1i+a_2j+a_3k\xrightarrow{\tau}\begin{pmatrix}a_0 & a_1 & a_2 & a_3\\ -a_1 & a_0 & -a_3 & a_2\\ -a_2 & a_3 & a_0 & -a_1\\ -a_3 & -a_2 & a_1 & a_0\end{pmatrix}$$

分别是 $\mathbf{C}$ 到 $M_2(\mathbf{R})$ 内、H 到 $M_2(\mathbf{C})$ 内和 H 到 $M_4(\mathbf{R})$ 内的同态单射,所以实四元数

体与矩阵环 $M_2(\mathbf{C})$ 和 $M_4(\mathbf{R})$ 的某个子体同构. 这就告诉我们可用矩阵工具研究实四元数体. 例如,根据同构 ρ,应用行列式乘法规则立得 $N(q_1q_2)=N(q_1)N(q_2)$. 试用同构 ρ 简证 $\overline{q_1q_2}=\bar{q}_2\bar{q}_1$.

最后指出,据

$$q=a_0+a_1i+a_2j+a_3k=(a_0+a_1i)+(a_2+a_3i),j^2=-1$$

知实四元数体是复数域的扩体.

§3　特征数

定义　环 R 中元素 a 的**阶**是指 a 在加法群 $(R,+)$ 中的阶,也就是使 $na=0$ 成立的最小自然数 n. 若 n 不存在,则称 a 的阶为 0. 例如,任一非零整数在 $\mathbf{Z}$ 中都是零阶元. 在 $\mathbf{Z}/(mn)$ 中 $\bar{m}$ 为 n 阶元,$\bar{n}$ 为 m 阶元.

设 R 是任意环. 如果 R 中存在零阶元,则称 R 的**特征数**为 0,记为 $\mathrm{ch}(R)=0$. 例如,$\mathrm{ch}(\mathbf{Z})=0$. 如果 R 中的元都是(非零)有限阶元,且存在最大阶数 n,则称 R 的特征数为 n,记为 $\mathrm{ch}(R)=n$. 此时,由第二章 §2 定理 2 知 R 中任意元的阶必整除 n,且

$$n=\min\{m\mid m\text{ 是自然数},ma=0,\forall a\in R\}$$

例如,对任一自然数 n 有 $\mathrm{ch}(\mathbf{Z}/(n))=n$. 零环的特征数为 1. 必须指出:的确存在这样的环,其中每个元都是有限阶元,却没有最大阶元. 对这种环,就不定义特征数了! 例如,在集合

$$R=\{x\mid x\in\mathbf{C},\text{存在 } n\in\mathbf{N}\text{ 使 } x^n=1\}$$

中定义运算

$$x\oplus y=xy,x\odot y=1,\forall x,y\in R$$

易验证 $(R,\oplus,\odot)$ 成环,零元为 1,任意元都是有限阶元,但阶数 n 可任意大.

例 1　设 R 是特征数为素数 p 的交换环,则有

$$(a+b)^p=a^p+b^p,\forall a,b\in R$$

事实上,由 R 为交换环知

$$(a+b)^p=a^p+\sum_{k=1}^{p-1}\mathrm{C}_p^k a^k b^{p-k}+b^p$$

因为对 $1\leqslant k\leqslant p-1$ 必有 $(k!,p)=1$,因此,由

$$k!\,\mathrm{C}_p^k=p(p-1)\cdots(p-k+1)$$

知 $p\mid \mathrm{C}_p^k$,$\mathrm{C}_p^k a=0$,故结论得证.

若干环类的特征数

例 2　任意元都是幂等元的非零环称为**布尔环**. 证明任一布尔环 R 必是特征

数为 2 的交换环.

证　事实上,对任一 $a \in R$ 都有

$$2a = (2a)^2 = 4a^2 = 4a, \text{即 } 2a = 0$$

所以 $\mathrm{ch}(R) = 2$. 再由

$$a + b = (a + b)^2 = a + b + ab + ba$$

和 $a = -a$ 知 $ab = ba$,故 R 为变换环. 证毕

例 3　设 R 为无零因子环,则 R^* 中任意两个元素 a 和 b 的阶或同为 0 或为同一个素数. 因而无零因子环 R 的特征数即为 R 中任一非零元的阶,它或为 0 或为某素数 p.

证　设 a 和 b 的阶分别为 m 和 n.

若 m 为有限自然数,则由 $a(mb) = 0$ 和 $a \neq 0$ 知 $mb = 0$,必有 $n \mid m$. 由 $(na)b = 0$ 和 $b \neq 0$ 知 $na = 0$,必有 $m \mid n$,因此 $m = n$. 同理,当 n 为有限自然数时必有 $n = m$.

若 $n = n_1 n_2$, $n_1, n_2 > 1$,则 $n_1 a \neq 0$, $n_2 a \neq 0$,而 $(n_1 a)(n_2 a) = na^2 = 0$,这与 R 无零因子的假设矛盾,所以 n 必为素数. 证毕

由此可知,体 F 的特征数即为单位元 e 在 $(F, +)$ 中的阶,它或为 0 或为某素数 p. 任一数域的特征数都为 0. 任一有限域的特征数必为素数.

题 1　证明任一偶数元域的特征数必为 2.

题 2　设 R 是任意环,证明

(1)若 R 有单位元 e,由 $\mathrm{ch}(R)$ 就是 e 在 $(R, +)$ 中的阶.

(2)若 $a \in R^*$ 的阶为 n,且 a 不是零因子,则 $\mathrm{ch}(R) = n$.

题 2 之结论说明,任意环中所有非零因子的阶都相同,即为环 R 的特征数. 当然未必为素数.

§4　同态与同构

环同态与核　设 $(R, +, \cdot)$ 和 $(\overline{R}, \oplus, \odot)$ 是两个环, $R \xrightarrow{\varphi} \overline{R}$. 如果对任意 $a, b \in R$ 都有

$$\varphi(a + b) = \varphi(a) \oplus \varphi(b), \varphi(ab) = \varphi(a) \odot \varphi(b)$$

则称 φ 是 R 到 $\overline{R}$ 内的(环)**同态**. 若 φ 是同态满射,则记为 $R \overset{\varphi}{\sim} \overline{R}$. 若 φ 是**同态双射**(即**同构**),则记为 $R \overset{\varphi}{\cong} \overline{R}$. 若 φ 是同态单射,则 $R \cong \varphi(R) \leqslant \overline{R}$. R 到 R 自身上的同态(同构)称为**自同态**(**自同构**). 环同态的**核**指的是 $\overline{R}$ 中零元 $\overline{0}$ 在 φ 之下的完全原象

$$K = \{r \mid r \in R, \varphi(r) = \overline{0}\}$$

易见，K 是 R 的理想（见 §7）. φ 为同态单射$\Leftrightarrow K=\{0\}$.

环的同态象 环的同态象必是环. 当环 $R\overset{\varphi}{\sim}\overline{R}$ 时，φ 必把零元映为零元，负元映为负元，单位元映为单位元，逆元映为逆元. 但是，环同态并不保持无零因子性. 例如，$\mathbf{Z}\sim\mathbf{Z}/(6)$，$\mathbf{Z}/(4)\sim\mathbf{Z}(2)$. 只有当 $R\overset{\varphi}{\cong}\overline{R}$ 时，才有 R 为整环（体，域）$\Leftrightarrow\overline{R}$ 为整环（体，域）. 原因是 $\varphi(a)=\overline{0}\Leftrightarrow a=0$.

例 1 设 η 是某集合 R 到某环 R' 的双射，对 $a,b\in R$ 定义运算

$$a\oplus b=\eta^{-1}[\eta(a)+\eta(b)]$$
$$a\odot b=\eta^{-1}[\eta(a)\cdot\eta(b)]$$

证明$(R,\oplus,\odot)$成环，且 $R\overset{\eta}{\cong}R'$.

证 首先，由 η 是双射知这两个运算都是单值的，且 R 关于$\oplus$和$\odot$是封闭的. 其次，由上述两个定义式知

$$\eta^{-1}[\eta(a)+\eta(b)]=\eta^{-1}(\eta(a))\oplus\eta^{-1}(\eta(b))$$
$$\eta^{-1}[\eta(a)\cdot\eta(b)]=\eta^{-1}(\eta(a))\odot\eta^{-1}(\eta(b))$$

这说明 R 是环 R' 的同构象，$R'\overset{\eta^{-1}}{\cong}R$. 故 R 为环. 证毕

特别，当 $R=R'$，取 $\eta:x\to1-x$ 时，即可得 §1 题 1 的另一种证法.

体的同态象 设 F 为体，$\overline{F}$ 为环，且 $F\overset{\varphi}{\sim}\overline{F}$. 如果 φ 的核 $K=\{0\}$，则 φ 为同构，且必有 $|\overline{F}|\geqslant2$，$\overline{F}$ 必为体. 如果存在 $0\neq a\in K$，则必有

$$\varphi(e)=\varphi(aa^{-1})=\varphi(a)\varphi(a^{-1})=\overline{0}$$
$$\varphi(x)=\varphi(ex)=\varphi(e)\varphi(x)=\overline{0},\ \forall x\in F$$

因此，$\overline{F}=\{\overline{0}\}$，我们称这种 φ 为**零同态**. 因此，得到结论：体的非零同态象必是体. 体与体之间的同态满射必为同构，同态的体必同构.

题 1 证明整数环 $\mathbf{Z}$ 和偶数环 $\mathbf{E}$ 中的两个加法群 $\mathbf{Z}^+$ 和 $\mathbf{E}^+$ 同构，但环 $\mathbf{Z}$ 和 $\mathbf{E}$ 不同构.

例 2 证明任意域 F 的乘法群 F^* 与加法群 F^+ 必不同构. 我们给出以下两种证法.

一法 设 $F^+\overset{\sigma}{\cong}F^*$，则 $\sigma(0)=e$. 如果 $\mathrm{ch}(F)\neq2$，则 $e\neq-e$，必存在 $a\neq0$ 使 $\sigma(a)=-e$，于是，由 $\sigma(2a)=(-e)^2=e$ 知 $2a=0$，矛盾，故 $\mathrm{ch}(F)=2$. 设 $\sigma(e)=b$，则 $b^2=\sigma(2e)=\sigma(0)=e$，$(b+e)^2=0$. 因为体无零因子，必有 $b=e$，$\sigma(e)=e$，与 $\sigma(0)=e$ 矛盾，故 σ 不存在.

二法 设 $F^*\overset{\varphi}{\cong}F^+$，则 $\varphi(e)=0$，$2\varphi(-e)=\varphi((-e)^2)=\varphi(e)=0$，不管 $\varphi(-e)$ 是否为 0 均可推出 $\mathrm{ch}(F)=2$，所以，对任何 $x\in F^*$ 有

$$\varphi(x^2)=2\varphi(x)=0,x^2=e,x=e$$

这说明 $F^*=\{e\},F^+=\{0,e\}$,两者显然不同构. 证毕

但是,以下证法是错误的:"因为 $F^*=F\backslash\{0\}$,F^* 中元素比 F^+ 中元素少一个,而同构是一一对应,所以 F^* 与 F^+ 必不同构."错误在于忽视了无限集与有限集的本质差别.

数域的自同构

定理 1 (1)有理数域 $\mathbf{Q}$ 和实数域 $\mathbf{R}$ 的自同构仅有恒等自同构.

(2)复数域 $\mathbf{C}$ 的把实数变为实数,非实数变为非实数的自同构仅有恒等自同构和共轭自同构两个.

证 记所述的自同构为 σ.

(1)由 $\sigma(1)=1$ 知 $\sigma(n)=n,\ \forall n\in\mathbf{Z}$,于是由

$$\sigma\left(\frac{m}{n}\right)=\sigma\left(m\cdot\frac{1}{n}\right)=\sigma(m)\sigma(n)^{-1}=\frac{m}{n}$$

知 $\sigma=1^*$ 为 $\mathbf{Q}$ 中恒等自同构.

设 $\mathbf{R}\overset{\sigma}{\cong}\mathbf{R}$. 首先,有 $\sigma(a)=a,\ \forall a\in\mathbf{Q}$. 其次,对 $r\in\mathbf{R}$ 有

$$r>0\Leftrightarrow r=s^2\Leftrightarrow\sigma(r)=(\sigma(s))^2>0$$

于是,对 $a,b\in\mathbf{R}$ 有 $a>b\Leftrightarrow\sigma(a)>\sigma(b)$,即 σ 有保序性. 因为对任一 $r\in\mathbf{R}$,必存在两个有理数列 $\{a_i\}$ 和 $\{b_i\}$ 满足

$$a_1<a_2<\cdots<r,\lim_{n\to\infty}a_n=r$$

$$b_1>b_2>\cdots>r,\lim_{n\to\infty}b_n=r$$

设 $\sigma(r)=r'$,则必有

$$a_1<a_2<\cdots<r',b_1>b_2>\cdots>r'$$

由极限的唯一性知 $\sigma(r)=r,\ \forall r\in\mathbf{R}$,于是 $\sigma=1^*$.

(2)由已知条件知 σ 限制在 $\mathbf{R}$ 上是 $\mathbf{R}$ 到 $\mathbf{R}$ 的非零自同态,因此必是 $\mathbf{R}$ 的自同构. 由(1)知

$$\sigma(r)=r,\ \forall r\in\mathbf{R}$$

再由 $\mathrm{i}^2=-1$ 知 $\sigma(\mathrm{i})^2=-1,\sigma(\mathrm{i})=\pm\mathrm{i}$,于是结论得证. 证毕

嵌入原理 设 S 是环 R 的子环,$\overline{S}$ 是某个环,且 $S\overset{\sigma}{\cong}\overline{S}$. 如果 $\overline{S}\cap(R\backslash S)=\varnothing$,则必存在 $\overline{S}$ 的扩环 $\overline{R}$ 使 $R\overset{\psi}{\cong}\overline{R}$,其中

$$\psi:\begin{cases}x\to\sigma(x), & 若\ x\in S\\ x\to x, & 若\ x\in R\backslash S\end{cases}$$

这好比把 R 和 $\overline{S}$ 粘在纸上,把 R 的子环 S 剪掉,然后把剪下的 $\overline{S}$ 嵌入代替原来

的 S，结果，犹如没有剪过的一样，故称为**嵌入原理**，又称为**挖补原理**. 这当然要求 $\overline{S}$ 与 $R\backslash S$ 不相交. 我们常应用嵌入原理来作已知环 $\overline{S}$ 的满足一定条件的扩环 $\overline{R}$. 在同构意义下，可把 R 看作 $\overline{S}$ 的扩环.

题2　设 R 为任一环，$\mathbf{Z}$ 为整数环. 在集合

$$\widetilde{R}=\{(m,a)\mid m\in\mathbf{Z},a\in R\}$$

中引入运算

$$(m,a)=(n,b)\Leftrightarrow m=n,a=b$$
$$(m,a)+(n,b)=(m+n,a+b)$$
$$(m,a)(n,b)=(mn,na+mb+ab)$$

证明 $\widetilde{R}$ 是有单位元的环，并分别写出与 R 和 $\mathbf{Z}$ 同构的子环.

商域　所谓环 R 的**商域** F 指的是 R 的最小扩域，是所有包含 R 的扩域之交. 既然 R 是域 F 的子环，那么，只有无零因子交换环才可能有商域. 事实上，用嵌入原理可以证明任一无零因子交换环必有商域.

易见，整数环 $\mathbf{Z}$ 的商域就是有理数域

$$\mathbf{Q}=\{\frac{n}{m}\mid n\in\mathbf{Z},m\in\mathbf{Z}^*\}$$

任给无零因子交换环 R. 区别两种情形.

(1)若 R 是某个体 K 的子环，则 K 的子域

$$F=\{\frac{a}{b}\mid a\in R,b\in R^*\}$$

就是 R 的商域. 这是由于 F 的确是域，且任一 $a\in R$ 必可写成 $\frac{ab}{b}$ 之故，其中 $ab\in R$，$b\in R^*$. 这里要注意两点：第一，由于 R 是交换环，$ab=ba$，所以记号 $\frac{a}{b}=ab^{-1}=b^{-1}a$ 有确切含义，这里 b^{-1} 是 b 在体 K 中的逆元. 第二，由于 R 中未必有单位元 e，所以对 $a\in R$ 不能写成 $a=\frac{a}{e}$.

(2)未必有体包含 R 的情形. 此时，需构造集合

$$\widetilde{F}=\{(a,b)\mid a\in R,b\in R^*\}=R\times R^*$$

在 $\widetilde{F}$ 中引入等价关系

$$(a,b)\sim(c,d)\Leftrightarrow ad=bc$$

把 (a,b) 所属的等价类记为

$$\frac{a}{b}=\{(x,y)\mid(x,y)\in\widetilde{F},ay=bx\}$$

则可验证所有等价类集合

$$\overline{F}=\left\{\frac{a}{b}\middle| a\in R,b\in R^*\right\}$$

关于以下两个单值运算

$$\frac{a}{b}\oplus\frac{c}{d}=\frac{ad+bc}{bd},\frac{a}{b}\odot\frac{c}{d}=\frac{ac}{bd}$$

成域,且 $\overline{F}$ 的子环

$$\overline{R}=\left\{\frac{aq}{q}\middle| a\in R,q\in R^*\right\}$$

恰与 R 同构:$\overline{R}\overset{\sigma}{\cong}R,\sigma:\frac{aq}{q}\to a.$

对域 $\overline{F}$ 的子环 $\overline{R}$,套用第一段所证可知 $\overline{F}$ 恰为 $\overline{R}$ 的商域. 事实上,有

$$\frac{aq}{q}\odot\left(\frac{bp}{p}\right)^{-1}=\frac{aq}{q}\odot\frac{p}{bp}=\frac{a}{b}$$

最后,据嵌入原理,存在 R 的扩域 $F\cong\overline{F}$. 因此,F 就是 R 的商域. 常把 $\overline{F}$ 看成 R 的商域.

由商域的构造知道,商域 F 中元素的运算 $\oplus$ 和 $\odot$ 完全由环 R 中元素的运算确定,因此,同构的环的商域必同构. 另一方面,不同构的环可以有同构的商域. 例如,偶数环和整数环的商域同为有理数域.

例 3　设 p 为某个素数,证明

$$Q_0=\left\{\frac{m}{n}\middle| m\in\mathbf{Z},n\in\mathbf{Z}^*,(n,p)=1\right\}$$

是整环,且求出 Q_0 的商域.

证　因为由 $(n_1,p)=1,(n_2,p)=1$ 必可推出 $(n_1n_2,p)=1$,所以 Q_0 关于减法和乘法是封闭的. Q_0 是有理数域 $\mathbf{Q}$ 的子环,无零因子,$1\in Q_0$,故 Q_0 为整环. 再由 $\mathbf{Z}\subset Q_0\subset\mathbf{Q}$ 知 Q_0 的商域就是 $\mathbf{Z}$ 的商域 $\mathbf{Q}$.　证毕

§5　环上的多项式环

在高等代数中,我们已经建立了数域上多项式环的一般理论. 然而在处理某些问题时,我们常遇到诸如整系数多项式、矩阵系数多项式(即 λ-矩阵)等环上的多项式,它们与数域上的多项式相比,有许多本质上的差异. 因此我们有必要讨论环上多项式环的一般理论.

定义　设 $\widetilde{R}$ 是某个有单位元 1 的环,R 是 $\widetilde{R}$ 的子环,且 $1\in R$. R 在 $\widetilde{R}$ 中的中心

化子记为 $C(R)$. 任意取定某个 $\alpha\in C(R)$，则 $\widetilde{R}$ 的子环

$$R[\alpha]=\left\{f(\alpha)=\sum_{i=0}^{n}a_i\alpha^i\,\middle|\,a_i\in R,n\text{ 是非负整数}\right\}$$

称为 **R 上的关于 α 的多项式环**. 条件 $\alpha\in C(R)$ 保证了 $R[\alpha]$ 关于乘法是封闭的. $1\in R$ 保证了 $\alpha=1\cdot\alpha\in R[\alpha]$. 易见，$R[\alpha]$ 是 $\widetilde{R}$ 中包含 R 和 α 的最小子环，称为由 R 和 α 生成的子环.

代数元和超越元 为了讨论 $R[\alpha]$ 中元素表示法的唯一性，需引进代数元和超越元的概念. 设 R 是任意环 $\overline{R}$ 的子环. 如果对 $\alpha\in\overline{R}$，存在不全为 0 的 $a_i\in R$，$i=0,1,\cdots,n$ 使

$$a_0+a_1\alpha+a_2\alpha^2+\cdots+a_n\alpha^n=0$$

则称 α 为 R 上的**代数元**. 否则，称 α 为 R 上的**超越元**，即

$$a_0+a_1\alpha+\cdots+a_n\alpha^n=0\Leftrightarrow a_0=a_1=\cdots=a_n=0$$

如果按照习惯把超越元记为 x，则上述 $\widetilde{R}$ 的子环 $R[x]$ 中的元素可唯一的表为

$$f(x)=a_0+a_1x+a_2x^2+\cdots+a_nx^n,a_n\neq0$$

记 $n=\deg f(x)$，并称 $R[x]$ 为 R 上**一元多项式环**. 需要特别注意的是，这里是假定了超越元 x 与 R 中任意元可交换，且 $1\cdot x=x$，1 为 R 中单位元. 易见，$\alpha\in\widetilde{R}$ 是 R 上代数元当且仅当存在 $0\neq f(x)\in R[x]$ 使 $f(a)=0$. 这种 $f(x)$ 中次数最低者称为 α 在 R 上的**最小多项式**. 由于环中有零因子，所以它未必是 $R[x]$ 中不可约多项式！

例 1 设 R 是任一环，则任一 $\alpha\in R$ 必是 R 上代数元. 事实上，由 $\alpha^2-\alpha\alpha=0$ 即可得证. 顺便提一下，由于代数元定义中未要求 R 有单位元 1，所以不能据 $\alpha-\alpha=0$ 证明 α 是 R 上代数元.

题 1 证明

(1) $\mathbf{Z}[\mathrm{i}]=\{\alpha=a+b\mathrm{i}\mid a,b\in\mathbf{Z}\}$ 中任一元都是 $\mathbf{Z}$ 上的代数元.

(2) 任一实四元数 q 都是实数域上的代数元.

题 2 证明以下各数都是整数环 $\mathbf{Z}$ 上的代数元

$$\alpha=\frac{1}{2}(-1+\sqrt{-3}),\beta=\sqrt{2}+\sqrt{3},\gamma=\sqrt{2}+\sqrt{-1}$$

并求出它们在 $\mathbf{Z}$ 上的最小多项式.

例 2 设 F 是整环 R 的子域. 如果任一 $\alpha\in R$ 都是 F 上的代数元，证明 R 必是域. (参见第五章 §1 题 9.)

证 任取 $\alpha\in R^*$，则由 R 中无零因子知，存在 $a_0,a_1,\cdots,a_n\in F$ 使

$$a_0+a_1\alpha+a_2\alpha^2+\cdots+a_n\alpha^n=0,\text{而 } a_0\neq0,a_n\neq0$$

于是由

$$-\frac{1}{a_0}(a_1+a_2\alpha+\cdots+a_n\alpha^{n-1})\alpha=1$$

知 α 是可逆元,故 R 为域. 证毕

多元多项式环　设 R 是有单位元 1 的环,则可用嵌入原理证明必存在 R 的扩环 $\widetilde{R}$ 和 $\widetilde{R}$ 中某个元素 x_1,使 x_1 是 R 上超越元,因此,$R[x_1]$ 也是有单位元 1 的环. 同理,又存在 $R[x_1]$ 上超越元(必是 R 上超越元)x_2,使 $R[x_1][x_2]$ 是有单位元 1 的环. 如此下去,对任一自然数 n,必存在 R 上超越元 $x_1,x_2,\cdots,x_n$ 使

$$R[x_1,x_2,\cdots,x_n]=R[x_1][x_2]\cdots[x_n]$$

是有单位元的环,称为 **R 上 n 元多项式环.**

三个重要定理

定理 1　若 R 是整环,则 $R[x]$ 也是整环,因而必有商域

$$R(x)=\left\{\frac{f(x)}{g(x)}\middle| f(x),g(x)\in R[x],g(x)\neq 0\right\}$$

称为 **R 上的一元有理分式域.**

注意:这个结论对关于代数元 α 的多项式环 $R[\alpha]$ 来说是不成立的. 有如下反例

例 3　任一数域 $F\subseteq R=\left\{\begin{pmatrix} a & 0\\ 0 & a\end{pmatrix}\middle| a\in F\right\}$,它当然是 $\widetilde{R}=M_2(F)$ 的子环,且 R 是整环,取 $\alpha=\begin{pmatrix} 0 & 1\\ 1 & 0\end{pmatrix}\in M_2(F)$. 由 $\alpha^2-I_2=0$ 知 α 是 R 上代数元. 其最小多项式为可约多项式 x^2-1. 但由 $(\alpha-I_2)(\alpha+I_2)=0$ 知 $R[\alpha]$ 中有零因子,故 $R[\alpha]$ 不是整环.

定理 2(带余除法)　设 R 是有单位元环,x 是 R 上超越元. 取定某个

$$g(x)=b_nx^n+b_{n-1}x^{n-1}+\cdots+b_1x+b_0\in R[x]$$

如果 b_n 为 R 中可逆元,则对任一 $f(x)\in R[x]$,必存在唯一的一对 $q(x),r(x)\in R[x]$ 使

$$f(x)=q(x)g(x)+r(x)$$

这里 $r(x)=0$ 或 $\deg r(x)<\deg g(x)$.

特别,当 R 为有单位元交换环时,对任一 $f(x)\in R[x]$ 和任一 $\alpha\in R$ 必有

$$f(x)=q(x)(x-\alpha)+f(\alpha)$$

因而 $f(\alpha)=0\Leftrightarrow x-a$ 在 $R[x]$ 中整除 $f(x)$. 此时,称 α 为 $f(x)$ 在 R 中的一个根.

这里有两点需要说明:第一,如果 b_n 不是 R 中可逆元,则仅能证明存在某个自然数 k 使

$$b_n^kf(x)=q(x)g(x)+r(x)$$

其中 $r(x)=0$ 或 $\deg r(x)<\deg g(x)$. 第二,由于假定了 R 是交换环,才可把 $x=\alpha$

代入

$$f(x)=q(x)(x-\alpha)+r, r\text{ 为常数}$$

得 $r=f(\alpha)$. 如果 R 不是交换环,则这种代入是绝对不允许的! 例如

$$x^2-a^2=(x-a)(x+a)$$

总是成立的,但 $\alpha^2-a^2=(\alpha-a)(\alpha+a)$ 当且仅当 $\alpha a=a\alpha$ 时才成立. 这一点在讨论环上多项式(例如矩阵环上多项式)时应特别注意!

定理 3　设 R 是整环,则 $R[x]$ 中 n 次多项式在 R 中互异根的个数不超过 n.

在定理 3 中,R 是整环所需的三个条件缺一不可. R 中有单位元保证 $x\in R[x]$. 若 R 中有零因子,例如 $R=\mathbf{Z}/(6)$,则 $f(x)=x^2-x$ 在 R 中有 4 个根 $\bar{1},\bar{2},\bar{3}$ 和 $\bar{4}$. 若 R 非交换,例如 R 为实四元数体,则 $f(x)=x^2+1$ 在 R 中有无限多个根(见 §2 题 2).

例 4　域 F 的乘法群 F^* 的任一有限子群 G 必是循环群. 特别,有限域的乘法群必是循环群. 事实上,令

$$K=\{k\mid k\text{ 为自然数}, g^k=e, \forall g\in G\}$$

记 $m=\min K$,显然,$|G|=n\in K$,所以 $m\leqslant n$. 反之,由 $m\in K$ 知 G 中 n 个元都是方程 $x^m-e=0$ 的解,则 $n\leqslant m$,因此,$n=\min K$. 由第二章 §6 定理 1 知 G 为 n 阶循环群.

关于环上多项式环的结构,将在 §7 中进一步讨论.

§6　理　想

单侧理想与理想　设 I 是环 R 的子环,如果对任何 $r\in R, a\in I$ 都有 $ra\in I$($ar\in I$),则称 I 为 R 的**左理想(右理想)**. 左、右理想统称为**单侧理想**. 易见,环 R 的非空子集 I 是 R 的左(右)理想⇔满足

(1) $a-b\in I, \forall a,b\in I$;

(2) $ra\in I$($ar\in I$), $\forall r\in R, a\in I$.

若 I 既是 R 的左理想,又是右理想,则称为(双侧)理想. 易见,交换环的任一单侧理想必是理想.

题 1　验证以下集合 I_l 和 I_r 分别是 $M_2(\mathbf{Z})$ 的左理想和右理想

$$I_l=\left\{\begin{pmatrix} a & 0\\ b & 0\end{pmatrix}\middle| a,b\in\mathbf{Z}\right\}, I_r=\left\{\begin{pmatrix} a & b\\ 0 & 0\end{pmatrix}\middle| a,b\in\mathbf{Z}\right\}$$

题 2　设 a 的环 R 中取定的某个元素,证明

$$R_a=\{x\mid x\in R, ax=0\}$$

是 R 的右理想,称为 a 的右零化子. 同理,a 的左零化子

$$L_a=\{x\mid x\in R, xa=0\}$$

是 R 的左理想.

题 3　在环 R 中取定元素 a，证明 Ra 是 R 的左理想，aR 是 R 的右理想，问

$$RaR=\{xay \mid x,y\in R\}$$

是不是 R 的理想？（答：不是！）

我们必须学会并掌握根据需要构造环的单侧理想或理想的方法，它是理想论中重要方法之一.

例 1　设环 R 的每个左理想都有左单位元，证明左理想 L 的左单位元 e 必是 L 的单位元，因而是唯一的. 我们给出两种证法：

一法　由 L 是左理想知 $L'=\{y-ye \mid y\in L\}$ 也是 R 的左理想，它必有左单位元 $e'=a-ae,a\in L$. 于是，由

$$x-xe=e'(x-xe)=(a-ae)(x-xe)=0,\ \forall x\in L$$

知 e 也为 L 的右单位元. 因而 e 是 L 的唯一的单位元.

二法　设 e_1 和 e_2 是 L 的两个左单位元，则左理想 $L'=R(e_1-e_2)$ 也有左单位元 $e'=r(e_1-e_2),r\in R$. 任取 $x\in L'\subseteq L$ 有

$$x=e'x=r(e_1-e_2)x=0$$

这说明 $R(e_1-e_2)=\{0\}$. 特别，有

$$e_1(e_1-e_2)=0,e_1-e_2=0$$

于是，据 §1 例 6 所证知子环 L 的唯一的左单位元必是单位元.　证毕

题 4　设环 R 的每个右理想都有右单位元，证明右理想的右单位元必是单位元.

例 2　设 R 是有单位元 1 的环，则

$$I=\{xf(x) \mid f(x)\in R[x]\}$$

是 $R[x]$ 的理想. 实际上，I 由所有常数项为 0 的多项式组成.

例 3　交换环 R 中幂零元全体 N 是 R 的理想.

题 5　设 R 为任一环，$\mathbf{Z}$ 为整数环. 取定 $a\in R,n\in\mathbf{Z}$，证明

(1) $nR=\{nx \mid x\in R\}$ 是 R 的理想.

(2) $N=\{x \mid x\in R,nx=0\}$ 是 R 的理想.

(3) $A=\{m \mid m\in\mathbf{Z},ma=0\}$ 是 $\mathbf{Z}$ 的理想.

题 6　环 R 的中心 C 是不是 R 的理想？（答：未必是.）

理想的传递性问题

例 4　设 A 是环 R 的理想，而 B 又是环 A 的理想. 如果环 A 有单位元 e，则 B 必是 R 的理想.

证　B 显然是 R 的子环. 任取 $b\in B\subseteq A,r\in R$，则由 $eb=be=b$ 和 $re,er\in A$ 知

$$rb=r(eb)=(re)b \text{ 和 } br=(be)r=b(er)$$

都属于 B，故 B 为 R 的理想.　证毕

此例中 A 有单位元仅是保证 B 为 R 的理想的充分条件,并非必要条件. 例如,偶数环 $\mathbf{E}$ 是整数环 $\mathbf{Z}$ 的理想,而

$$(4)=\{4n\mid n\in\mathbf{Z}\}$$

既是 $\mathbf{E}$ 的理想,又是 $\mathbf{Z}$ 的理想. 但是,下列说明,确定存在环 R 使 A 是 R 的理想,B 是 A 的理想,而 B 不是 R 的理想.

例 5 考虑

$$R=\left\{\begin{pmatrix}x & y\\ z & w\end{pmatrix}\middle| x,y,z,w\in\mathbf{Z}\right\}=M_2(\mathbf{Z})$$

$$A=\left\{\begin{pmatrix}a & b\\ c & d\end{pmatrix}\middle| a,b,c,d\in\mathbf{E}\right\}=M_2(\mathbf{E})$$

$$B=\left\{\begin{pmatrix}2a & b\\ c & d\end{pmatrix}\middle| a,b,c,d\in\mathbf{E}\right\}$$

容易验证 A 是 R 的理想,B 是 A 的理想. 但由于

$$\begin{pmatrix}x & y\\ z & w\end{pmatrix}\begin{pmatrix}2a & b\\ c & d\end{pmatrix}=\begin{pmatrix}2xa+yc & *\\ * & *\end{pmatrix}$$

中的 $2xa+yc$ 未必被 4 整除,因此 B 不是 R 的理想.

全矩阵环的理想 若把环 R 上 n 阶全矩阵环 $M_n(R)$ 简记为 R_n,则环 R 的理想 I 与环 R_n 的理想 I_n(即 $M_n(I)$)之间有如下关系.

例 6* (1)对环 R 的任一理想 I,I_n 必是 R_n 的理想.

(2)设 $\mathbf{E}$ 为偶数环,则对 $\boldsymbol{E}_2=M_2(\mathbf{E})$ 的理想

$$N=\left\{\begin{pmatrix}2a & b\\ c & d\end{pmatrix}\middle| a,b,c,d\in\mathbf{E}\right\}$$

不存在 $\mathbf{E}$ 的理想 I 使 $N=I_2$.

(3)若 R 是具有单位元环,则 R 的理想集合与 R_n 的理想集合之间有一一对应:$I\overset{\rho}{\longleftrightarrow}I_n$,其中 I 是 R 的理想.

(4)设环 $R\overset{\sigma}{\sim}R'$,核为 I,则 $R_n\overset{\sigma^*}{\sim}R'_n$,且核为 I_n.

证 结论(1)是显然的. 现证其余三个结论.

(2)可直接验证 N 是 E_2 的理想. 如果存在 $\mathbf{E}$ 的理想 I 使 $N=I_2$,则由 N 中(1,2)位置的元素可任取于 $\mathbf{E}$ 知 $I=\mathbf{E}$,但这与 N 中(1,1)位置元素必须被 4 整除的要求矛盾.

(3)显然 ρ 是单射. 任取 R_n 的理想 N,考虑 R 的子集

$$I=\{a\mid a\in R,\text{存在 }\boldsymbol{A}=(a_{ij})\in N,\text{其中某个元素 }a_{ij}=a\}$$

任取 $a\in I$,设 $\boldsymbol{A}_{ij}$ 中(i,j)元素为 a,则必存在置换阵 $\boldsymbol{P}_{1i}$ 和 $\boldsymbol{P}_{1j}$ 使

$$\boldsymbol{A}=\boldsymbol{P}_{1i}\boldsymbol{A}_{ij}\boldsymbol{P}_{1j}=\begin{pmatrix}a & *\\ * & *\end{pmatrix}\in N$$

现证，I 是 R 的理想. 任取 $a,b\in I$，可设

$$\boldsymbol{A}=\begin{pmatrix} a & * \\ * & * \end{pmatrix}\in N,\boldsymbol{B}=\begin{pmatrix} b & * \\ * & * \end{pmatrix}\in N$$

由 N 是理想知 $\boldsymbol{A}-\boldsymbol{B}\in N$，故 $a-b\in I$. 任取 $a\in I, x\in R$，可设

$$\boldsymbol{A}=\begin{pmatrix} a & * \\ * & * \end{pmatrix}\in N,\boldsymbol{X}=\begin{pmatrix} x & 0 \\ 0 & * \end{pmatrix}\in R_n$$

由 N 是理想知 $\boldsymbol{AX},\boldsymbol{XA}\in N$，故 $ax,xa\in I$. 因此，I 是 R 的理想.

再证 $N=I_n$，由 I 的定义知 $N\subseteq I_n$. 反之，任取 $\boldsymbol{A}=(a_{ij})\in I_n$，则所有 $a_{ij}\in I$. 由 I 的定义知对每一对 $1\leqslant i,j\leqslant n$，可设

$$\boldsymbol{A}_{ij}=\begin{pmatrix} a_{ij} & * \\ * & * \end{pmatrix}\in N$$

由 N 是理想知 N 包含

$$\boldsymbol{E}_{11}\boldsymbol{A}_{ij}\boldsymbol{E}_{11}=\begin{pmatrix} a_{ij} & 0 \\ 0 & 0 \end{pmatrix}，这里\ \boldsymbol{E}_{11}=\begin{pmatrix} 1 & 0 \\ 0 & 0 \end{pmatrix}$$

$$\boldsymbol{B}_{ij}=\boldsymbol{P}_{1i}\begin{pmatrix} a_{ij} & 0 \\ 0 & 0 \end{pmatrix}\boldsymbol{P}_{1j}$$

由于 R 有单位元 1，$\boldsymbol{E}_{11}$，$\boldsymbol{P}_{1i}$ 和 $\boldsymbol{P}_{1j}$ 都属于 R_n. 因此，理想 N 必包含 $\boldsymbol{A}=\sum\limits_{i,j=1}^{n}\boldsymbol{B}_{ij}$，故 $N=I_n$.

(4) 令

$$\boldsymbol{A}=(a_{ij})_{n\times n}\xrightarrow{\sigma^*}\boldsymbol{A}'=(\sigma(a_{ij}))_{n\times n}$$

易见，σ^* 是 R_n 到 R_n' 的同态满射. 进一步，由

$$\sigma^*(\boldsymbol{A})=0\Leftrightarrow\sigma(a_{ij})=0,\ \forall i,j\Leftrightarrow\boldsymbol{A}\in I_n$$

知 σ^* 的核为 I_n. 　　证毕

单环　环 R 的非零非 R 本身的理想称为**真理想**. 没有真理想的非零环称为**单环**. 下列给出一类重要单环——体上的全矩阵环.

例 7　设 K 为体，则 $M_n(K)$ 是单环. 事实上，由 K 是单环和例 6 的(3)可知，$M_n(K)$ 是单环.

虽然 $M_n(K)$ 是单环，但它却有非零左理想和右理想

$$R_l=\left\{\begin{pmatrix} a_1 & 0 & \cdots & 0 \\ a_2 & 0 & \cdots & 0 \\ \vdots & \vdots & & \vdots \\ a_n & 0 & \cdots & 0 \end{pmatrix}\middle|\ \forall a_i=R\right\},R_r=\left\{\begin{pmatrix} a_1 & a_2 & \cdots & a_n \\ 0 & 0 & \cdots & 0 \\ \vdots & \vdots & & \vdots \\ 0 & 0 & \cdots & 0 \end{pmatrix}\middle|\ \forall a_i=R\right\}$$

因此,单环允许有真单侧理想.

例 8 设 R 是非交换单环, C 是 R 的中心.

(1) 若 R 有单位元 1, 则 C 是 R 的子域.

(2) 若 R 无单位元, 则 $C=\{0\}$.

证 (1) 由条件知 C 是有单位元 1 的交换环. 任取 $a\in C^*$. 由 R 是有单位元 1 的单环知理想 $aR=Ra=R$, 故必存在 $b\in R$ 使 $ab=ba=1$, a 为可逆元, 且由 $ax=xa$ 知 $a^{-1}x=xa^{-1}$, 故 $a^{-1}\in C$, C 为域.

(2) 若 $C\neq\{0\}$. 任取 $a\in C^*$. 如果理想 $aR=Ra=R$, 则由 a 为中心元知必存在某元素 $e\in R$ 使 $a=ae=ea$. 对任一 $x\in R$, 也存在 $b\in R$ 使 $x=ab=ba$. 于是

$$ex=eab=ab=x,\ xe=bae=ba=x$$

e 为 R 的单位元, 矛盾. 所以, 由 R 为单环知

$$aR=Ra=\{0\},\ \forall a\in C$$

这说明子环 C 是 R 的非零理想, 即 $C=R$, 这与 R 为非交换环的假设矛盾. 因此, $C=\{0\}$. 证毕

题 7 设 R 为单环, 证明

(1) R 中所有非零元的阶必相同.

(2) $\mathrm{ch}(R)=0$ 或素数.

(提示: (1) 若 $m\geqslant 1$ 是 R^* 中某元素的阶, 则 $N=\{x\mid x\in R, mx=0\}=R$. (2) 若 $\mathrm{ch}(R)=n_1n_2$, 则由 $n_1R=n_2R=R$ 推出 $R=\{0\}$.)

体中理想 现在考虑体中理想, 并根据 §2 定理 1, 进一步给出一些环成为体的条件.

首先, 易证体 F 中任一非零单侧理想 I 必包含单位元, 因而必有 $I=F$, 故体必无真单侧理想, 体必是单环. 但是, 无真单侧理想的环未必是体.

例 9 **素数元幂零元环.** 易见

$$R=\{0,a,2a,\cdots,(p-1)a\}$$

其中 $a\neq 0$, $a^2=0$, $pa=0$, p 为某个素数, 必为交换单环, 且 $R^2=\{0\}$. 由于 R 中无单位元, 故 R 不是体.

有趣的是, 它是唯一的一种例外, 即可证

定理 1 设 R 是非零环. 如果 R 无真左(右)理想, 则 R 或是体, 或是素数元幂零元环.

证 不妨设 R 无真右理想. 区别两种可能性.

(1) 对任何 $a\in R^*$, 都有 $aR\neq\{0\}$, 则 $aR=R$, $\forall a\in R^*$, 据 §2 定理 1 知 R 为体.

(2) 存在某个 $a\in R^*$ 使 $aR=\{0\}$, 则由此 a 确定的非零右理想

$$S=\{0, \pm a, \pm 2a, \cdots, \pm na, \cdots\}$$

必为 R 本身. 由 $R=S$ 和 $a^2=0$ 知 S 的任一加法子群都是 R 的理想, 所以 $(R,+)$ 必须是素数 p 阶循环群. 因此, R 为素数元幂零元环. 证毕

推论 1　非交换环 R 是体 $\Leftrightarrow R$ 无真右(左)理想.

推论 2　设 R 是任一环, 则 R 无真左理想 $\Leftrightarrow R$ 无真右理想.

推论 3　设环 R 有单位元, 或 R 中存在非零元不是幂零元, 则 R 为体 $\Leftrightarrow R$ 无真单侧理想.

推论 4　有单位元的交换单环必是域.

注意, 推论 4 是一个很重要的结论, 其中交换性条件并不是仅仅用来保证体是域. 事实上, 有单位元的单环未必是体. 体 K 上的全矩阵环即为一例.

题 8　设 R 是交换单环, 且 R 中至少存在一个元素不是零因子, 证明 R 必是域. 据此也可证得有单位元的交换单环必是域. (提示: $aR=R, \forall a \in R^*$.)

题 9　设 R 是非零的无零因子交换环, 且仅有有限个理想, 证明 R 必是域. (提示: 证明必存在某个理想 N 使 $aN=R$.)

例 10　设 R 是无零因子非零环, 则 R 或者是体, 因而无真单侧理想, 或者有无限多个左理想和右理想. 因此, 仅有有限个单侧理想的无零因子环必是体.

证　若对所有 $a \in R^*$ 都有 $aR=R$, 则 R 是体. 否则, 存在某个 $a \in R^*$ 使 $\{0\} \neq aR \subset R$, 所以 aR 是 R 的真右理想. 进一步, 由 R 无零因子可证 a^2R 是 aR 的真右理想, 也是 R 的真右理想. 如此下去, 可得 R 的真右理想的无限序列

$$R \supset aR \supset a^2R \supset \cdots$$

同理可证 R 有无限多个真左理想. 证毕

在下例中我们进一步介绍理想的构造方法.

例 11*　设 R 是环, L 是 R 的所有非零左理想之交. 如果 $L^2 \neq \{0\}$, 则 R 必为体.

证　分以下三步证明:

(1) 证明存在某个 $e \in L, e^2=e$ 使 $L=Re$. 由条件知 L 是 R 的最小非零左理想. 由 $LL \neq \{0\}$ 知存在 $a \in L^*$ 使 La 是 R 的非零左理想, 故由 $a \in L$ 和 L 的最小性知 $La=L$. 于是存在 $e \in L$ 使 $ea=a$, 这里 a 仅仅是 L 中某个非零元素. 现证 $e^2=e$. 如果 $e^2-e \neq 0$, 由 $(e^2-e)a=0$ 知 a 在 L 中的左零化子

$$B=\{x \in L \mid xa=0\}$$

是 R 的非零左理想, 必有 $B=L$, 于是 $L=La=Ba=\{0\}$, 这与 $L^2 \neq \{0\}$ 矛盾, 故 $e^2=e$. 再由 Re 是 R 的非零左理想和 $e \in L$ 知 $L=Re$.

(2) 证明 e 为 R 的右单位元, 因而 $L=R$. 为此, 考虑 e 在 R 中的左零化子(必是左理想)

$$C=\{x \mid x \in R, xe=0\}$$

如果 $C \neq \{0\}$，则由 L 的最小性知 $L \subseteq C$. 于是 $Le \subseteq Ce=\{0\}$，$L=Re=Re^2=Le=\{0\}$，矛盾. 因此，$C=\{0\}$. 这说明 e 不是右零因子. 故由

$$(xe-x)e=0, \forall x \in R$$

知 $xe=x$，$\forall x \in R$，e 为 R 的右单位元，$L=R$.

(3) 证明 R 为体. 由 $L=R$ 知 R 是 R 的唯一的非零左理想. 由推论 2 知 R 也是 R 的唯一的非零右理想. 于是，对任取 $a \in R^*$，由 $ae=a \neq 0$ 知 aR 是 R 的非零右理想，故必有 $aR=R$，R 为体，e 为 R 的单位元. 证毕

主理想　在环 R 中任意取定一个元素 a，则 R 的包含 a 的最小理想称为由 a 生成的**主理想**，记为 (a)，它是 R 的所有包含 a 的理想之交. 我们发现，即使对于这种最简单的理想，其元素的书写形式也是相当复杂的. 据理想的定义知，(a) 的一般形式为

$$(a)=\left\{\sum_{i=1}^{m} x_i a y_i+sa+at+na \,\middle|\, x_i, y_i, s, t \in R, n \in \mathbf{Z}, m \in \mathbf{N}\right\}$$

若 R 是交换环，则

$$(a)=\{ra+na \mid r \in R, n \in \mathbf{Z}\}$$

若 R 有单位元，则

$$(a)=\left\{\sum_{i=1}^{m} x_i a y_i \,\middle|\, x_i, y_i \in R, m \in \mathbf{N}\right\}$$

当 R 是有单位元的交换环时，则

$$(a)=\{ra \mid r \in R\}$$

例如，对 $n \in \mathbf{Z}$，有 $(n)=\{rn \mid r \in \mathbf{Z}\}$. 不过，对于多项式环来说，当 R 是有单位元环时，也有

$$(x)=\{xf(x) \mid f(x) \in R[x]\}$$

这是由于 x 与 R 中元素可交换.

例 12　任取偶数 e，则 e 在整数环 $\mathbf{Z}$ 中和偶数环 $\mathbf{E}$ 中生成的主理想同为

$$(e)=\{re+ne \mid r \in \mathbf{E}, n \in \mathbf{Z}\}=\{le \mid l \in \mathbf{Z}\}$$

下面考虑理想的运算，总设 A 和 B 是环 R 的理想.

和理想　称理想

$$A+B=\{a+b \mid a \in A, b \in B\}$$

为 A 与 B 的**和理想**. 显然 $A+B=B+A$. $(A+B)+C=A+(B+C)$.

任取 $a_1, a_2, \cdots, a_n \in R$，$R$ 的包含 $a_1, a_2, \cdots, a_n$ 的最小理想称为由 $a_1, a_2, \cdots, a_n$ **生成的理想**，记为 $(a_1, a_2, \cdots, a_n)$. 易证

$$(a_1, a_2, \cdots, a_n)=(a_1)+(a_2)+\cdots+(a_n)$$

$$(a_1, a_2, \cdots, a_n)+(b_1, b_2, \cdots, b_n)=(a_1, \cdots, a_n, b_1, \cdots, b_n)$$

例 13　取定 $m,n\in\mathbf{Z}$,记 $d=(m,n)$. 设 $m=dm',n=dn'$,则

$$(m)+(n)=\{rm+sn\mid r,s\in\mathbf{Z}\}=\{d(rm'+sn')\mid r,s\in\mathbf{Z}\}$$
$$=\{dt\mid t\in\mathbf{Z}\}=(d)$$

这里最后第二个等式成立的原因是,由 $(m',n')=1$ 可知,任一 $t\in\mathbf{Z}$ 必可表为 $t=rm'+sn',r,s\in\mathbf{Z}$.

一般地,由整数 $a_1,a_2,\cdots,a_n$ 生成的理想

$$(a_1,a_2,\cdots,a_n)=(d)$$

这里 $d=(a_1,a_2,\cdots,a_n)$ 为最大公因数. 要注意,这两个圆括号的含义是不同的.

积理想　称理想

$$AB=\left\{\sum_{i=1}^{n}a_ib_i\,\middle|\,a_i\in A,b_i\in B,n\in\mathbf{N}\right\}$$

为 A 与 B 的**积理想**. 注意,集合 $\{ab\mid a\in A,b\in B\}$ 不是理想. 容易验证

$$(AB)C=A(BC),A(B+C)=AB+AC$$

当 R 为交换环时,有 $AB=BA$. 在理想乘法中,消去律是不成立的.

题 10　在数环 $R=\{a+3b\sqrt{-5}\mid a,b\in\mathbf{Z}\}$ 中取理想

$$A=(3,3\sqrt{-5}),B=(3)$$

证明 $A\neq B$,而 $A^2=AB$. 故消去律不成立.

例 14　设 R 是交换环,则对 $a,b\in R$ 有

$$(a)(b)=\left\{\sum_{i=1}^{n}(r_ia+m_ia)(s_ib+n_ib)\,\middle|\,r_i,s_i\in R,n\in\mathbf{N},m_i,n_i\in\mathbf{Z}\right\}$$
$$=\{tab+lab\mid t\in R,l\in\mathbf{Z}\}=(ab)$$
$$(a_1,\cdots,a_m)(b_1,\cdots,b_n)=(a_1b_1,\cdots,a_mb_1,\cdots,a_1b_n,\cdots,a_mb_n)$$

若 A 是环 R 的理想,则一般仅有关系式 $RA\subseteq A$ 和 $AR\subseteq A$. 如果 R 有单位元,则必有 $RA=AR=A$,所以我们常把 R 称为**单位理想**. 称理想 A 为**幂等理想**,如果 $A^2=A$. 因而必有 $A^n=A,\forall n\in\mathbf{N}$. 称理想 A 为**幂零理想**,如果存在自然数 n 使 $A^n=0$(注意:未必有 $A^2=0$). 易见,此时 A 中任意 n 个元素的乘积必为 0. 特别,A 中任意元都是幂零元. 任意元都是幂零元的理想称为**诣零理想**. 因此,幂零理想必是诣零理想,反之不然. 例如,交换环中幂零元全体成诣零理想,但未必是幂零理想.

因理想与倍理想　互素理想　易见,对 $a,b\in\mathbf{Z}$

$$(a)\subseteq(b)\Leftrightarrow b\mid a$$

根据 b 是 a 的因数,a 是 b 的倍数这一事实,我们就说 (b) 是 (a) 的因理想,(a) 是 (b) 的倍理想. 推而广之,若 A 和 B 是环 R 的理想. 如果 $A\subseteq B$,则称 B 是 A 的**因理想**,A 是 B 的**倍理想**. 于是,零理想是 R 的任一理想的倍理想,单位理想 R 是 R 的任一理想的因理想. 因为和理想 $A+B$ 是 A 和 B 的公因理想中最小者,故称为**最高公因理想**. $A\cap B$ 是 A 和 B 的公倍理想中最大者,故称为**最低公倍理想**.

我们知道,对 $a,b\in\mathbf{Z}$,若记 $d=(a,b)$,$q=[a,b]$,则有等式 $dq=ab$. 此事反映到 $\mathbf{Z}$ 的主理想 (a) 和 (b) 上也有相应关系式. 在例 13 中已证 $(a)+(b)=(d)$. 进一步可证,$(a)\cap(b)=(q)$. 事实上,由 $q=sa=tb$ 知 $(q)\subseteq(a)\cap(b)$. 反之,任取 $x=sa=tb\in(a)\cap(b)$,必有 $a|x,b|x$,所以 $q|x,x\in(q)$,又有 $(a)\cap(b)\subseteq(q)$,故等式成立. 这样,对任何 $a,b\in\mathbf{Z}$ 必有

$$((a)+(b))((a)\cap(b))=(d)(q)=(dq)=(ab)=(a)(b)$$

可是,在一般交换环 R 中,对理想 A 和 B 仅有

$$(A+B)(A\cap B)=A(A\cap B)+B(A\cap B)\subseteq AB$$

理想的互素是理想论中重要概念之一. 设 R 是有单位元的交换环. 称 R 的理想 A 和 B 是**互素**的,如果 $A+B=R$. 例如,在整数环中,当 m 与 n 互素时,就有 $(m)+(n)=(1)=\mathbf{Z}$. 若 A 和 B 是 R 的两个互素的理想,则由 R 是单位理想知

$$AB\subseteq A\cap B=R(A\cap B)=(A+B)(A\cap B)\subseteq AB$$

故必有 $AB=A\cap B$,$(A+B)(A\cap B)=AB$. 这是关于互素理想的两个重要等式. 例如,对两个互素的整数 m 和 n 必有

$$(m)(n)=(mn)=(q)=(m)\cap(n)$$

例 15 设 R 是有单位元的交换环,A,B,C 是 R 的理想,证明

(1)若 B 与 C 都与 A 互素,则 BC 和 $B\cap C$ 亦都与 A 互素.

(2)若 A,B,C 两两互素,则 $ABC=A\cap B\cap C$.

证 (1)由 R 有单位元知必有等式 $R=R^2$,于是由

$$R=R^2=(A+B)(A+C)\subseteq A+BC\subseteq A+B\cap C\subseteq R$$

知 $R=A+BC=A+B\cap C$,故结论得证.

(2)由 $BC=B\cap C$,$A(B\cap C)=A\cap(B\cap C)$ 知 $ABC=A\cap B\cap C$. 证毕

商理想 设 A 和 B 是环 R 的理想. 易验证

$$A:B=\{r\mid r\in R,rB\subseteq A\}$$

是 R 的理想,称为 A 除以 B 的**商理想**.

例 16 在整数环中有

$$(m):(n)=\left(\frac{m}{d}\right),\text{这里 } d=(m,n)$$

证 设 $m=dm',n=dn'$,要证

$$N=\{x\mid x\in\mathbf{Z},x(n)\subseteq(m)\}=(m')$$

任取 $x\in N$,则 $m\mid xn$,必有 $m'\mid xn',m'\mid x$,所以 $x\in(m')$. 反之,任取 $x\in(m')$,则 $m'\mid x\mid xn'$,必有 $m\mid xn$,所以 $x\in N$. 故结论得证. 证毕

题 11 计算以下商理想

$$(12):(21),(12):(3),(36):(8),(36):(4)$$

由商理想的定义立刻得知

$$A\subseteq (A:B),(A:B)B\subseteq A$$

进一步可证以下诸等式

(1) $(A:B):C=A:CB$.

(2) $A:(B+C)=(A:B)\cap(A:C)$, $A:B=A:(A+B)$.

(3) $(A\cap B):C=(A:C)\cap(B:C)$.

(4)若 R 是有单位元的交换环,当 $A+B=R$ 时必有 $A:B=A$, $B:A=B$. 事实上,由

$$A\subseteq A:B=A:(A+B)=A:R\subseteq A$$

(最后一个包含式是由 R 有单位元得到的)即得 $A:B=A$.

题 12　设 A,B,C 是环 R 的理想,证明

(1)当 $B\subseteq A$ 时必有 $A:B=R$.

(2)当 $C\subseteq B$ 时必有 $C:A\subseteq B:A$, $A:B\subseteq A:C$.

(3)以下三个关系式两两等价

① $A:B=A$, $A:C=A$.

② $A:BC=A$.

③ $A:(B\cap C)=A$.

§7　商　环

同态定理　设 I 是环 R 的理想,则加法商群

$$R/I=\{\bar{a}=a+I\mid a\in R\}$$

关于单值运算

$$\bar{a}+\bar{b}=\overline{a+b},\bar{a}\cdot\bar{b}=\overline{ab}$$

成环,称为 ***R* 模 *I* 的商环**,并称 $a\xrightarrow{\nu}\bar{a}$ 为**自然同态**.

定理 1(环的同态定理)　(1)对环 R 的任一理想 I 必有 $R\xrightarrow{\nu}R/I$.

(2)设环 $R\overset{\varphi}{\sim}R'$,则此同态 φ 的核

$$I=\{a\mid a\in R,\varphi(a)=0'\}$$

必是环 R 的理想,且 $R/I\overset{\varphi^*}{\cong}R'$,这里 $\varphi^*(\bar{a})=\varphi(a)$,且满足 $\varphi=\varphi^*\nu$.

题 1　设环 $R\overset{\varphi}{\sim}R'$, S' 是 R' 的子集, $S=\varphi^{-1}(S')$,证明

(1) S 是 R 的子环(理想)$\Leftrightarrow S'$ 是 R' 的子环(理想).

(2)当 S' 是 R' 的理想时,有 $R/S\cong R'/S'$.

例 1　设 R 是整数环 $\mathbf{Z}$ 的同态象, $\mathbf{Z}\overset{\varphi}{\sim}R$. 证明 R 的每个子环 S 必是理想.

证 记 $M=\varphi^{-1}(S)$. 由 S 是 R 的子环知 M 是 $\mathbf{Z}$ 的子环. 易见,$\mathbf{Z}$ 的子环必是理想,故由 M 是 $\mathbf{Z}$ 的理想即知 S 是 R 的理想. 证毕

题 2 设环 $R\overset{\varphi}{\sim}R'$. 如果 R 是单环,且 $|R'|\geqslant 2$,则 φ 是同构,R' 也是单环. 故单环的非零同态象必为同构象.

题 3 证明 $M_2(\mathbf{E})$ 是 $M_2(\mathbf{Z})$ 的理想,且写出商环 $M_2(\mathbf{Z})/M_2(\mathbf{E})$ 的一个完全代表系.(提示:共含 16 个元素.)

例 2 在整数环中,设 $m=rs$,证明 $(r)/(m)$ 是 $\mathbf{Z}/(m)$ 的理想,且

$$(\mathbf{Z}/(m))/((r)/(m))\cong\mathbf{Z}/(r)$$

证 据 (r) 是 $\mathbf{Z}$ 的理想可直接验证 $(r)/(m)$ 是 $\mathbf{Z}/(m)$ 的理想. 由

$$\mathbf{Z}\overset{\varphi}{\sim}\mathbf{Z}/(m)\overset{\psi}{\sim}(\mathbf{Z}/(m))/((r)/(m))$$

且同态 $\psi\varphi$ 的核恰为 (r),应用同态定理即得所需同构式. 证毕

当然,也可直接验证以下两个商环之间的同态

$$\mathbf{Z}/(m)\overset{\psi}{\sim}\mathbf{Z}/(r),\text{其中 } z+(m)\xrightarrow{\psi}z+(r)$$

且核为

$$\{z+(m)\mid z+(r)=(r)\}=\{z+(m)\mid z\in(r)\}=(r)/(m)$$

再由同态定理也可证得所需同构式.

多项式环的结构

定理 2 设 $\widetilde{R}$ 是有单位元 1 的环,R 是 $\widetilde{R}$ 的交换子环,且 $1\in R$,$x\in C(R)$ 是 R 上任一超越元. 任取 $\alpha\in C(R)$. 这里,$C(R)$ 是 R 在 $\widetilde{R}$ 中的中心化子,则

(1) $R[x]\overset{\varphi}{\sim}R[\alpha]$,其中

$$f(x)=\sum_{i=0}^{n}a_ix^i\xrightarrow{\varphi}\sum_{i=0}^{n}a_i\alpha^i=f(\alpha)$$

(2) 若 α 也是 R 上超越元,则 $R[x]\overset{\varphi}{\cong}R[\alpha]$.

(3) 若 α 是 R 上代数元. 如果 α 在 R 上的最小多项式 $g(x)$ 的首项系数为 R 中可逆元,则

$$R[x]/(g(x))\overset{\varphi^*}{\cong}R[\alpha]$$

证 (1) 由 x 是 R 上超越元知 φ 为单值映射,其余结论显然.

(2) 此时,φ 的核为 $\{0\}$,故 φ 为同构.

(3) 仅需证明 φ 的核 $K=(g(x))$. 首先,由 $R[x]$ 是有单位元交换环知主理想

$$(g(x))=\{h(x)g(x)\mid h(x)\in R[x]\}$$

故由 $g(\alpha)=0$ 知 $(g(x))\subseteq K$. 反之,任取 $f(x)\in K$. 据带余除法(§5 定理 2)有

$$f(x)=q(x)g(x)+r(x),r(x)=0 \text{ 或 } \deg r(x)<\deg g(x)$$

因为 R 是有单位元交换环,以 $x=\alpha$ 代入上式得

$$f(\alpha)=q(\alpha)g(\alpha)+r(\alpha)$$

由 $f(\alpha)=g(\alpha)=0$ 得 $r(\alpha)=0$,故必有 $r(x)=0$, $f(x)\in(g(x))$. 于是证得 $K=(g(x))$. 证毕

题 4 举例说明 $R[x]$ 能与它的无限多个真子环同构.

题 5 设 F 是域,证明 $F[x]\overset{\varphi}{\sim}F$,且求出 φ 的核.

极大理想 极大理想与素理想是两类很重要的理想,它们可用来判别对应的商环是不是单环,整环和域.

环 R 的理想 I 称为**极大理想**,如果 $I\subset R$,且不存在 R 的理想 A 满足 $I\subset A\subset R$.

例 3 对任一素数 p,主理想 (p) 必是 $\mathbf{Z}$ 的极大理想. 事实上,如果 $\mathbf{Z}$ 的某个理想 $A\supset(p)$,则存在 $a\in A$ 使 $(a,p)=1$,于是 $1=sp+ta\in A$, $A=\mathbf{Z}$.

由单环定义知,环 R 是单环$\Leftrightarrow$零理想是 R 的极大理想.

定理 3 设 I 是环 R 的理想,且 $I\subset R$,则 R/I 是单环$\Leftrightarrow I$ 是 R 的极大理想.

证 利用 R 到 R/I 的自然同态 $r\xrightarrow{\nu}\bar{r}$ 可证 R 的理想 A 满足 $I\subset A\subset R\Leftrightarrow\{\bar{0}\}\neq\bar{A}\subset R/I$,这里, $\bar{A}=\nu(A)$, $A=\nu^{-1}(\bar{A})$,由此即可得证. 证毕

根据有单位元的交换单环必是域这一事实即得

推论 设 R 是有单位元交换环,理想 $I\subset R$,则 R/I 是域$\Leftrightarrow I$ 是 R 的极大理想.

注意:这里对环 R 所提的两个要求缺一不可! 例如,(4)是偶数环 $\mathbf{E}$ 的极大理想,但 $\mathbf{E}/(4)=\{\bar{0},\bar{2}\}$ 不是域. 又如,在体 K 上的全矩阵环 $M_n(K)$ 中,零理想是唯一的极大理想,但 $M_n(K)/\{0\}=M_n(K)$ 不是域.

例 4 设 F 是域,则由 $F[x]/(x)\cong F$ 为域知 (x) 是 $F[x]$ 的极大理想. 若 p 是素数,则由 (p) 是 $\mathbf{Z}$ 的极大理想知 $\mathbf{Z}/(p)$ 为域.

题 6 设 F 为域, $p(x)$ 是 $F[x]$ 中不可约多项式,证明 $(p(x))$ 是 $F[x]$ 的极大理想,因而 $F[x]/(p(x))$ 是域.

例 5 证明 (n,x) 是 $\mathbf{Z}[x]$ 的极大理想$\Leftrightarrow n$ 是素数. 事实上, (n,x) 由所有常数项被 n 整除的整系数多项式组成. 若 $n=n_1n_2$, $n_1,n_2>1$,则由

$$(n,x)\subset(n_1,x)\subset\mathbf{Z}[x]$$

知, (n,x) 不是 $\mathbf{Z}[x]$ 的极大理想. 反之,若 $n=p$ 为素数,如果有 $(p,x)\subset N\subseteq\mathbf{Z}[x]$,则存在 $f(x)\in N$, $p\nmid f(0)$,必有 $(p,f(0))=1$. 可设 $f(x)=xg(x)+f(0)$,则由

$$1=up+vf(0)=up+v(f(x)-xg(x))\in N$$

知理想 $N=\mathbf{Z}[x]$,故 (p,x) 为 $\mathbf{Z}[x]$ 的极大理想.

另外,也可根据同态关系式

$$\mathbf{Z}[x]\overset{\varphi}{\sim}\mathbf{Z}\overset{\nu}{\sim}\mathbf{Z}/(n)$$

和同态 $\nu\varphi$ 的核恰为(n,x)知

$$\mathbf{Z}[x]/(n,x)\cong\mathbf{Z}/(n)$$

这里 $\varphi(f(x))=f(0)$ 为 $f(x)$ 的常数项,故(n,x)是 $\mathbf{Z}[x]$ 的极大理想$\Leftrightarrow\mathbf{Z}/(n)$是单环$\Leftrightarrow\mathbf{Z}/(n)$是域$\Leftrightarrow n$ 为素数.

素理想

素数 p 有如下性质(称为素性):由 $p|ab$ 必可推出 $p|a$ 或 $p|b$,即由 $ab\in(p)$ 必可推出 $a\in(p)$ 或 $b\in(p)$. 我们可将这种性质推广到交换环的某些理想上去.

设 R 是交换环. 称 R 的理想 I 为**素理想**,如果对任意 $a,b\in R$,由 $ab\in I$ 必可推出 $a\in I$ 或 $b\in I$. 因此,对任一素数 p,(p)是 $\mathbf{Z}$ 的素理想,也是极大理想.

由素理想定义易见,在任一交换环 R 中,理想 I 是素理想$\Leftrightarrow R/I$ 是无零因子环. 根据任一有单位元的交换单环必是域这一事实知道,在任一有单位元的交换环中,任一极大理想必是素理想. 不过,要注意以下两点:

(1)素理想未必为极大理想. 例如,$\{0\}$是 $\mathbf{Z}$ 中素理想,但不是极大理想. 又如,(x)是 $\mathbf{Z}[x]$ 中素理想,但却有$(x)\subset(2,x)\subset\mathbf{Z}[x]$.

(2)在一般交换环中,极大理想未必是素理想. 例如,(4)是偶数环 $\mathbf{E}$ 中极大理想,但 $\mathbf{E}/(4)=\{\bar{0},\bar{2}\}$ 中却有零因子 $\bar{2}$.

例 6　设 R 是交换环. 如果 $R=R^2$,则 R 的任一极大理想 N 必是素理想.

证　任取 $a,b\in R\backslash N$,则由 N 为极大理想知

$$(N,a)=(N,b)=R$$

于是由

$$R=R^2=(N,a)(N,b)\subseteq(N,ab)\subseteq R$$

知$(N,ab)=R$. 这说明 $ab\notin N$. 因此,N 是素理想. 【证毕】

另外一种证法是:由条件知 R/N 是交换单环,且由 $R^2=R$ 知$(R/N)^2=R/N$ 不是零环. 这说明 R/N 不是素数元幂零元环. 因此,据§6 定理1 知 R/N 为域,N 是素理想.

题 7　设 I 是环 R 的理想,$Q=R\backslash I$,证明 I 是素理想$\Leftrightarrow Q$ 关于 R 中乘法成半群.

题 8　考虑 $\mathbf{Z}[\mathrm{i}]=\{a+b\mathrm{i}|a,b\in\mathbf{Z}\}$. 写出 $\mathbf{Z}[\mathrm{i}]$的理想$(1+\mathrm{i})$和商环 $\mathbf{Z}[\mathrm{i}]/(1+\mathrm{i})$中元素表达式,并证明此商环是域,因而,$(1+\mathrm{i})$是 $\mathbf{Z}[\mathrm{i}]$ 的极大理想和素理想.(答:$(1+\mathrm{i})=\{a+b\mathrm{i}|a$ 与 b 的奇偶性相同$\}$. $\mathbf{Z}[\mathrm{i}]/(1+\mathrm{i})=\{\bar{0},\bar{1}\}$.)

§8　唯一分解环

既约元与素元　在本节中总设 I 是整环,因此,消去律在 I 中恒成立. 记 U 为 I 的可逆元素群. 称 $a,b\in I$ 是**相伴**的,如果存在 $\varepsilon\in U$,使 $b=\varepsilon a$,记为 $a\sim b$. 易见,$\sim$ 是一个等价关系,且

$$a\sim b\Leftrightarrow a\mid b \text{ 且 } b\mid a\Leftrightarrow (a)=(b)$$

0 的相伴元是 0. 如果元素 a 在 I 中有分解式 $a=bc$,则称 b 和 c 是 a 的因子,记为 $b\mid a,c\mid a$. 0 是且仅是 0 的因子. 易见,任一 $\varepsilon\in U$ 和 εa 都是 a 的因子,我们称它们是 a 的平凡因子. a 的非平凡因子称为 a 的**真因子**.

设 $p\in I^*,p\notin U$. 如果 p 无真因子,则称 p 为**既约元**. 如果由 $p\mid ab$ 必可推出 $p\mid a$ 或 $p\mid b$,则称 p 为**素元**. 易证

$$p \text{ 为既约元}\Leftrightarrow \text{当 } p=ab \text{ 时必有 } a\in U \text{ 或 } b\in U$$
$$p \text{ 为素元}\Leftrightarrow (p) \text{ 为素理想}$$

既约元的相伴元必为既约元. 素元的相伴元必为素元. 在整数环中既约元与素元是一致的,即为素数.

例 1　在任一整环中,素元必是既约元. 事实上,设 p 为素元. 如果 $p=ab$,则必有 $p\mid ab$,故 $p\mid a$ 或 $p\mid b$. 但已知 $a\mid p$ 且 $b\mid p$,故 $p\sim a$ 或 $p\sim b$. 因此由 $p=ab$ 即知 $b\in U$ 或 $a\in U$,p 为既约元.

但是,反之不然,既约元未必是素元. 例如,在整环

$$R=\mathbf{Z}[\sqrt{-5}]=\{a=a+b\sqrt{-5}\mid a,b\in\mathbf{Z}\}$$

中 3 是既约元. 这是因为在 3 的任一分解式

$$3=(a+b\sqrt{-5})(c+d\sqrt{-5})$$

中必有 $b=d=0,c=\pm1$ 或 $a=\pm1$,即或 $a+b\sqrt{-5}$ 可逆,或 $c+d\sqrt{-5}$ 可逆. 所以 3 是既约元. 然而,由

$$3\mid(2+\sqrt{-5})(2-\sqrt{-5})=9,3\nmid(2\pm\sqrt{-5})$$

知 3 不是素元.

例 2　证明 7 是 Gauss 整数环 $\mathbf{Z}[\mathrm{i}]$ 中既约元,且主理想(7)为极大理想,因而为素理想.

证　设 $7=(a+b\mathrm{i})(c+d\mathrm{i})$. 取模得 $49=(a^2+b^2)(c^2+d^2)$. 因为对任何 $x,y\in\mathbf{Z},x^2+y^2\neq7$,所以必有 $a^2+b^2=1$ 或 $c^2+d^2=1$,即 $a+b\mathrm{i}$ 或 $c+d\mathrm{i}$ 为可逆元(见本节例 3),故 7 为既约元.

以下我们分三步证明(7)是极大理想.

(1)证明在整数环 $\mathbf{Z}$ 中,$7\mid(a^2+b^2)\Leftrightarrow 7\mid a$ 且 $7\mid b$. 充分性显然,现证必要性. 设 $7\mid(a^2+b^2)$,由 7 是 $\mathbf{Z}$ 中素数知

$$7\mid a \text{ 且 } 7\mid b \text{ 或 } 7\nmid a \text{ 且 } 7\nmid b$$

如果 $7\nmid a$ 且 $7\nmid b$,则用带余除法可设 $a=7x+r,1\leqslant r\leqslant 6$,有

$$a^2\equiv 49x^2+14rx+r^2\equiv r^2 \pmod 7$$

对应于 r 的六种可能值,容易得知

$$a^2\equiv 1 \text{ 或 } 2 \text{ 或 } 4 \pmod 7$$

同理,由 $7\nmid b$ 知

$$b^2\equiv 1 \text{ 或 } 2 \text{ 或 } 4 \pmod 7$$

所以必有 $a^2+b^2\not\equiv 0 \pmod 7$,矛盾,故必有 $7\mid a$ 且 $7\mid b$.

(2)证明在 $\mathbf{Z}[\mathrm{i}]$ 中,$\alpha=a+b\mathrm{i}\in(7)\Leftrightarrow 7\mid(a^2+b^2)$. 事实上,如果 $\alpha=7(x+y\mathrm{i})$,则 $|\alpha|^2=49(x^2+y^2)$,必有 $7\mid(a^2+b^2)$. 如果 $7\mid(a^2+b^2)$,则 $7\mid a$ 且 $7\mid b$,所以 $\alpha=7(x+y\mathrm{i})\in(7)$.

(3)证明(7)是 $\mathbf{Z}[\mathrm{i}]$ 中极大理想. 设某理想 A 满足

$$(7)\subset A\subseteq \mathbf{Z}[\mathrm{i}]$$

任取 $\alpha=a+b\mathrm{i}\in A\setminus(7)$. 则 $\alpha\notin(7)$,$7\nmid(a^2+b^2)$,可设

$$a^2+b^2\equiv c \pmod 7,1\leqslant c\leqslant 6$$

于是由

$$c=7z+(a^2+b^2)=7z+(a+b\mathrm{i})(a-b\mathrm{i})\in A$$

和 $(7,c)=1$ 知 $1\in A,A=\mathbf{Z}[\mathrm{i}]$. 证毕

因为 7 是 $\mathbf{Z}[\mathrm{i}]$ 中既约元,所以用本节定理 4 可直接推得(7)是 $\mathbf{Z}[\mathrm{i}]$ 中的极大理想和素理想.

题 1 确定整环

$$I=\left\{\frac{m}{2^n}\,\middle|\, m\in\mathbf{Z},n \text{ 是非负整数}\right\}$$

中所有可逆元和既约元.(提示:可逆元为 $\pm 2^l,l\in\mathbf{Z}$. 既约元为 $\pm 2^l p,p$ 为奇素数,$l\in\mathbf{Z}$.)

唯一分解环 称 $a\in I$ 在 I 中有唯一分解,或称 a 是**唯一分解元**,如果

(1)存在既约元 $p_1,p_2,\cdots,p_r$ 使 $a=p_1p_2\cdots p_r$;

(2)若另有既约元分解式 $a=q_1q_2\cdots q_s$,则必有 $r=s$ 且可适当调整下标使 $p_i\sim q_i,i=1,2,\cdots,r$.

易见,零元和可逆元一定不是唯一分解元.

称整环 I 是**唯一分解环**,如果 I 中任一非零非可逆元都是唯一分解元.

例如,整数环和数域上的多项式环都是唯一分解环. 任意域也可认为是唯一分解环,因为它没有非零非可逆元.

例3　取定自然数 m,考虑整环

$$R=\mathbf{Z}[\sqrt{-m}]=\{a+b\sqrt{-m}\mid a,b\in\mathbf{Z}\}$$

易见,对 $\alpha=a+b\sqrt{-m}$ 的模 $|\alpha|^2=\alpha\bar{\alpha}=a^2+mb^2$,有等式

$$|\alpha\beta|^2=\alpha\beta\,\overline{\alpha\beta}=|\alpha|^2|\beta|^2$$

则由

$$\alpha\text{ 为可逆元}\Rightarrow\text{存在 }\beta\in R\text{ 使 }\alpha\beta=1\Rightarrow|\alpha|^2|\beta|^2=1$$
$$\Rightarrow|\alpha|^2=\alpha\bar{\alpha}=1\Rightarrow\alpha\text{ 为可逆元}$$

知 α 为 R 中可逆元 $\Leftrightarrow|\alpha|^2=1$.

这个结论对任何自然数 m 都成立. 因此,$\mathbf{Z}[\mathrm{i}]$ 的可逆元素群 $U=\{\pm1,\pm\mathrm{i}\}$ 为4阶循环群 $\langle\mathrm{i}\rangle=\langle-\mathrm{i}\rangle$.

例4　$R=\mathbf{Z}[\sqrt{-3}]$ 不是唯一分解环,首先对 $\alpha=a+b\sqrt{-3}$ 有 $|\alpha|^2=a^2+3b^2=1\Leftrightarrow\alpha=\pm1$,故 $U=\{\pm1\}$. 其次,若 $|\alpha|=2$,则 α 必为既约元. 事实上,设 $\alpha=\beta\gamma$,则 $|\alpha|^2=|\beta|^2|\gamma|^2=4$. 因为,对任何 $x,y\in\mathbf{Z}$,必有 $x^2+3y^2\neq2$,所以必有 $|\beta|^2=1$ 或 $|\gamma|^2=1$,即 β 或 γ 为可逆元. 故 α 为既约元. 据此知2和 $1\pm\sqrt{-3}$ 都是既约元. 最后,由

$$4=2\times2=(1+\sqrt{-3})(1-\sqrt{-3})$$

知4不是唯一分解元,故 R 不是唯一分解环.

题2　问5是否为 Gauss 整数环 $\mathbf{Z}[\mathrm{i}]$ 中既约元?素元?唯一分解元?(答:不是既约元,是唯一分解元.)

这一事实提醒我们:$\mathbf{Z}$ 中素数(即既约元)未必是 $\mathbf{Z}[\mathrm{i}]$ 中既约元,因而未必是 $\mathbf{Z}[\mathrm{i}]$ 中素元.

如何判定整环 I 是唯一分解环?

定理1　整环 I 是唯一分解环 $\Leftrightarrow I$ 中任一非零非可逆元都有既约元分解式,且 I 中任一既约元都是素元.

证　$\Rightarrow$:任取既约元 p. 设 $p\mid ab$,既 $ab=pc$. 且可设 a 和 b 都是非零非可逆元,则 c 也是非零非可逆元. 因此,$ab=pc$ 有既约元分解式

$$(q_1\cdots q_r)(q_1'\cdots q_s')=p(p_1\cdots p_t)$$

其中 $a=q_1\cdots q_r,b=q_1'\cdots q_s'$,为 a 和 b 的既约元分解式. 由分解式的唯一性知必存在某个 i 或 j 使 $p\sim q_i$,或 $p\sim q_j'$,故 $p\mid a$ 或 $p\mid b$,p 为素元.

$\Leftarrow$:仅需证明既约元分解式的唯一性,设

$$a=p_1\cdots p_r=q_1\cdots q_s$$

为 a 的两个既约元分解式. 对 r 施行归纳法. 对 $r=1$ 结论显然. 假设对小于 r 的情形,结论正确,则由既约元 p_r 为素元可设 $p_r\mid q_s$,但 q_s 也为既约元,所以必有 $p_r=\varepsilon_r q_s,\varepsilon_r\in U$. 代入上式并消去 q_s,再应用归纳假设知 $r=s,p_i=\varepsilon_i q_i,\varepsilon_i\in U,i=1,$

$2,\cdots,r$. 即分解式唯一. 证毕

唯一分解环 I 上的多项式环 $I[x]$ 必是唯一分解环，因此，$I[x_1,x_2,\cdots,x_n]$ 必是唯一分解环.

最高公因子 与整数环一样，在唯一分解环中可定义元素组的最高公因子.

定理2 设 I 是唯一分解环，则对任意 $a_1,a_2,\cdots,a_n\in I$，必存在 $d\in I$ 满足

(1) $d|a_i,i=1,2,\cdots,n$.

(2) 对任一满足 $c|a_i,i=1,2,\cdots,n$ 的 $c\in I$ 必有 $c|d$.

称 d 为 $a_1,a_2,\cdots,a_n$ 的**最高公因子**，记为 $d=(a_1,a_2,\cdots,a_n)$.

最高公因子在相伴意义下唯一.

特别，当 $d=(a_1,a_2,\cdots,a_n)$ 为 I 中可逆元时，称 $a_1,a_2,\cdots,a_n$ 是**互素**的.

例5 设在唯一分解环 I 中有 $a_i=db_i,i=1,2,\cdots,n$，证明 $b_1,b_2,\cdots,b_n$ 互素 $\Leftrightarrow d=(a_1,a_2,\cdots,a_n)$.

证 $\Rightarrow$：任取 $d'=(a_1,a_2,\cdots,a_n)$. 由条件 d 整除所有 a_i 知 d 整除 d'，可设 $d'=dc$. 由

$$db_i=a_i=d'a_i'=dca_i'$$

知 $c|b_i,i=1,2,\cdots,n$. 由 $b_1,b_2,\cdots,b_n$ 互素知 c 为可逆元，故 $d\sim d'$，即

$$d=(a_1,a_2,\cdots,a_n)$$

$\Leftarrow$：若 $c|b_i,i=1,2,\cdots,n$. 则 $dc|db_i,dc|a_i,i=1,2,\cdots,n$，必有 $dc|d$，c 为可逆元，故 $b_1,b_2,\cdots,b_n$ 互素. 证毕

主理想环 每个理想都是主理想的整环称为**主理想环**. 易证整数环 $\mathbf{Z}$ 和域 F 都是主理想环. 但 $\mathbf{Z}[x]$ 不是主理想环，例如，$(2,x)$ 就不是主理想.

定理3 设 I 是整环，则 $I[x]$ 是主理想环 $\Leftrightarrow I$ 是域.

证 $\Rightarrow$：设 $I[x]$ 是主理想环. 任取 $a\in I^*$，则存在 $f(x)\in I[x]$ 使 $(a,x)=(f(x))$. 由 $f(x)|a$ 和 $f(x)|x$ 知 $f(x)$ 必为 I 中可逆元，所以 $(a,x)=(1)$，$1=au(x)+xv(x)$. 比较两端的常数项即知 a 为 I 中可逆元.

$\Leftarrow$：设 I 是域，任取 $I[x]$ 的理想 A. 设 $g(x)$ 是 A 中次数最低的多项式. 由带余除法（见§5定理2）知，任一 $f(x)\in A$，必有 $f(x)=q(x)g(x)+r(x)$，这里 $r(x)=0$ 或 $\deg r(x)<\deg g(x)$. 由 $r(x)=f(x)-q(x)g(x)\in A$ 知 $r(x)=0$，所以 $A=(g(x))$. $I[x]$ 为主理想环. 证毕

题3 设 F 是域，说明 $F[x,y]$ 是唯一分解环，但不是主理想环.（提示：用定理3.）

定理4 设 I 是主理想环，p 是 I 中非零非可逆元，则 p 是既约元 $\Leftrightarrow (p)$ 是 I 中极大理想 $\Leftrightarrow I/(p)$ 是域.

证 $\Rightarrow$：设 p 是既约元. 如果存在 I 的理想（必是主理想）(a) 合于 $(p)\subseteq(a)\subseteq$

I,则 a 是既约元 p 的因子,必为平凡因子. 若 a 为可逆元,则 $(a)=I$;若 $a\sim p$,则 $(a)=(p)$,故 (p) 为极大理想.

$\Leftarrow$:若 p 有真因子 a,则必有 $(p)\subset(a)\subset I$,故 (p) 不是 I 的极大理想.

由有单位元的交换单环必是域即知第二个充要条件为真. 证毕

题 4 证明 x^2+1 是 $\mathbf{Z}[x]$ 中既约元,但 $\mathbf{Z}[x]/(x^2+1)$ 不是域.(提示:因为 $\mathbf{Z}[\mathrm{i}]$ 不是域.)

例 6 设 I 是主理想环. 如果存在元素序列 $a_1,a_2,\cdots$,其中每个 a_i 是 a_{i-1} 的真因子,则它必是有限序列.

证 由条件可得到一个主理想升链

$$(a_1)\subseteq(a_2)\subseteq\cdots\subseteq(a_n)\subseteq(a_{n+1})\subseteq\cdots$$

容易验证 $A=\bigcup\limits_{i=1}^{\infty}(a_i)$ 必是 I 的理想,故必为主理想 $A=(d)$. 设 (a_n) 是上述升链中含 d 的最小理想,则由

$$a_{n+1}\in(a_{n+1})\subseteq A=(d)\subseteq(a_n)$$

知 $a_n\mid a_{n+1}$,故 $a_n\sim a_{n+1}$,$A=(a_n)$. 证毕

定理 5 主理想环 I 必是唯一分解环.

证 验证定理 1 中两个条件.

(1)任取 $a\in I^*$,$a\notin U$. 如果 a 不是既约元,则由例 6 所证知必有 $a=p_1b$,其中 p_1 为既约元. 对 b 重复讨论,即可得 a 的既约元分解式.

(2)设 p 是 I 的既约元. 若 $p\mid ab$,则 $ab\in(p)$. 在 $I/(p)$ 中 $\overline{ab}=\bar{a}\,\bar{b}=\bar{0}$. 因为 p 是主理想环 I 中既约元,由定理 4 知 $I/(p)$ 是域,必有 $\bar{a}=\bar{0}$ 或 $\bar{b}=\bar{0}$,即 $p\mid a$ 或 $p\mid b$,故 p 为素元. 证毕

例 7* 证明 $\mathbf{Z}[\sqrt{10}]=\{a+b\sqrt{10}\mid a,b\in\mathbf{Z}\}$ 不是主理想环. 我们给出以下两种典型证法.

一法 设 $\mathbf{Z}[\sqrt{10}]$ 是主理想环,则必存在 $a,b\in\mathbf{Z}$ 使

$$(2,\sqrt{10})=(a+b\sqrt{10})$$

由 $2(a+b\sqrt{10})(x_1+x_2\sqrt{10})$ 和 $\sqrt{10}=(a+b\sqrt{10})(y_1+y_2\sqrt{10})$ 得

$$\begin{cases}ax_1+10bx_2=2\\bx_1+ax_2=0\end{cases},\quad\begin{cases}ay_1+10by_2=0\\by_1+ay_2=1\end{cases}$$

由 $by_1+ay_2=1$ 知 a 与 b 互素. 记 $\delta=a^2-10b^2$,可解得

$$x_1=\frac{2a}{\delta},x_2=-\frac{2b}{\delta},y_1=-\frac{10b}{\delta},y_2=\frac{a}{\delta}$$

如果 δ 为偶数,则 $\dfrac{\delta}{2}$ 整除 a 和 b. 由 $(a,b)=1$ 知 $\delta=\pm2$,即 $a^2=10b^2\pm2$. 但满

足这两个等式的整数 a 和 b 是不存在的.

如果 δ 为奇数,则由 $\delta|2a$ 和 $\delta|2b$ 知 $\delta|a$ 和 $\delta|b$,必有 $\delta=a^2-10b^2=\pm1$. 由生成理想的定义知$(2,\sqrt{10})$中元素必为

$$2(u_1+u_2\sqrt{10})+\sqrt{10}(v_1+v_2\sqrt{10})$$
$$=(2u_1+10v_2)+\sqrt{10}(2u_2+v_1)$$

故上述 a 必为偶数,因此 $\delta=a^2-10b^2=\pm1$ 也是不可能的. 这说明$(2,\sqrt{10})$不是主理想,矛盾.

二法　证明 $\mathbf{Z}[\sqrt{10}]$不是唯一分解环. 可设

$$3=(a+b\sqrt{10})(c+d\sqrt{10})=(a-b\sqrt{10})(c-d\sqrt{10})$$

于是,$9=(a^2-10b^2)(c^2-10d^2)$. 由于对任何 $x,y\in\mathbf{Z}$,$x^2-10y^2\neq\pm3$,所以必有 $a^2-10b^2=\pm1$或 $c^2-10d^2=\pm1$,即

$$(a+b\sqrt{10})(a-b\sqrt{10})=\pm1\ \text{或}(c+d\sqrt{10})(c-d\sqrt{10})=\pm1$$

这说明 $a+b\sqrt{10}$或 $c+d\sqrt{10}$为可逆元,故 3 是既约元. 同理可证 $\pm\sqrt{10}-1$ 也是既约元. 再由

$$9=3\times3=-(\sqrt{10}-1)(-\sqrt{10}-1)$$

即知 9 不是唯一分解元,故 $\mathbf{Z}[\sqrt{10}]$不是唯一分解环,当然不是主理想环.　证毕

关于元素组的最高公因子,在主理想环中具有与整数环相类似的性质.

定理 6　设 I 是主理想环,$a,b\in I$,则

(1)由 a 和 b 生成的理想$(a,b)=(d)\Leftrightarrow d=(a,b)$.

(2)对任一最高公因子 $d=(a,b)$必存在 $s,t\in I$ 使 $d=sa+tb$.

证　(1)$\Rightarrow$:由 $a,b\in(d)$知 $d|a$ 且 $d|b$,由 $d\in(a,b)$知 $d=sa+tb,s,t\in I$,所以对 a 和 b 的任一公因子 c 必有 $c|d$,故 $d=(a,b)$.

$\Leftarrow$:设 $d=(a,b)$. 因为 I 是主理想环,必存在 $d'\in I$ 使$(a,b)=(d')$,则 $d'=(a,b)$,因此,$d\sim d'$,$(a,b)=(d')=(d)$.

(2)由 $d=(a,b)$知$(a,b)=(d)$,$d\in(a,b)$,故 $d=sa+tb,s,t\in I$.　证毕

题 5　设 I 和 I_0 是两个主理想环,且 I_0 是 I 的子环,$a,b\in I_0$. 若 d 和 d_0 分别是 a,b 在 I 和 I_0 中的最高公因子,证明 d 和 d_0 必是 I 中的相伴元.(提示:应用定理 6 之(2).)

例 8　设 I 是主理想环. 取定 $a\in I$,证明

$$G=\{\bar{g}\,|\,\bar{g}\in I/(a),g\text{ 与 }a\text{ 互素}\}$$

关于环 $I/(a)$中乘法成群.

证　(1)任取 $\bar{g}_1,\bar{g}_2\in G$. 如果 g_1g_2 与 a 有非平凡的公因子,则由它们的既约元

分解式易知 g_1 或 g_2 与 a 有非平凡的公因子,这与已知矛盾,所以 $\bar{g}_1\bar{g}_2=\overline{g_1g_2}\in G$.

(2)任取 $\bar{g}\in G$,则 g 与 a 互素. 因为 I 是主理想环,必有 $(g,a)=(1)$. 故由 $1=rg+sa$ 知 $\bar{1}=\bar{r}\,\bar{g}$,故 $\bar{g}$ 为可逆元. 且由 r 与 a 必互素知 $\bar{r}=\bar{g}^{-1}\in G$. 证毕

欧氏环 设 I 是无零因子交换环. 如果能确定某个从 I^* 到非负整数集合内的映射 φ,满足:对任何 $a\in I,b\in I^*$,必存在 $q,r\in I$ 使 $a=qb+r$,这里 $r=0$ 或 $\varphi(r)<\varphi(b)$,则称 I 是**具范数** φ 的**欧氏环**. 注意,这里并不要求 $\varphi(r)=0\Leftrightarrow r=0$,也不要求 $\varphi(ab)=\varphi(a)\varphi(b)$.

例如,整数环是具范数 $\varphi(a)=|a|$ 的欧氏环. 域上多项式环是具范数 $\varphi(f(x))=\deg f(x)$ 的欧氏环.

例 9 Gauss 整数环 $\mathbf{Z}[\mathrm{i}]$ 必是欧氏环.

证 取 φ 为元素的模的平方:$\varphi(a+b\mathrm{i})=a^2+b^2$. 任取 $\alpha=a_1+a_2\mathrm{i},\beta=b_1+b_2\mathrm{i}$,且 $\beta\neq0$,则可设

$$\frac{\alpha}{\beta}=\frac{\alpha\bar{\beta}}{\beta\bar{\beta}}=r_1+r_2\mathrm{i},r_1,r_2\text{ 为有理数}$$

总可取 $c_1,c_2\in\mathbf{Z}$ 使 $|r_1-c_1|\leqslant\frac{1}{2},|r_2-c_2|\leqslant\frac{1}{2}$. 令 $\gamma=c_1+c_2\mathrm{i}\in\mathbf{Z}[\mathrm{i}]$. 于是取

$$\varepsilon=\frac{\alpha}{\beta}-\gamma=(r_1-c_1)+(r_2-c_2)\mathrm{i}$$

就有 $|\varepsilon|^2=(r_1-c_1)^2+(r_2-c_2)\leqslant\frac{1}{2}$,而对 $\delta=\beta\varepsilon=\alpha-\beta\varepsilon\in\mathbf{Z}[\mathrm{i}]$ 必有

$$\varphi(\delta)=\varphi(\beta\varepsilon)=|\beta\varepsilon|^2=|\beta|^2|\varepsilon|^2\leqslant\frac{1}{2}\varphi(\beta)<\varphi(\beta)$$

且 $\alpha=\beta\gamma+\delta$. 故 φ 确是范数. $\mathbf{Z}[\mathrm{i}]$ 是欧氏环. 证毕

题 6 证明如下环 R_1 和 R_2 都是欧氏环

$$R_1=\{a+b\sqrt{2}\,|\,a,b\in\mathbf{Z}\},R_2=\{a+b\sqrt{-2}\,|\,a,b\in\mathbf{Z}\}$$

例 10 证明如下环 R 是欧氏环

$$R=\{\frac{m+n\sqrt{-3}}{2}\,|\,m,n\in\mathbf{Z},m+n\in\mathbf{E}\}$$

证 设 φ 为元素的模的平方. 对 R 中元素 $\alpha=\dfrac{a+b\sqrt{-3}}{2}$ 和 $\beta=\dfrac{c+d\sqrt{-3}}{2}\neq0$ 可设

$$\frac{\alpha}{\beta}=r_1+r_2\sqrt{-3},r_1,r_2\text{ 为有理数}$$

取 $c_1,c_2\in\mathbf{Z}$ 使 $|r_1-c_1|\leqslant\frac{1}{2},|r_2-c_2|\leqslant\frac{1}{2}$. 令 $e_1=r_1-c_1,e_2=r_2-c_2$. 如果 $|e_1|=$

$|e_2| = \frac{1}{2}$，则必有 $\delta = r_1 + r_2\sqrt{-3} \in R$，且 $\alpha = \delta\beta$. 否则，或 $|e_1| < \frac{1}{2}$，或 $|e_2| < \frac{1}{2}$，有

$$\alpha = (r_1 + r_2\sqrt{-3})\beta = (c_1 + c_2\sqrt{-3})\beta + (e_1 + e_2\sqrt{-3})\beta = \delta\beta + \gamma$$

其中 $\delta = c_1 + c_2\sqrt{-3} \in R$，$\gamma = (e_1 + e_2\sqrt{-3})\beta = \alpha - \delta\beta \in R$，且

$$\varphi(\gamma) = (e_1^2 + 3e_2^2)\varphi(\beta) < \varphi(\beta)$$

故 R 是欧氏环. 证毕

定理 7　欧氏环 I 必有单位元，因而必是整环，而且必是主理想环和唯一分解环.

证　任取 I 的非零理想 A. 设 b 是 A^* 中某个具最小范数元，则对任一 $a \in A$，必存在 $q, r \in I$ 使 $a = qb + r$，而且由 $r = a - qb \in A$ 知 $r = 0$，于是

$$A = \{qb \mid q \in I\}$$

特别，对理想 I，必存在 $d \in I^*$ 使 $I = \{qd \mid q \in I\}$. 因此，必存在某元素 $e \in I$ 使 $d = ed$. 而对任一 $x = qd \in I$ 有 $ex = eqd = x$，故 I 有单位元 e，且 $A = (b)$. I 为主理想环.

证毕

由此可知，Gauss 整数环 $\mathbf{Z}[\mathrm{i}]$ 必是主理想环和唯一分解环.

*作为本章的结束，我们确定 $\mathbf{Z}[\mathrm{i}]$ 中所有既约元.

前已证明. $\mathbf{Z}[\mathrm{i}]$ 的可逆元素群 $U = \{\pm 1, \pm \mathrm{i}\}$，且 $\mathbf{Z}[\mathrm{i}]$ 中 $\alpha \in U \Leftrightarrow |\alpha|^2 = 1$. 任取 $\alpha = a + b\mathrm{i} \in \mathbf{Z}[\mathrm{i}]$. 区别以下两种可能性：

(1) $ab \neq 0$，此时可证：α 为既约元 $\Leftrightarrow a^2 + b^2$ 为 $\mathbf{Z}$ 中素数. 设 $|\alpha|^2 = a^2 + b^2 = p$ 为素数，而 $\alpha = \beta\gamma$，则由 $|\beta|^2|\gamma|^2 = p$ 知必有 $|\beta|^2 = 1$ 或 $|\gamma|^2 = 1$，即 $\beta \in U$ 或 $\gamma \in U$，故 α 必为既约元. 反之，设 α 为既约元. 考虑 $|\alpha|^2$ 在 $\mathbf{Z}$ 中的素数分解式

$$(a + b\mathrm{i})(a - b\mathrm{i}) = a^2 + b^2 = \prod_{j=1}^{s} p_j^{e_j}$$

因为 α 是唯一分解环 $\mathbf{Z}[\mathrm{i}]$ 中既约元，必是素元，因此，$\alpha = a + b\mathrm{i}$ 必在 $\mathbf{Z}[\mathrm{i}]$ 中整除某个 p_j，可设

$$p_j = (a + b\mathrm{i})(c + d\mathrm{i}) \in \mathbf{Z}$$

据此可解出

$$c = ka, d = -kb，其中\ k = \frac{p_j}{a^2 + b^2} \in \mathbf{Q}$$

设 a 和 b 在 Z 中的最大公因数为 $e = (a, b)$，则 $\alpha = e(a' + b'\mathrm{i})$. 由 α 为 $\mathbf{Z}[\mathrm{i}]$ 中既约元知 $e \in U$ 或 $a' + b'\mathrm{i} \in U$. 但据 $U = \{\pm 1, \pm \mathrm{i}\}$ 和 $a'b' \neq 0$ 知后者不可能，故 $e = \pm 1$，$(a, b) = 1$，存在 $u, v \in \mathbf{Z}$ 使 $ua + vb = 1$，于是

$$k = kua + kvb = cu - dv \in \mathbf{Z}$$

由 k 的定义知 $s = 1$，$e_1 = 1$，故 $a^2 + b^2 = p$ 为素数.

(2)$ab=0$,即 $\alpha=a$ 或 $a=b\mathrm{i}$. 因为既约元的相伴元必是既约元,而 $\mathrm{i}\in U$,所以仅需考虑 $\alpha\in\mathbf{Z}$ 何时是 $\mathbf{Z}[\mathrm{i}]$ 中既约元. 进一步,仅需考虑 Z 中素数 p 何时是 $\mathbf{Z}[\mathrm{i}]$ 中既约元. 可证:$\mathbf{Z}$ 中素数 p 为 $\mathbf{Z}[\mathrm{i}]$ 中既约元$\Leftrightarrow p$ 不能表为两个整数的平方和$\Leftrightarrow p$ 为 $4l+3$ 型素数,$l\in\mathbf{Z}$. 事实上,如果 $\mathbf{Z}$ 中素数 p 能表成两个整数的平方和

$$p=a^2+b^2=(a+b\mathrm{i})(a-b\mathrm{i})$$

则 $ab\neq0$,$a\pm b\mathrm{i}\notin U$,p 不是 $\mathbf{Z}[\mathrm{i}]$ 中既约元. 反之,如果 $\mathbf{Z}$ 中素数 p 不是 $\mathbf{Z}[\mathrm{i}]$ 中既约元,则可设

$$p=\alpha\beta,\text{其中 } \alpha=a+b\mathrm{i},\beta=c+d\mathrm{i}\notin U$$

同前可解得

$$c=ka,d=-kb,\text{其中 } k=\frac{p}{a^2+b^2}\in\mathbf{Q}$$

即 $p=k(a^2+b^2)$. 区别以下三种可能性:

①$a=0$,则 $c=0$,$p=-bd$. 由 p 为素数知 $b=\pm1$ 或 $d=\pm1$,这与 $\alpha,\beta\notin U$ 矛盾.

②$b=0$,则 $d=0$,$p=ac$,同理为不可能.

③$ab\neq0$,设

$$\delta=(a,b)=ua+vb,a=\delta a_1,b=\delta b_1$$

则

$$k\delta=kua+kvb=cu-dv\in\mathbf{Z}$$

$$p=k(a^2+b^2)=k\delta^2(a_1^2+b_1^2)$$

因为 p 为素数,必有 $k\delta^2=1$ 或 $a_1^2+b_1^2=1$. 但后者与 $ab\neq0$ 矛盾,所以 $k\delta^2=1$,$p=a_1^2+b_1^2$.

至此证得第一个充要条件. 至于第二个充要条件则是数论中的熟知结果.

证毕

例如,7 是 $\mathbf{Z}[\mathrm{i}]$ 中既约元,而 5 不是 $\mathbf{Z}[\mathrm{i}]$ 中既约元.

习　题　三

1. 设 R 是一个具有加法和乘法的代数系统. 如果满足

(1)R 关于加法成群,关于乘法成半群,且满足左、右配律;

(2)R 中存在左单位元 e,

证明 R 必是环. (提示:展开$(e+e)(a+b)$证明 $a+b=b+a$.)

2. 设 R 是定义在$(-\infty\ +\infty)$上的实函数全体,证明 R 关于通常的函数加法成交换群. 关于函数复合运算

$$(fg)(x)=f(g(x))$$

成幺半群,问 R 关于这两个运算是否成环?(提示:左分配律不成立.)

3. 设 G 是某个交换群,证明 G 中自同态全体 E 关于运算

$$(\sigma+\tau)(g)=\sigma(g)\tau(g),(\sigma\tau)(g)=\sigma(\tau(g))$$

成环,称为交换群 G 的自同态环.

4. 设 E 是交换群 G 的自同态环,H 是 G 的子群,证明

(1) $E_H=\{\sigma\mid\sigma\in E,\sigma(H)\subseteq H\}$ 是 E 的子环.

(2) $B_H=\{\sigma\mid\sigma\in E,\sigma(xH)\subseteq\sigma(x)H,\forall x\in G\}$ 是 E 的子环.(提示:直接验证减法和乘法的封闭性.)

5. 设 R 是有限交换环,R^* 中非零因子全体记为 G. 如果 $G\neq\varnothing$,证明 G 关于 R 中乘法成群.(提示:第二章 §1 定理 1.)

6. 设 R 是有单位元 1 的环. 如果 R 中存在右可逆元 $a\neq1$,证明必存在 $u,v\in R^*$ 使 $u+v=uv$.(提示:若 $ab=1$,取 $u=1-a,v=1-b$.)

7. 设 R 是有单位元 1 的环. 如果 $a,b\in R$ 为可逆元,且使 $ab-1$ 也是可逆元,证明 $ba-1,a-b^{-1}$ 和 $(a-b^{-1})^{-1}-a^{-1}$ 都是可逆元,并求出其逆元.(提示:化和差为乘积再求逆.)

8. 设 R 是有单位元 1 的环,试确定 R 上全矩阵环 $M_n(R)$ 的中心.(提示:$\{kI_n\mid k$ 为 R 的中心元素$\}$.)

9. 设 F 为体,$ab\neq ba$,验证

$$a=[b-(a-1)^{-1}b(a-1)][a^{-1}ba-(a-1)^{-1}b(a-1)]^{-1}$$

$$a=[1-(a-1)^{-1}b^{-1}(a-1)b][a^{-1}b^{-1}ab-(a-1)^{-1}b^{-1}(a-1)b]^{-1}$$

这分别说明 a 可用 b 的共轭元或换位子的加减乘除表示.

10. 设 H 为实四元数体,证明

(1) $H_0=\{q=a_0+a_1i+a_2j+a_3k\mid a_i\in\mathbf{Q}\}$ 是 H 的子体.

(2) $R_0=\{q=\frac{1}{2}(a_0+a_1i+a_2j+a_3k)\mid a_i$ 为四个奇偶性相同的整数$\}$ 是 H 的子环,但不是 H 的子体.

(3) $\widetilde{H}=\{q=a_0+a_1i+a_2j+a_3k\mid a_i$ 为复数$\}$ 关于类似于实四元数的加法和乘法成环,但不成体.

(4) H 是环 $\widetilde{H}$ 的子体.

11. 设 η 是集合 A 的一个变换,考虑 η 的驻定化子

$$F=\{a\mid a\in A,\eta(a)=a\}$$

(1) 若 A 是环,η 是环 A 到 A 内的同态,证明 F 是 A 的子环.

(2) 若 A 是体,η 是体 A 的自同态,证明 F 是 A 的子体.

12.* 设 σ 是环 R 到环 $\overline{R}$ 内的映射,满足以下条件

(1) $(a+b)^{\sigma}=a^{\sigma}+b^{\sigma}, \forall a,b\in R$;

(2) 对 $a,b\in R$,或有 $(ab)^{\sigma}=a^{\sigma}b^{\sigma}$ 或有 $(ab)^{\sigma}=b^{\sigma}a^{\sigma}$.

证明 σ 或者是同态,或者是反同态.

(提示:如果存在 $a,b\in R$,有 $(ab)^{\sigma}=a^{\sigma}b^{\sigma}$,则通过对 $a(b+c)=ab+ac$,求在 σ 之下的象. 可用反证法证明,对任何 $c\in R$ 必有 $(ac)^{\sigma}=a^{\sigma}c^{\sigma}$. 再利用 $(a+d)b=ab+db$ 证明,对任何 $d\in R$ 有 $(db)^{\sigma}=d^{\sigma}b^{\sigma}$. 因此,$\sigma$ 是同态,在另一种情形,类似可证 σ 是反同态.)

13. 证明任意满足消去律的交换半群 S 必可嵌入到某个交换群 G 之中. (提示: $G=\{(a,b)\mid a,b\in S\}$ 关于 $(a,b)=(c,d)\Leftrightarrow ad=bc$, $(a,b)(c,d)=(ac,bd)$ 成交换群. $H=\{(ab,b)\mid a,b\in S\}\cong S$.)

14. 证明 $M_n(R[x])\cong M_n(R)[x]$.

15. 设 $\mathbf{Z}$ 和 $\mathbf{E}$ 分别为整数环和偶数环.

(1) 分别在 $\mathbf{Z}$ 中和 $\mathbf{E}$ 中确定主理想 (2), (4) 和 (8).

(2) 写出 $\mathbf{E}/(4)$, $\mathbf{E}/(8)$ 和 $\mathbf{Z}/(4)$, $\mathbf{Z}/(8)$ 中元素.

(3) 确定 $R_1=\mathbf{Z}/(6)$ 和 $R_2=\mathbf{E}/(6)$ 的全部理想.

16. 确定 $\mathbf{Q}[x]$ 中主理想 $A=(x^2+1,x^5+x^3+1)$. (答: $A=\mathbf{Q}[x]$.)

17. 设 L 是环 R 的某个左理想,证明 L 的左零化子 N 必是 R 的理想.

18. 设 I 是交换环 R 的某个理想,证明

$$N=\{x\mid x\in R,\text{存在自然数 } n \text{ 使 } x^n\in I\}$$

是 R 的理想.

19. 设 I 是环 R 的理想. 如果 I 和 R/I 都是诣零环,证明 R 必是诣零环. (每个元素都是幂零元素.)

20. 设 I 是环 R 的理想. 如果 I 和 R/I 都是幂零环,证明 R 必是幂零环.

21. 设 R 是有单位元 e 的环, I 是 R 的理想, U 是 R 的可逆元素群,证明 $G=\{a\mid a\in U,a-e\in I\}$ 是 U 的正规子群.

22. 设 R 是有单位元 e 的环, I 是 R 的某个右理想,且 I 中任一元均为幂零元. 证明 R 的任一极大右理想 M 必包含 I. (提示:反证,由 $I+M=R$ 证明 $e\in M$.)

23. 设 R 是有单位元 e 的环. 如果 R 满足左理想降链条件,即任一左理想降链

$$L_1\supseteq L_2\supseteq\cdots\supseteq L_n\supseteq\cdots$$

必为有限长链,证明 $xy=e\Leftrightarrow yx=e$. (提示:设 $xy=e$,则必存在 n 使 $Rx^n=Rx^{n+1}$, $R=Rx$, x 为可逆元.)

24. 设 R 是定义在 $[0,1]$ 上实函数全体,证明

(1) R 关于运算

$$(f+g)(x)=f(x)+g(x),\ (fg)(x)=f(x)g(x)$$

成环.

(2)对[0,1]的任一子集 S,以下集合是 R 的理想

$$I_S=\{f(x)\mid f(x)\in R, f(x)=0, \forall x\in S\}$$

(3)取 $S=\left[0,\frac{1}{2}\right]$,$T=\left[\frac{1}{2},1\right]$,必有 $I_SI_T=I_S\cap I_T=\{0\}$.

25.* 证明环 $R=\left\{\begin{pmatrix} a & b \\ o & c\end{pmatrix}\ \middle|\ a,b,c\in\mathbf{Z}\right\}$的任一理想必为

$$N=\left\{\begin{pmatrix} (m) & (l) \\ 0 & (n)\end{pmatrix}\ \middle|\ m,n \text{ 和 } l \text{ 是取定整数满足 } l\mid(m,n)\right\}$$

(提示,任取理想 N. 证明

$$A=\{x\mid x\in\mathbf{Z},\text{存在}\begin{pmatrix} x & y \\ 0 & z\end{pmatrix}\in N\}=(m)$$

$$B=\{y\mid y\in\mathbf{Z},\text{存在}\begin{pmatrix} x & y \\ 0 & z\end{pmatrix}\in N\}=(l)$$

$$C=\{z\mid z\in\mathbf{Z},\text{存在}\begin{pmatrix} x & y \\ 0 & z\end{pmatrix}\in N\}=(n)$$

且 $(n)\subseteq(l)$,$(m)\subseteq(l)$,故必有 $l\mid(m,n)$. 反之,证明题中等式右端集合必是 R 的理想.)

26. 设 N 是交换环 R 的理想,$N\subset R$,证明 R/N 是域$\Leftrightarrow N$ 是 R 的极大理想,且由 $r^2\in N$,必可推出 $r\in N$, $\forall r\in R$.

27. 设 A 和 B 是环 R 的两个理想,且 $A\supseteq B$,证明 A/B 是 R/B 的理想,且

$$R/B/A/B\cong R/A$$

28. 设 A 和 B 是环 R 的两个理想,证明 $A+B$ 和 $A\cap B$ 也是 R 的理想,且

$$(A+B)/B\cong A/(A\cap B)$$

29. 设 A 和 B 是环 R 的两个诣零理想,证明 $A+B$ 也是 R 的诣零理想.(提示:利用题 28 和题 19.)

30. 证明环 R 的两个幂零理想之和必为幂零理想.

31. 设 R 是有单位元 1 的环,E 是 R 的加法群的自同态环,证明 R 必与 E 的某个子环同构.(提示:考虑 R 中的左乘变换集合 $L=\{x\xrightarrow{\tau_a}ax, \forall x\in R\mid a\in R\}$,证明 $a\longrightarrow\tau_a$是 R 到 E 内的同态单射.)

32. 设 I 是环 R 的理想,n 是某个自然数,证明

$$M_n(R)/M_n(I)\cong M_n(R/I)$$

33. 设 $\mathbf{Q}$ 是有理数域,问(x)是不是 $\mathbf{Q}[x]$中极大理想?(答:是.)

34. 证明(x)和$(2,x)$都是 $\mathbf{Z}[x]$中的素理想.

35. 设 A 是环 R 的理想,P 是 A 的素理想,证明 P 必是 R 的理想.(提示:利用§7 题 7,对 $P\subset A$ 用反证法.)

36. 设 n 为自然数,证明 $\mathbf{Z}/(n)$ 中有非零的幂零元$\Leftrightarrow$存在素数 p,使 p^2 整除 n.

37. 设 I 是有单位元 1 的环 R 的理想,$a,b\in R$,用同余式

$$a\equiv b(\bmod I)\text{表示 } a-b\in I$$

设 I_1 和 I_2 是环 R 的两个互素的理想:$I_1+I_2=R$,证明对任意 $a_1,a_2\in R$,必存在 $a\in R$ 使

$$a\equiv a_i(\bmod I_i),i=1,2$$

并把此结论推广到两个以上理想的情形.(提示:R 的单位元 $1=u_1+u_2,u_1\in I_1$,$u_2\in I_2$,则 $a=a_2u_1+a_1u_2$ 即为所求. 对两两互素的 n 个理想 $I_i,i=1,2,\cdots,n$,令

$$D_i=\prod_{\substack{k=1\\k\neq i}}^{n}I_k,i=1,2,\cdots,n$$

则必有 $I_i+D_i=R,u_i+d_i=1$,于是 $a=\sum\limits_{i=1}^{n}a_id_i\equiv a_i(\bmod I_i),i=1,2,\cdots,n.$)

38. 设 I_1 和 I_2 是有单位元 1 的环 R 的两个互素的理想,记 $I=I_1\cap I_2$,证明 $R/I\cong R/I_1\oplus R/I_2$.(提示:证明 $a\xrightarrow{\varphi}(a+I_1,a+I_2)$ 是 R 到 $R/I_1\oplus R/I_2$ 的环同态,核为 I,再用题 37 之结论证明 φ 是满射.)

39. 设 m 和 n 是两个互素的自然数,$\varphi(m)$ 是欧拉函数,证明 $\varphi(mn)=\varphi(m)\varphi(n)$.(提示:记 $I_1=(m),I_2=(n)$,则 $I=I_1\cap I_2=(mn)$. $\mathbf{Z}/(m)$ 的可逆元素群的阶为 $\varphi(m)$,于是,可据题 38 之同构式得证.)

40. (1)证明 $\mathbf{Z}[\sqrt{-5}]=\{a+b\sqrt{-5}\mid a,b\in\mathbf{Z}\}$ 不是唯一分解环.

(2)$a=6$ 和 $b=3+3\sqrt{-5}$ 在 $\mathbf{Z}[\sqrt{-5}]$ 中不存在最高公因子.(提示:2 是既约元但不是素元. 列出 a 和 b 在 $\mathbf{Z}[\sqrt{-5}]$ 中的全部公因子.)

第四章　格　论

所谓格,就是从集合、群、环、域和向量空间等具体的代数系统中,抽象出它们的共性而形成的一个新的代数系统. 因此在学习格论时,既要撇开那些具体的东西,善于从定义出发,经过严格的逻辑推理,得出一些具有普遍性的结论,又要以一些具体的代数系统为背景,理解有关的概念和结论,两者不可偏废.

§1　偏序集

偏序集和全序集　给定集合 S,从 $S\times S$ 到集合 $\{0,1\}$ 上的任何一个单值映射 φ 都可在 S 上确定一个二元关系"$\leqslant$"

$$a\leqslant b\Leftrightarrow\varphi(a,b)=0$$

由此产生一个代数系统 $(S,\leqslant)$. 如果二元关系"$\leqslant$"具有

(1) 反身性: $x\leqslant x$, $\forall x\in S$;

(2) 反对称性: 若 $x\leqslant y, y\leqslant x$, 则 $x=y$, $\forall x,y\in S$;

(3) 传递性: 若 $x\leqslant y, y\leqslant z$, 则 $x\leqslant z$, $\forall x,y,z\in S$,

则称 $(S,\leqslant)$ 是一个**偏序集**,并称"$\leqslant$"是一个**偏序关系**. 如果它还具有

(4) 全序性: 对任何 $x,y\in S$, 必有 $x\leqslant y$ 或 $y\leqslant x$,

则称 $(S,\leqslant)$ 是一个**全序集**,又称为**链**. 称"$\leqslant$"为**全序关系**.

例 1　设 $P(S)$ 是集合 S 的幂集. 如果对 $A,B\in P(S)$ 规定 $\varphi(A,B)=0\Leftrightarrow A\subseteq B$, 则可确定二元关系: $A\leqslant B\Leftrightarrow A\subseteq B$. 易验证 $(P(S),\leqslant)$ 是偏序集,但不是全序集.

题 1　证明群 G 的子群集 $L(G)$, 环 R 的子环集 $L(R)$ 和向量空间 V 的子空间集 $L(V)$ 关于 $A\leqslant B\Leftrightarrow A\subseteq B$ 都是偏序集,但不是全序集.

题 2　实数集 $\mathbf{R}$ 的任一子集 S 关于数的大小关系成全序集.

题 3　自然数集 $\mathbf{N}$ 关于如下四个二元关系都成偏序集:

(1) $m\leqslant n\Leftrightarrow m\mid n$.

(2) $m\leqslant n\Leftrightarrow n\mid m$.

(3) $m\leqslant n\Leftrightarrow n-m$ 是非负整数.

(4) $m\leqslant n\Leftrightarrow m-n$ 是非负整数.

且后两个是全序集.

例 2　设 S 是任一非空集合, R 是 S 上所有二元关系所成的集合. 对 $\sigma,\tau\in R$,

规定

$$\sigma\leqslant\tau\Leftrightarrow\text{对 } x,y\in S\text{, 由 } x\sigma y \text{ 必可推出 } x\tau y$$

则可证$(R,\leqslant)$是偏序集. 事实上,任取$\sigma,\tau\in R$,显然有$\sigma\leqslant\sigma$. 如果$\sigma\leqslant\tau,\tau\leqslant\sigma$,则对$x,y\in S$必有

$$x\sigma y\Rightarrow x\tau y,x\tau y\Rightarrow x\sigma y$$

这说明$\sigma=\tau$. 传递性是显然的.

为方便计,常用$x<y$表示$x\leqslant y$而$x\neq y$. 且$x\leqslant y$与$y\geqslant x$, $x<y$与$y>x$的含义相同.

以下总设$(S,\leqslant)$是给定的偏序集.

覆盖　称S中元素a_1是a_2的**覆盖**,如果$a_1>a_2$,且不存在$x\in S$使$a_1>x>a_2$,此时,可用直线段连接a_1与a_2使a_1在a_2的上方. 因此,当$(S,\leqslant)$是有限偏序集时,$a>b\Leftrightarrow$存在有限序列

$$a_1=a,a_2,\cdots,a_{n-1},a_n=b,\ \forall\, a_i\in S$$

使a_i是a_{i+1}的覆盖,此时,一定存在递降折线段连接a和b,且$\{a,a_2,\cdots,a_{n-1},b\}$是$S$的全序子集.

最大(小)元与极大(小)元　称S中元素m是S的一个**最大(小)元**,如果对所有$x\in S$都有$m\geqslant x(m\leqslant x)$. 称$m$是$S$的一个**极大(小)元**,如果对$x\in S$有

$$x\geqslant m(x\leqslant m)\Leftrightarrow x=m$$

易见,最大元和最小元未必存在. 如果存在,则分别是唯一的极大元和极小元. 对全序集来说,最大(小)元与极大(小)元是一致的. 任一有限偏序集必有极大元和极小元,但未必有最大元和最小元.

例3　在$S=\{1,2,3,4,5,6,7,8,9,10\}$中规定$m\leqslant n\Leftrightarrow m\mid n$,则$(S,\leqslant)$中有唯一的最小元和极小元1,无最大元,有五个极大元6,7,8,9,10.

题4　在整数集$\mathbf{Z}$中规定

$$m\leqslant n\Leftrightarrow mn\geqslant 0\text{ 且 } m\mid n$$

证明$(\mathbf{Z},\leqslant)$是偏序集. 它是否有最大元,最小元,极大元和极小元?(答:最大元0,极小元±1.)

题5　设S是某无限集合,任取S的如下子集序列

$$\{a_1\},\{a_1,a_2\},\cdots,\{a_1,a_2,\cdots,a_n\},\cdots$$

试问它们的并集U是否必是偏序集$(P(S),\subseteq)$的极大元?(提示:最大元S是唯一的极大元,未必有$S=U$.)

上确界与下确界　设T是S的某个非空子集,称$u\in S$是T的一个上界,如果$u\geqslant t,\forall t\in T$. 称$l\in S$是$T$的一个**下界**,如果$l\leqslant t,\forall t\in T$.

注意:T的上界和下界未必存在,即使存在,也未必唯一,且未必属于T.

若U是T的上界集. 如果存在某个$u\in U$满足$u\leqslant u',\forall u'\in U$,则称$u$是$T$的

最小上界或**上确界**,记为 Sup T.

若 L 是 T 的下界集. 如果存在某个 $l \in L$ 满足 $l \geqslant l'$, $\forall l' \in L$,则称 l 是 T 的**最大下界**或**下确界**,记为 Inf T.

易见,Sup T 和 Inf T 未必存在. 若存在,必唯一,但未必属于 T.

题 6 在自然数集 **N** 中考虑子集 $T=\{1,2,3,4,5,6,7,8,9,10\}$. 规定 $m \leqslant n \Leftrightarrow m \mid n$,试求出 T 的上界、下界、上确界和下确界.(答:Sup $T = 5 \times 7 \times 8 \times 9$, Inf $T = 1$.)

§2 格

格的定义 称偏序集$(L,\leqslant)$是**格**,如果 L 中任意两个元素在 L 中都有上确界和下确界,分别记为

$$a \vee b = \mathrm{Sup}\{a,b\},\ a \wedge b = \mathrm{Inf}\{a,b\}$$

为方便计,经常把格$(L,\leqslant)$或$(L,\wedge,\vee)$简记为 L.

易见,任一全序集必是格,称为**全序格**. 例如,**Z** 关于数的大小成全序格. 这个格中无最大元和最小元. 由格的定义知,格中若存在极大元或极小元,则必是唯一的,且必是最大元或最小元. 分别称为**单位元**和**零元**,记为 1 和 0. 任一有限格必有 1 和 0.

例 1 以下集合关于集合包含关系都是格:

(1)集合 S 的幂集格 $P(S)$:$A \wedge B = A \cap B$, $A \vee B = A \cup B$.

(2)群 G 的子群格 $L(G)$:$A \wedge B = A \cap B$, $A \vee B = \langle A, B\rangle$.

(3)群 G 的正规子群格 $N(G)$:$A \wedge B = A \cap B$, $A \vee B = AB = \langle A, B\rangle$.

(4)环 R 的子环格 $L(R)$ 和理想格 $I(R)$

$$A \wedge B = A \cap B,\ A \vee B = (A, B)$$

(5)域上向量空间 V 的子空间格 $L(V)$

$$A \wedge B = A \cap B,\ A \vee B = A + B$$

题 1 证明 $L=\{1,2,3,4,6,9,12,18,36\}$ 关于偏序关系 $a \leqslant b \Leftrightarrow a \mid b$ 是格,并作出其格图.

题 2 证明任一循环 p 群 G 的子群格必是全序格.

例 2 若有限群 G 的子群格是全序格,则 G 必为循环 p 群. 事实上,设

$$|G| = \prod_{i=1}^{k} p_i^{e_i}$$

因为阶不同的 Sylow $-p_i$ 子群必无序,故 $k=1$,G 是 p 群. 若 G 的极小生成系为 $\{a_1, a_2, \cdots, a_n\}$,则$\langle a_1\rangle$与$\langle a_2\rangle$必无序,故 $n=1$,G 为循环 p 群.

题 3　证明在任一有限格图中，不可能出现以三个元素为顶点的而边上没有其他元素的三角形.（提示：覆盖定义.）

例 3　有且仅有如下五个五元格

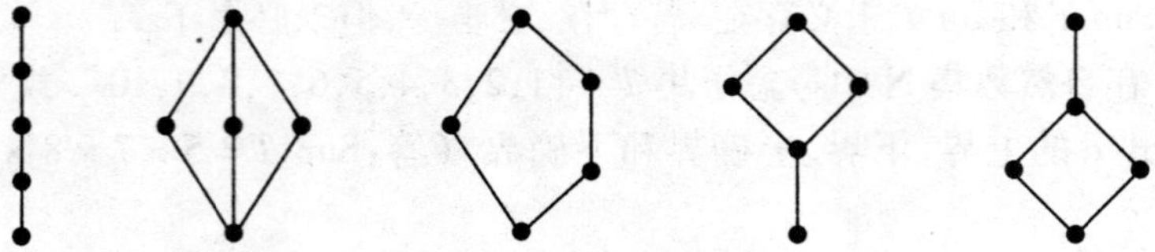

分别称为五元链、菱形、五边形和上、下扇形五元格.

题 4　设 L 是有 0 和 1 的格. 证明对任何 $x,y\in L$ 有

$$x\vee y=0\Leftrightarrow x=y=0,\ x\wedge y=1\Leftrightarrow x=y=1$$

对偶格与对偶原理　称两个格 $(L,\leqslant_1)$ 与 $(L,\leqslant_2)$ 互为**对偶格**，如果

$$a\leqslant_1 b\Leftrightarrow b\leqslant_2 a,\ \forall a,b\in L$$

此时，必有 $a\wedge_1 b=a\vee_2 b, a\vee_1 b=a\wedge_2 b,\ \forall a,b\in L$. 这里，$\vee_1$ 和 $\wedge_1$ 与 $\vee_2$ 和 $\wedge_2$ 分别是由 $\leqslant_1$ 与 $\leqslant_2$ 确定的上确界和下确界. 当 L 为有限集时，对偶格的格图是互为倒置的. 例如，上、下扇形格即为对偶的格图. 特别，格图呈倒置对称的格称为**自对偶格**. 例如，菱形格和五边形格以及五元链都是自对偶格.

若 P 是格 $(L,\wedge,\vee)$ 中通过 $\wedge$ 和 $\vee$ 表述的某个命题，则互换 P 中 $\wedge$ 与 $\vee$ 得到的命题 P' 称为 P 的**对偶命题**. 当然，P' 也是 P 的对偶命题. 例如

$$A\wedge(A\vee B)=A \text{ 和 } A\vee(A\wedge B)=A$$

就是互为对偶的命题.

定理 1（对偶原理）　若某命题 P 在任何格中为真，则其对偶命题 P' 也在任何格中为真.

格的特征性质　设 $(L,\leqslant)$ 是格，对 $a,b\in L$ 有

$$a\wedge b=\mathrm{Inf}\{a,b\},\ a\vee b=\mathrm{Sup}\{a,b\}$$

则可验证 $\wedge$ 与 $\vee$ 是 L 中两个二元运算，且满足

(L_1)：幂等律：$a\wedge a=a, a\vee a=a$.

(L_2)：交换律：$a\wedge b=b\wedge a, a\vee b=b\vee a$.

(L_3)：结合律：$(a\wedge b)\wedge c=a\wedge(b\wedge c), (a\vee b)\vee c=a\vee(b\vee c)$.

(L_4)：吸收律：$a\wedge(a\vee b)=a, a\vee(a\wedge b)=a$.

我们指出：由 (L_4) 可推出 (L_1). 事实上，在 (L_4) 中分别取 $b=a\wedge a$ 和 $b=a\vee a$，即可得

$$a=a\wedge(a\vee b)=a\wedge(a\vee(a\wedge a))=a\wedge a$$

$$a=a\vee(a\wedge b)=a\vee[a\wedge(a\vee a)]=a\vee a$$

定理 2　如果某个具有两个二元运算 $\wedge$ 和 $\vee$ 的代数系统 $(L,\wedge,\vee)$ 满足条件

(L_1),(L_2),(L_3)和(L_4),则 L 关于

$$a \leqslant b \Leftrightarrow a \wedge b = a\text{(等价地,}a \vee b = b\text{)}$$

成格$(L,\leqslant)$,且

$$\operatorname{Inf}\{a,b\} = a \wedge b, \operatorname{Sup}\{a,b\} = a \vee b$$

因此,条件$(L_1) \sim (L_4)$称为**格的特征性质**,我们可以用它来定义格.

例 4 自然数集 **N** 关于二元运算

$$a \wedge b = (a,b), a \vee b = [a,b]$$

成格,且 $a \leqslant b \Leftrightarrow a \wedge b = a \Leftrightarrow a \mid b$.

完全格 称偏序集$(L,\leqslant)$是**完全格**,如果 L 中任一非空子集必有下确界和上确界. 易见,完全格必是格. 任一有限格必是完全格. 任一完全格 L 必有零元和单位元

$$0 = \operatorname{Inf} L, 1 = \operatorname{Sup} L$$

整数集按数的大小所成的格既无零元又无单位元. 自然数集按整除偏序所成的格有零元 1,但无单位元,故都不是完全格. 幂集格 $P(S)$、子群格 $L(G)$、正规子群格$N(G)$、子环格 $L(R)$ 和理想格 $I(R)$ 都是完全格.

例 5 实闭区间$[0,1]$关于数的大小是完全格. $[0,1]$中有理数全体 Q_0 关于数的大小也成格,但不是完全格. 例如. 在$[0,1]$中取有理数递增序列$\{a_n\}$使 $\lim\limits_{n \to \infty} a_n = \frac{1}{\sqrt{2}}$. 由于在任一大于$\frac{1}{\sqrt{2}}$的有理数与$\frac{1}{\sqrt{2}}$之间必存在其他有理数,所以$\{a_n\}$在 Q_0 中无上确界.

定理 3 设$(L,\leqslant)$是有最大元 1(最小元 0)的偏序集. 如果 L 的每个非空子集都有下确界(上确界),则 L 必是完全格.

证 据对偶原理,仅需对 L 有 1 的情形证明. 任取$\varnothing \neq M \subseteq L$,则 M 必有下确界. 再证 M 有上确界. 令

$$N = \{M\text{ 的上界全体}\}$$

则 $1 \in N, N \neq \varnothing$,由条件知必有 $b = \operatorname{Inf} N$. 因为 b 是 N 的最大下界,而任一 $m \in M$ 都是 N 的下界,所以 $b \geqslant m, \forall m \in M$,故 b 是 M 的上界. 设 n 是 M 的任一上界,则由 $n \in N$知 $b \leqslant n$,这说明 b 就是 M 的上确界. 证毕

题 5 设 F 是定义在$[0,1]$上的实连续函数全体,对$f,g \in F$ 规定

$$f \leqslant g \Leftrightarrow f(x) \leqslant g(x), \forall x \in [0,1]$$

证明$(F,\leqslant)$是格,并问,它是不是完全格?(答:不是.)

子格 设$(L,\wedge,\vee)$是格,$\varnothing \neq M \subseteq L$. 如果 M 关于 $\wedge$ 和 $\vee$ 是封闭的,则称$(M,\wedge,\vee)$是$(L,\wedge,\vee)$的**子格**,这里 M 中的 $\wedge$ 和 $\vee$ 是 L 中 $\wedge$ 和 $\vee$ 在 M 中的限制.

题 6 证明群 G 的 $N(G)$ 是 $L(G)$ 的子格. 环 R 的 $I(R)$ 是 $L(R)$ 的子格. 设 $\mathscr{A}$

是域上向量空间 V 中给定的线性变换,则由 $\mathscr{A}$ 的不变子空间全体构成的集合 M 是 V 的子空间格 $L(V)$ 的子格.

例 6　设 $(L,\leqslant)$ 是格. 任取 $a,b\in L,a\leqslant b$,则

$$I[a,b]=\{x\mid x\in L,a\leqslant x\leqslant b\}$$

是 $(L,\leqslant)$ 的子格,称为 L 的一个**闭区间格**. 事实上,任取 $x,y\in I[a,b]$,则由

$$a\leqslant x\leqslant x\vee y\leqslant b,a\leqslant x\wedge y\leqslant x\leqslant b$$

知 $x\vee y,x\wedge y\in I[a,b]$

必须注意,子格定义中的封闭性要求是对格 L 中的格运算而言的,而不是关于其他运算的封闭性.

例 7　设 G 是群,$(L(G),\subseteq)$ 是它的子群格. $L(G)$ 中元素都是 G 的子群,当然是集合 G 的子集. 对集合 G 又有幂集格 $(P(G),\subseteq)$,而 $L(G)\subseteq P(G)$. 但是,由于 G 的两个子群的并集不一定是 G 的子群,所以格 $(L(G),\subseteq)$ 不是 $(P(G),\subseteq)$ 的子格.

格同态与格同构　设 $(L,\leqslant)$ 和 $(L',\leqslant')$ 是两个格. 为书写简洁计,分别由 $\leqslant$ 和 $\leqslant'$ 决定的格运算统一记为 $\wedge$ 和 $\vee$. 格 L 到格 L' 内的映射 φ 称为**格同态**,如果对任何 $a,b\in L$ 有

$$\varphi(a\wedge b)=\varphi(a)\wedge\varphi(b),\varphi(a\vee b)=\varphi(a)\vee\varphi(b)$$

格的同态双射称为**格同构**.

若某代数系统 $(L',\wedge',\vee')$ 是某格的同态象,则它必是格. 因为 L' 必满足条件 $(L_1)\sim(L_4)$. 若 φ 是格 L 到 L' 内的格同态,则 $\varphi(L)$ 必是 L' 的子格.

题 7　设 φ 是格 L 到格 L' 的格同态满射. 如果 L 有零元和单位元,则它们在 φ 之下的象必为 L' 的零元和单位元.

格同态有一个重要性质——**保序性**. 若 $a\leqslant b$,则由 $a\vee b=b,\varphi(a)\vee\varphi(b)=\varphi(b)$ 知 $\varphi(a)\leqslant\varphi(b)$. 但是,反之不然,格之间的保序映射未必为格同态. 我们在五元格中就可找出反例.

定理 4　格 L 到格 L' 的双射 φ 是格同构 $\Leftrightarrow\varphi$ 和 φ^{-1} 都是保序映射.

证　仅需再证充分性. 设 $\varphi:x\to x'$. 对 $d=a\wedge b$,由 $d\leqslant a$ 和 $d\leqslant b$ 得 $d'\leqslant a'$ 和 $d'\leqslant b'$. 若 $c'\leqslant a',c'\leqslant b'$,则必存在 $c\in L$ 使 $\varphi(c)=c'$,且由 φ^{-1} 的保序性知 $c\leqslant a$, $c\leqslant b$,必有 $c\leqslant d$. 于是 $c'\leqslant d'$. 这说明 $d'=a'\wedge b'$. 同理,对 $e=a\vee b$ 必有 $e'=a'\vee b'$. 故 φ 为格同构.　证毕

题 8　设 $(L,\wedge,\vee)$ 是格. L 的非空子集 J 称为 L 的理想,如果满足

(1) 对所有 $a,b\in J$ 有 $a\vee b\in J$;

(2) 对所有 $a\in J,x\in L$,必有 $a\wedge x\in J$.

证明 L 的理想 J 必是子格. 举例说明子格未必是理想. 设 φ 是格 L 到格 L' 的格同

态. 如果 A 是 L 的子格,证明 $\varphi(A)$ 必是 $\varphi(L)$ 的子格. $\varphi(A)$ 是否为 L' 的**子格**? 如果 J 是 L 的理想,证明 $\varphi(J)$ 必是 $\varphi(L)$ 的理想. $\varphi(J)$ 是否为 L' 的理想?

格同态定理 设 φ 是格 L 到格 L' 的满同态,则 φ 在 L 中确定等价关系

$$a \sim b \Leftrightarrow \varphi(a) = \varphi(b)$$

L 关于 ~ 的商集记为

$$\overline{L} = \{\overline{a} \mid a \in L\},\text{其中 } \overline{a} = \{x \mid x \in L, \varphi(x) = \varphi(a)\}$$

若对 $\overline{a}, \overline{b} \in \overline{L}$ 定义 $\overline{a} \vee \overline{b} = \overline{a \vee b}, \overline{a} \wedge \overline{b} = \overline{a \wedge b}$,则

(1) $\wedge$ 和 $\vee$ 是 $\overline{L}$ 中的两个二元运算.

(2) $(\overline{L}, \wedge, \vee)$ 是格,称为 L 关于 ~ 的商格.

(3) $\nu: a \to \overline{a}$ 是格 L 到 $\overline{L}$ 的格同态满射,称为**自然同态**.

(4) $\varphi^*: \overline{a} \to \varphi(a)$ 是格 $\overline{L}$ 到 L' 的格同构.

(5) φ^* 是满足 $\varphi = \varphi^* \nu$ 的唯一的格同构.

例 8* 设 φ 是群 G 到群 G' 的同态满射,φ 的核为 K

$$\widetilde{G} = \{H \mid K \leqslant H \leqslant G\}$$

证明:(1) $(\widetilde{G}, \subseteq)$ 是 G 的子群格 $L(G)$ 的子格.

(2) $\widetilde{G}$ 与 G' 的子群格 $L(G')$ 同构.

证 (1) G 的任意两个包含 K 的子群的交与生成仍是包含 K 的子群,故封闭性满足.

(2) 由群的同态定理知

$$\overline{G} = G/K \overset{\varphi^*}{\cong} G', \varphi = \varphi^* \nu$$

这里 $\varphi^*(\overline{a}) = \varphi(a), \forall \overline{a} \in \overline{G}, \nu(a) = \overline{a}, \forall a \in G$.

任取 $H \in \widetilde{G}$,则由 $H \leqslant G$ 知 $\varphi(H) \leqslant G'$,且

$$\varphi(H) = \varphi^* \nu(H) = \varphi^*(H/K)$$

现验证 $\psi: H \to \varphi(H)$ 是 $\widetilde{G}$ 到 $L(G')$ 的格同构.

① ψ 是满射. 任取 $H' \leqslant G'$. 由 φ^* 为满射知存在 $H/K \leqslant G/K$ 使 $\varphi^*(H/K) = H'$,所以存在 $H \in \widetilde{G}$,使 $\psi(H) = H'$.

② ψ 是单值映射和单射. 事实上,有

$$\begin{aligned}\varphi(H_1) = \varphi(H_2) &\Leftrightarrow \varphi^*(H_1/K) = \varphi^*(H_2/K) \\ &\Leftrightarrow H_1/K = H_2/K \Leftrightarrow H_1 = H_2\end{aligned}$$

③ ψ 保持格运算 $\wedge$. 任取 $H_1, H_2 \in \widetilde{G}$. 由 $H_1 \cap H_2 \subseteq H_1$ 和 H_2 知 $\varphi(H_1 \cap H_2) \subseteq$

$\varphi(H_1)\cap\varphi(H_2)$. 反之,任取 $x'\in\varphi(H_1)\cap\varphi(H_2)$,则存在 $h_1\in H_1,h_2\in H_2$ 使 $x'=\varphi(h_1)=\varphi(h_2)$. 由 $h_1h_2^{-1}\in K\subseteq H_2$ 知 $h_1\in H_1\cap H_2$,所以$x'=\varphi(h_1)\in\varphi(H_1\cap H_2)$,又有 $\varphi(H_1)\cap\varphi(H_2)\subseteq\varphi(H_1\cap H_2)$,故等号成立,$\psi$ 保持格运算 $\wedge$.

④ψ 保持格运算 $\vee$. 要证明 $\psi(H_1\vee H_2)=\psi(H_1)\vee\psi(H_2)$,只要证明

$$\varphi(\langle H_1,H_2\rangle)=\langle\varphi(H_1),\varphi(H_2)\rangle$$

任取 $x'\in\varphi(\langle H_1,H_2\rangle)$,必存在 $x\in\langle H_1,H_2\rangle$使 $\varphi(x)=x'$. 因为 x 是取之于 H_1 和 H_2 中有限个元素之积,而 φ 是群同态,所以 x'是取之于 $\varphi(H_1)$和 $\varphi(H_2)$中有限个元素之积,于是 $\varphi(\langle H_1,H_2\rangle)\subseteq\langle\varphi(H_1),\varphi(H_2)\rangle$. 反之,任取 $x'\in\langle\varphi(H_1),\varphi(H_2)\rangle$,则利用 φ 是满射同理可知存在 $x\in\langle H_1,H_2\rangle$使 $\varphi(x)=x'$,得到反向包含式,故等号成立.

这就证明了 $\widetilde{G}$ 与 $L(G')$是格同构的. 　　证毕

§3　分配格与模格

分配格　格$(L,\wedge,\vee)$是分配格

$$\Leftrightarrow(D):a\wedge(b\vee c)=(a\wedge b)\vee(a\wedge c),\ \forall a,b,c\in L$$
$$\Leftrightarrow(D'):a\vee(b\wedge c)=(a\vee b)\wedge(a\vee c),\ \forall a,b,c\in L$$
$$\Leftrightarrow(\widetilde{D}):a\wedge(b\vee c)\leqslant(a\wedge b)\vee(a\wedge c),\ \forall a,b,c\in L$$
$$\Leftrightarrow(\widetilde{D'}):a\vee(b\wedge c)\geqslant(a\vee b)\wedge(a\vee c),\ \forall a,b,c\in L$$

关于后两个条件的等价性是由于在格中反向包含是必定成立的.

易见,集合 S 的幂集格 $P(S)$是分配格.

题 1　证明任一全序集必是分配格.

例 1　在§2 例 4 中已证自然数集 $\mathbf{N}$ 关于 $a\leqslant b\Leftrightarrow a\mid b$ 成格,且 $a\wedge b=(a,b)$,$a\vee b=[a,b]$. 现证它是分配格.

首先,因为非负整数全体 $\mathbf{Z}^+$ 关于数的大小成全序集,必是分配格,且

$$\mathrm{Sup}\{a,b\}=\max\{a,b\},\mathrm{Inf}\{a,b\}=\min\{a,b\}$$

因此,根据分配律(D)有

$$\min\{a,\max\{b,c\}\}=\max\{\min\{a,b\},\min\{a,c\}\}$$

其次,设自然数 a,b,c 的素数分解式为

$$a=\prod_{i=1}^{n}p_i^{a_i},b=\prod_{i=1}^{n}p_i^{b_i},c=\prod_{i=1}^{n}p_i^{c_i},a_i,b_i,c_i\in\mathbf{Z}^+$$

则根据在 $\mathbf{N}$ 中求最高公因数(a,b)和最低公倍数$[a,b]$的公式知

$$a\wedge(b\vee c)=(a,[b,c])$$

$$= \prod_{i=1}^{n} p_i^{\min\{a_i, \max\{b_i, c_i\}\}}$$

$$= \prod_{i=1}^{n} p_i^{\max\{\min\{a_i, b_i\}, \min\{a_i, c_i\}\}}$$

$$= [(a,b),(a,c)] = (a \wedge b) \vee (a \wedge c)$$

因为,$(N, \leqslant)$是分配格.

由此可见,对于数论中的重要等式

$$(a,[b,c]) = [(a,b),(a,c)], \forall a,b,c \in \mathbf{N}$$

用格论证明,则显得简洁得多了!

题 2 设$(L, \leqslant)$是分配格. 任取 $a, b \in L, a < b$,证明 $\varphi: x \to (x \vee a) \wedge b$ 是 L 到闭区间 $I[a,b]$的格同态满射.

例 2 设 $L(V)$是域 F 上 n 维向量空间 V 的子空间格,$n \geqslant 2$. 任取 V 中的两个线性无关向量 $\boldsymbol{x}$ 和 $\boldsymbol{y}$,则由此决定的如下三个一维子空间之间有关系式

$$F(\boldsymbol{x}+\boldsymbol{y}) \cap (F(\boldsymbol{x}) + F(\boldsymbol{y})) = F(\boldsymbol{x}+\boldsymbol{y})$$

$$F(\boldsymbol{x}+\boldsymbol{y}) \cap F(\boldsymbol{x}) = \{0\}, F(\boldsymbol{x}+\boldsymbol{y}) \cap F(\boldsymbol{y}) = \{0\}$$

故分配律不成立,这里 $F(\boldsymbol{x}) = \{a\boldsymbol{x} \mid a \in F\}$ 为由 x 生成的一维子空间.

题 3 在所有的五元格中,说明哪些不是分配格.

模格 格$(L, \wedge, \vee)$是模格

$\Leftrightarrow (M)$:当 $a \geqslant b$ 时有 $a \wedge (b \vee c) = b \vee (a \wedge c), \forall c \in L$

$\Leftrightarrow (M')$:当 $b \geqslant a$ 时有 $a \vee (b \wedge c) = b \wedge (a \vee c), \forall c \in L$

$\Leftrightarrow (M'')$:当 $a \geqslant c$ 时有 $a \wedge (b \vee c) = (a \wedge b) \vee c, \forall b \in L$

因为由分配格的等价条件(D)必可推出模格的等价条件(M),所以分配格必是模格. 反之不然.

例 3 群 G 的正规子群格 $N(G)$必是模格. 对 $H_1, H_2 \lhd G$ 必有 $H_1 \vee H_2 = \langle H_1, H_2 \rangle = H_1H_2 = H_2H_1$. 任取 $H_1, H_2, H_3 \lhd G$,且 $H_1 \supseteq H_2$,要证

$$H_1 \cap H_2H_3 = H_2(H_1 \cap H_3)$$

任取 $x \in H_1 \cap H_2H_3$,可设 $x = h_1 = h_2h_3, h_i \in H_i$. 由 $h_3 = h_2^{-1}h_1 \in H_1$ 知 $h_3 \in H_1 \cap H_3$,所以 $x \in H_2(H_1 \cap H_3)$. 于是,$H_1 \cap H_2H_3 \subseteq H_2(H_1 \cap H_3)$,而反向包含是显然的,故等式成立. $N(G)$是模格.

但是,并非对任何群 G,它的 $N(G)$必是分配格. 例如,Klein 四元群 K_4 的 $N(K_4)$(即 $L(K_4)$)就不是分配格,因为它是菱形格

$$a = K_4 = \{(1),(1\ 2)(3\ 4),(1\ 3)(2\ 4),(1\ 4)(2\ 3)\}$$

$$b = \{(1),(1\ 2)(3\ 4)\}, c = \{(1),(1\ 3)(2\ 4)\}$$

$$d = \{(1),(1\ 4)(2\ 3)\}, e = \{(1)\}$$

题 4 环 R 的左理想格、右理想格和理想格是否必为模格? 分配格?(答:是

模格. 非分配格.)

模格与分配格判别法

定理 1　格$(L,\leqslant)$是模格$\Leftrightarrow$如果对 L 中的 $x\geqslant y$,存在 $z\in L$,使得 $x\wedge z=y\wedge z$, $x\vee z=y\vee z$,则 $x=y\Leftrightarrow L$ 中不存在五边形子格.

证　设 L 是模格,则

$$x\overset{(L_4)}{=}x\wedge(x\vee z)=x\wedge(y\vee z)\overset{(M)}{=}y\vee(x\wedge z)=y\vee(y\wedge z)\overset{(L_4)}{=}y$$

这恰好说明 L 中不存在五边形子格,两个必要性得证.

现用反证法证明两个充分性. 设 L 不是模格,则(M)不成立,故必存在 $\alpha,\beta,\gamma\in L$满足

$$\alpha>\beta,\alpha\wedge(\beta\vee\gamma)>\beta\vee(\alpha\wedge\gamma)$$

取 $a=\alpha\wedge(\beta\vee\gamma),b=\beta\vee(\alpha\wedge\gamma),c=\gamma$,则有 $a>b$,且由

$$a\vee c\geqslant b\vee c=\beta\vee(\alpha\wedge\gamma)\vee\gamma=\beta\vee\gamma$$
$$a\vee c=[\alpha\wedge(\beta\vee\gamma)]\vee\gamma\leqslant(\beta\vee\gamma)\vee\gamma=\beta\vee\gamma$$

知 $a\vee c=b\vee c$. 类似地,由

$$a\wedge c=\alpha\wedge(\beta\vee\gamma)\wedge\gamma=\alpha\wedge\gamma$$
$$a\wedge c\geqslant b\wedge c=[\beta\vee(\alpha\wedge\gamma)]\wedge\gamma\geqslant(\alpha\wedge\gamma)\wedge\gamma=\alpha\wedge\gamma$$

知 $a\wedge c=b\wedge c$. 这与假设矛盾,故 L 是模格.

事实上,上述 a,b,c 产生如下五边形子格

$$S=\{a\vee c=b\vee c,a,b,c,a\wedge c=b\wedge c\}$$

(验证这五个元素两两互异,且 a 与 c 无序,b 与 c 无序),故两个充分性得证.　证毕

题 5　证明在任一格 L 中,对任何 $x,y,z\in L$ 必有

$$(x\wedge y)\vee(x\wedge z)\leqslant x\wedge[y\vee(x\wedge z)]$$

例 4　格 L 是模格$\Leftrightarrow$对任何 $x,y,z\in L$ 有

$$(x\wedge y)\vee(x\wedge z)=x\wedge[y\vee(x\wedge z)]$$

证　$\Rightarrow$:由 $x\wedge z\leqslant x$ 和模律(M'')得

$$x\wedge[y\vee(x\wedge z)]=(x\wedge y)\vee(x\wedge z)$$

$\Leftarrow$:若 $x\geqslant y$,则 $y=x\wedge y$. 在条件中互换 y 与 z 得

$$x\wedge(y\vee z)=x\wedge[(x\wedge y)\vee z]=(x\wedge z)\vee(x\wedge y)=y\vee(x\wedge z)$$

即(M)满足,故 L 为模格.　证毕

题 6　证明在任一格 L 中,对任何 $x,y,z\in L$ 必有

$$(x\wedge y)\vee(y\wedge z)\vee(z\wedge x)\leqslant(x\vee y)\wedge(y\vee z)\wedge(z\vee x)$$

例 5　格 L 是分配格$\Leftrightarrow$对任何 $x,y,z\in L$ 有

$$(x\wedge y)\vee(y\wedge z)\vee(z\wedge x)=(x\vee y)\wedge(y\vee z)\wedge(z\vee x)$$

证 ⇒:设 L 是分配格,则由分配律和吸收律得

$$\begin{aligned}&[(x\wedge y)\vee(y\wedge z)]\vee(z\wedge x)\\ &\overset{(D)}{=}[(x\wedge y)\vee(y\wedge z)\vee z]\wedge[(x\wedge y)\vee(y\wedge z)\vee x]\\ &\overset{(L_4)}{=}[(x\wedge y)\vee z]\wedge[x\vee(y\wedge z)]\\ &\overset{(D)}{=}(x\vee z)\wedge(y\vee z)\wedge(x\vee y)\end{aligned}$$

⇐:在条件中取 $x\geqslant z$ 并利用(L_4)即得

$$(x\wedge y)\vee z=x\wedge(y\vee z)$$

即(M'')成立,故 L 为模格. 于是,注意到 $x\geqslant(x\wedge y)\vee(x\wedge z)$得

$$\begin{aligned}x\vee(y\wedge z)&=[x\vee[(x\wedge y)\vee(x\wedge z)]]\vee(y\wedge z)\\ &\overset{(L_2,L_3)}{=}x\vee[(x\wedge y)\vee(y\wedge z)\vee(z\wedge x)]\\ &=x\vee[(x\vee y)\wedge(y\vee z)\wedge(z\vee x)]\\ &\overset{(L_3)}{=}x\vee[(y\vee z)\wedge[(x\vee y)\wedge(x\vee z)]]\\ &\overset{(M)}{=}[x\vee(y\vee z)]\wedge(x\vee y)\wedge(x\vee z)\\ &=(x\vee y)\wedge(x\vee z)\end{aligned}$$

即(D)成立,L 为分配格. 证毕

定理 2 格 L 是分配格

⇔对 $x,y,z\in L,x\wedge z=y\wedge z,x\vee z=y\vee z$ 同时成立当且仅当 $x=y$

⇔L 中不存在菱形子格和五边形子格.

证 设 L 是分配格. 如果 $x\wedge z=y\wedge z,x\vee z=y\vee z$,则

$$\begin{aligned}x&\overset{(L_4)}{=}x\vee(x\wedge z)=x\vee(y\wedge z)\overset{(D)}{=}(x\vee y)\wedge(x\vee z)\\ &=(x\vee y)\wedge(y\vee z)\overset{(D)}{=}y\vee(x\wedge z)=y\vee(y\wedge z)\overset{(L_4)}{=}y\end{aligned}$$

这说明 L 中不存在菱形子格和五边形子格. 两个必要性得证. 下面证明若 L 不是分配格,则必有菱形子格或五边形子格. 如果 L 不是模格,则已证必有五边形子格. 因此,只要证明:当 L 是模格,但不是分配格时,必有菱形子格.

任取 $a,b,c,\in L$. 令

$$\begin{aligned}u&=(a\vee b)\wedge(b\vee c)\wedge(c\vee a)\\ x&=[a\wedge(b\vee c)]\vee(b\wedge c)\\ y&=[b\wedge(c\vee a)]\vee(c\wedge a)\\ z&=[c\wedge(a\vee b)]\vee(a\wedge b)\\ v&=(a\wedge b)\vee(b\wedge c)\vee(c\wedge a)\end{aligned}$$

分以下三步证明:必存在 $a,b,c\in L$ 使得

$$S=\{u,x,y,z,v\}$$

是 L 的菱形子格.

(1)由 $a\wedge(b\vee c)\leqslant a\leqslant a\wedge c$ 和 $b\leqslant b\vee c$ 得

$$\begin{aligned}x\vee y&=[a\wedge(b\vee c)]\vee(b\wedge c)\vee[b\wedge(c\vee a)]\vee(c\wedge a)\\&=[a\wedge(b\vee c)]\vee(a\wedge c)\vee[b\wedge(a\vee c)]\vee(b\wedge c)\\&=[a\wedge(b\vee c)]\vee[b\wedge(a\vee c)]\\&\overset{(M)}{=}[a\wedge(b\vee c)\vee b]\wedge(a\vee c)\\&\overset{(M)}{=}(a\vee b)\wedge(b\vee c)\wedge(a\vee c)=u\end{aligned}$$

利用 a,b,c 在上述诸式中位置的对称性得

$$x\vee y=y\vee z=z\vee x=u\tag{1}$$

类似地. 由 $[a\wedge(b\vee c)]\vee(b\wedge c)\geqslant a\wedge c,b\wedge(c\vee a)\geqslant b\wedge c$ 得

$$\begin{aligned}x\wedge y&=[[a\wedge(b\vee c)]\vee(b\wedge c)]\wedge[[b\wedge(c\vee a)]\vee(c\wedge a)]\\&\overset{(M)}{=}[[[a\wedge(b\vee c)]\vee(b\wedge c)]\wedge[b\wedge(c\vee a)]]\vee(c\vee a)\\&\overset{(M)}{=}[a\wedge(b\vee c)\wedge b\wedge(c\vee a)]\vee(b\wedge c)\vee(c\wedge a)\\&=(a\wedge b)\vee(b\wedge c)\vee(c\wedge a)=v\end{aligned}$$

仍据对称性得

$$x\wedge y=y\wedge z=z\wedge x=v\tag{2}$$

(2)证明 S 中五个元素两两互异. 利用(1),(2)两式不难发现,当 S 中有两个元素相等时,必得 $u=v$. 但由例 5 知,当 L 不是分配格时,心存在 $a,b,c\in L$ 使得 $u\neq v$,故由这种 a,b,c 产生的 S,其中元素必两两互异.

(3)易验证 x,y,z 两两无序.

综上所证,当 L 不是分配格时,必有五边形子格或菱形子格,据此充分性得证.

证毕

模格中的区间同构定理　设$(L,\wedge,\vee)$是任一格. 任取 $a,b\in L$. 问 L 的两个闭区间子格

$$I[a,a\vee b]\text{和}I[a\wedge b,b]$$

之间是否有同构关系?为此,考虑两个映射

$$\varphi:x\to x\wedge b,\psi:y\to y\vee a$$

例 6　φ 是 $I[a,a\vee b]$ 到 $I[a\wedge b,b]$ 的保序映射.

ψ 是 $I[a\wedge b,b]$ 到 $I[a,a\vee b]$ 的保序映射.

事实上,若 $x_1\geqslant x_2$,则 $x_1\wedge x_2=x_2$,由

$$(x_1\wedge b)\wedge(x_2\wedge b)=(x_1\wedge x_2)\wedge b=x_2\wedge b$$

知 φ 是保序的. 任取 $x\in I[a,a\vee b]$,则由 $a\leqslant x\leqslant a\vee b$ 和 $a\wedge b\leqslant x\wedge b\leqslant(a\vee b)\wedge b=b$,故 $\varphi(x)=x\wedge b\in I[a\vee b,b]$. 于是,关于 φ 的结论得证.

题 7　证明 ψ 是 $I[a\wedge b,b]$ 到 $I[a,a\vee b]$ 的保序映射.

定理 3(区间同构定理) 设$(L,\wedge,\vee)$是模格,则对任意 $a,b\in L$ 必有如下格同构

$$I[a,a\vee b]\overset{\varphi}{\cong}I[a\wedge b,b],I[a\wedge b,b]\overset{\psi}{\cong}I[a,a\vee b]$$

且 $\psi=\varphi^{-1}$.

证 前已证得 φ 和 ψ 都是保序映射. 若能证明都是双射,则据 §2 定理 4 知 φ 和 ψ 都是格同构.

任取 $x\in I[a,a\vee b]$,有 $a\leqslant x\leqslant a\vee b$,运用模律(M)得

$$\psi\varphi(x)=(x\wedge b)\vee a=x\wedge(b\vee a)=x$$

所以 $\psi\varphi=1$,同理可证 $\varphi\psi=1$,φ 和 ψ 都是双射. 证毕

定理 3 的逆定理是否成立? 如果有限格$(L,\wedge,\vee)$不是模格,则必有五边形子格

$$S=\{a\vee b=a\vee c,a,b,c,a\wedge b=a\wedge c\},b>c$$

如果 $I[a,a\vee b]\cong I[a\wedge b,b]$,$I[a,a\vee c]\cong I[a\wedge c,c]$,则有限集 $I[a\wedge b,b]$与其真子集 $I[a\wedge c,c]$之间存在一一对应,这是不可能的,故定理 3 对有限格来说,逆定理也成立. 以下例子说明:对无限格来说,定理 3 的逆定理不成立!

例 7 设 L 是平面上单位圆周点集,对 L 中的点对规定

$$(x_1,y_1)\leqslant(x_2,y_2)\Leftrightarrow x_1x_2\geqslant 0 \text{ 且 } y_1\leqslant y_2$$

即在同一右半面或同一左半面上的圆周点按 y 大小为序;否则,两点无序. 易见,$(L,\leqslant)$是格. 它有五边形子格

$$S=\left\{(0,1),(-1,0),\left(\frac{1}{2},\frac{\sqrt{3}}{2}\right),\left(\frac{1}{2},-\frac{\sqrt{3}}{2}\right),(0,-1)\right\}$$

这里$(0,1)$和$(0,-1)$分别是 L 的最大元 1 和最小元 0. 故它不是模格. 任取 $a,b\in L$. 如果 a 与 b 有序,则不管 $a\leqslant b$ 或 $a\geqslant b$ 显然都有

$$I[a,a\vee b]\cong I[a\wedge b,b]$$

如果 a 与 b 无序,则 $a\wedge b=0,a\vee b=1$. 此时,可得如图 1 所示的格同构 $I[a,1]\overset{\varphi}{\cong}I[0,b]$,$\varphi:P\to P'$,这里 O 是过 a 和$(0,-1)$的直线与过 b 和$(0,1)$的直线的交点.

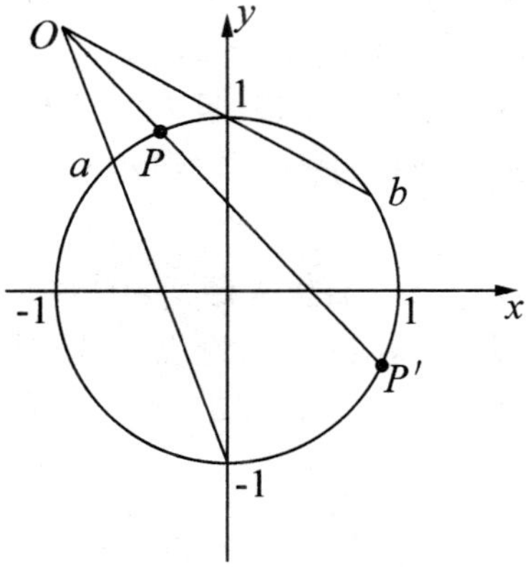

图 1

题 8　设$(L,\wedge,\vee)$是模格，$x,y,a\in L,x\neq y$，证明

(1) 如果 x 和 y 都是 a 的覆盖，则 $x\vee y$ 必是 x 和 y 的覆盖.

(2) 如果 a 是 x 和 y 的覆盖，则 x 和 y 必是 $x\wedge y$ 的覆盖.

模格中的维数定理　我们先考察如下实例.

例 8　设 V 是域 F 上 n 维向量空间. 仿例 3 可证 V 的子空间格$(L(V),\subseteq)$是模格. 易见对 $L(V)$ 有以下性质：

(1) 对 V 的任一 d 维子空间 $S=\langle e_1,e_2,\cdots,e_d\rangle$ 可取子空间

$$S_i=\langle e_{i+1},e_{i+2},\cdots,e_d\rangle,i=0,1,\cdots,d-1$$

则产生真子空间链

$$S=S_0\supset S_1\supset S_2\supset\cdots\supset S_{d-1}\supset S_d=\{0\}$$

且对任一 i,S_i 与 S_{i-1} 之间不含真子空间. 这种链称为 S 到零空间$\{0\}$的一个子空间极大链，d 称为它的长度.

(2) S 到$\{0\}$的任一子空间极大链的长度与 S 的维数相同.

(3) 对任一 $S_1,S_2\in L(V)$ 有维数公式

$$\dim S_1+\dim S_2=\dim(S_1+S_2)+\dim(S_1\cap S_2)$$

我们把这个结论推广到模格上去.

设$(S,\leqslant)$是任一偏序集，$x,y\in S,x>y$.

(1) x 到 y 的一个链指的是如下元素序列(有限或无限)

$$x>x_1>x_2>\cdots>y$$

(2) x 到 y 的一个**极大链**指的是某个有限链

$$x=x_0>x_1>x_2>\cdots>x_{d-1}>x_d=y$$

其中 x_i 是 x_{i+1} 的覆盖，$i=0,1,\cdots,d-1$. 此时，称 d 为这个极大链的**长度**.

(3) 若 S 有零元 0. 任取 $x\in S$，x 到 0 的最长的极大链的长度 d 称为 x 的**维数**，记为 $d(x)$. 注意，并非对所有 $x\in S$ 都有维数.

(4) 任取 $a,b\in S,a\leqslant b$. 如果 $d(a),d(b)$ 存在(意即有限)，则必有 $d(a)\leqslant d(b)$. 称 $d(b)-d(a)$ 为闭区间 $I[a,b]$ 的**长度**.

定理 4　设$(L,\leqslant)$是有零元 0 的模格，且 L 中任意元都有有限维数，任取 $x\in L$. 如果存在某个长度为 d 的 x 到 0 的极大链，则 $d(x)=d$. 因此，x 到 0 的任一极大链的长度都为 d.

证　对 d 用归纳法. 若对 $x\in L$，有极大链 $x>0$，则 x 是 0 的覆盖，$x>0$ 是唯一的极大链，因此，$d(x)=1$. 设对 $k\leqslant d-1$ 结论成立，即对任一 $y\in L$，只要存在一个长度为 $k\leqslant d-1$ 的 y 到 0 的极大链，则必有 $d(y)=k$，要证结论对 d 也成立. 考虑以下两个极大链

$$x=x_0>x_1>x_2>\cdots>x_{d-1}>x_d=0$$

$$x=y_0>y_1>y_2>\cdots>y_{s-1}>y_s=0$$

要证 $d=s$. 如果 $x_1=y_1$,则对 x_1 用归纳假设知 $d-1=s-1,d=s$. 如果 $x_1\neq y_1$ 因为 L 是模格,由 x 是 x_1 和 y_1 的覆盖知 x_1 和 y_1 是 $z=x_1\wedge y_1$ 的覆盖. 由归纳假设知 $d(x_1)=d-1$,且 x_1 到 0 的任一极大链的长度同为 $d-1$. 从已知可得存在有限长的 z 到 0 的极大链,因此,必存在 x_1 的经过 z 到 0 的极大链,且长度为 $d-1$,故由归纳假设知 $d(z)=d-2$. 这说明存在 y_1 的长度为 $d-1$ 的经过 z 到 0 的极大链,再由归纳假设知 $d(y_1)=d-1$,于是必有 $d-1=s-1,d=s$. 证毕

定理 5(维数定理) 设$(L,\leqslant)$是有零元的模格. 且 L 中任意元都有有限维数,$x,y\in L$,则

$$d(x)+d(y)=d(x\vee y)+d(x\wedge y)$$

证 利用

$$I[x,x\vee y]\cong I[x\wedge y,y]$$

知 $d(x\vee y)-d(x)=d(y)-d(x\wedge y)$. 证毕

有趣的是,维数公式只有在模格中才成立,即有

定理 6 设$(L,\wedge,\vee)$是有零元的格,且对任一 $x\in L,d(x)$必存在. 如果对任何 $x,y\in L$ 都有

$$d(x)+d(y)=d(x\vee y)+d(x\wedge y)$$

则 L 必是模格.

证 任取 $a,b,c\in L$. 如果 $a\geqslant b$,要证

$$a\wedge(b\vee c)=b\vee(a\wedge c)$$

首先,$b\vee(a\wedge c)\leqslant a\wedge(b\vee c)$是显然的. 另一方面,反复利用维数公式可得

$$\begin{aligned}
d[b\vee(a\wedge c)]&=d(b)+d(a\wedge c)-d(b\wedge a\wedge c)\\
&=[d(b)-d(b\wedge c)+d(a\wedge c)]\\
&=d(b\vee c)+[d(a\wedge c)-d(c)]\\
&=d(b\vee c)+d(a)-d(a\vee c)\\
&=d(b\vee c)+d(a)-d(a\vee b\vee c)\\
&=d[a\wedge(b\vee c)]
\end{aligned}$$

这说明闭区间 $I[b\vee(a\wedge c),a\wedge(b\vee c)]$的长度为 0,故结论得证. 证毕

§4 布尔代数与布尔环

补元 在本节中总假设$(L,\wedge,\vee)$是有零元 0 和单位元 1 的分配格. L 中元素 x 和 y 称为是**互补元**,如果

$$x\wedge y=0,\quad x\vee y=1$$

记为 $y=x'$，$x=y'$，此时，称 x 和 y 是**可补元**. 补元概念是幂集格 $P(S)$ 中余集概念的推广. L 中的元素未必都是可补元. 例如，全序格中任一非零非单位元必不是可补元. 由§3 定理 2 知 L 中可补元的补元是唯一的.

例 1　L 中可补元全体 C 是 L 的子格. 事实上，由分配律易证，对任何，$x,y\in C$ 有

$$(x\wedge y)'=x'\vee y',\ (x\vee y)'=x'\wedge y'$$

布尔代数　如果 L 中任一元都是可补元，则称 L 是**布尔代数**. 在布尔代数 L 中，求补运算 $a\to a'$ 是一个阶为 2 的一元运算. 通常把布尔代数明确地写成

$$(L,\wedge,\vee,',0,1)$$

题 1　设 $(L,\wedge,\vee,',0,1)$ 是布尔代数，证明

(1) $x\leqslant y\Leftrightarrow x'\geqslant y'$.

(2) $x\leqslant y\Leftrightarrow x\wedge y'=0\Leftrightarrow x'\vee y=1$.

集合 S 的幂集格是布尔代数 $(P(S),\cap,\cup,',\varnothing,S)$，其中 $A'=S\backslash A$ 为余集. 当 $|S|=n$ 时，$P(S)$ 必是 2^n 元布尔代数. 反之，对任一有限元布尔代数 L，必存在非负整数 n 使 $|L|=2^n$，且 L 与 $(P(S),\subseteq)$ 布尔同构，其中 $S=\{1,2,\cdots,n\}$. 这里所说的布尔同构指的是 L 到 $P(S)$ 的双射 f，满足：对任何 $a,b\in L$ 有

$$f(a\wedge b)=f(a)\cap f(b),\ f(a\vee b)=f(a)\cup f(b)$$
$$f(a')=(f(a))'$$

(证明过程见本章末习题 16～19.)

布尔子代数　设 M 是布尔代数 $(L,\wedge,\vee,',0,1)$ 的子集，$0,1\in M$，如果对任意 $a,b\in M$ 都有

$$a\wedge b\in M,\ a\vee b\in M,\ a'\in M$$

则称 $(M,\wedge,\vee,',0,1)$ 是 $(L,\wedge,\vee,',0,1)$ 的**布尔子代数**. 易见，任一 L 都有两个平凡子代数 L 和 $\{0,1\}$.

例 2　设 $S=\{a,b,c\}$，则 8 元布尔代数 $(P(S),\subseteq)$ 有三个非平凡子代数

$$M_1=\{S,\{a,b\},\{c\},\varnothing\}$$
$$M_2=\{S,\{b,c\},\{a\},\varnothing\}$$
$$M_3=\{S,\{a,c\},\{b\},\varnothing\}$$

要提醒注意的是，布尔代数 L 的某个子集可能是布尔代数，但未必是 L 的子代数.

例 3　设 $(L,\wedge,\vee,',0,1)$ 是任一布尔代数. 任取 $a,b\in L$，$a<b$. 考察闭区间

$$I=I[a,b]=\{x\mid x\in L,a\leqslant x\leqslant b\}$$

它是分配格 L 的子格，当然是分配格，且 I 中有零元 a 和单位元 b. 任一 $x\in I$ 在 I 中必有补元

$$x^*=(a\vee x')\wedge b$$

这里 x' 是 x 在 L 中的补元. 事实上,有 $a\leqslant x^*\leqslant b$ 且 $x\wedge x^*=a, x\vee x^*=b$. 故 $(I,\wedge,\vee,*,a,b)$ 是布尔代数,称为**闭区间布尔代数**. 但是,由于 I 和 L 中的零元和单位元不一致,所以 I 不是 L 的子代数.

题 2　设 L 是元素个数大于 2 的布尔代数. 任取 $a\in L, a\neq 0, \neq 1$,证明 $M=\{0,1,a,a'\}$ 是 L 的子代数. (提示:证明 $a\neq a'$ 以及封闭性.)

例 4　设 L 是任一布尔代数. 任取 $a\in L$,则闭区间布尔代数 $I[0,a']$ 与 $I[a,1]$ 必布尔同构.

证　由 §3 定理 3 必有格同构

$$I[0,a']\overset{\psi}{\cong}I[a,1],\text{其中 } x\overset{\psi}{\longrightarrow}x\vee a$$

即 ψ 保持格运算 $\wedge$ 和 $\vee$. 再证 ψ 保持求补运算 $*$. 任取 $x\in I[0,a']$,则由例 3 所证知

$$x^*=(0\vee x')\wedge a'=x'\wedge a',\psi(x^*)=(x'\wedge a')\vee a$$

但 $\psi(x)=x\vee a$ 在 $I[a,1]$ 中补元为

$$(\psi(x))^*=(x\vee a)^*=(a\vee(x\vee a)')\wedge 1=a\vee(x'\wedge a')$$

故 $\psi(x^*)=(\psi(x))^*$, ψ 为布尔同构.　　证毕

布尔环与布尔代数之间的关系　在第三章 §3 例 2 中已经证明了任一布尔环必是特征数为 2 的交换环. 为了建立布尔环与布尔代数之间的关系,我们要求布尔环中含有单位元.

设 $A=(L,\wedge,\vee,',0,1)$ 是布尔代数,则 L 关于

$$a+b=(a\wedge b')\vee(a'\wedge b),a\cdot b=a\wedge b \tag{1}$$

成布尔环 $R=(L,+,\cdot,0,1)$.

设 $R=(L,+,\cdot,0,1)$ 是布尔环,则 L 关于

$$a\vee b=a+b+a\cdot b,a\wedge b=a\cdot b,a'=1+a \tag{2}$$

成布尔代数 $A=(L,\wedge,\vee,',0,1)$.

若对布尔代数 $A=(L,\wedge,\vee,',0,1)$,按(1)式得到布尔环 $R=(L,+,\cdot,0,1)$,再按(2)式得到布尔代数 $\widetilde{A}=(L,\widetilde{\wedge},\widetilde{\vee},\tilde{'},0,1)$,则易验证 $\widetilde{A}=A$,同理,对 R 按(2)得 A,再对 A 按(1)得 $\widetilde{R}$,必有 $\widetilde{R}=R$.

题 3　设 $A=(L,\wedge,\vee,',0,1)$ 是布尔代数. 令

$$a+b=(a\wedge b')\vee(a'\wedge b),a\cdot b=a\wedge b$$

得到布尔环 $R_1=(L,+,\cdot,0,1)$,证明 L 关于

$$a\oplus b=(a\vee b')\wedge(a'\vee b),a\odot b=a\vee b$$

也成布尔环 $R_2=(L,\oplus,\odot,1,0)$,且写出 $\oplus,\odot$ 与 $+,\cdot$ 之间的关系式. (答: $a\oplus b=1+a+b, a\odot b=a+b+ab$.)

习　题　四

1. 设$(S,\leqslant)$是偏序集,证明S的任一非空子集M都有极小元$\Leftrightarrow S$中元素的任一递降序列$a_1>a_2>\cdots$必终止于有限项.

2. 设$(A,\leqslant)$和$(B,\leqslant)$是两个偏序集. 在$A\times B$中规定

$$(a_1,b_1)\leqslant(a_2,b_2)\Leftrightarrow a_1<a_2 \text{ 或 } a_1=a_2,\text{但 } b_1\leqslant b_2$$

证明$(A\times B,\leqslant)$是偏序集. 若上述A和B都是全序集,问$A\times B$是否必为全序集?(答:必为全序集.)

3. 试在复数集$\mathbf{C}$中给出某个二元关系,使它成为全序集.

4. 设$(A,\leqslant)$是偏序集. 对任意$a\in A$,令

$$f(a)=\{x\mid x\in A,x\leqslant a\}$$

问f是不是$(A,\leqslant)$到$(P(A),\subseteq)$的单射? 是不是保序映射?(答:是单射. 是保序映射.)

5. 设G是满足消去律的交换幺半群,单位元为1.

(1)若1是G中仅有的可逆元,证明G关于$a\leqslant b\Leftrightarrow a\mid b$成偏序集.

(2)设U是G的可逆元素群. 在G中定义

$$a\sim b\Leftrightarrow\text{存在 }\varepsilon\in U\text{ 使 }a=b\varepsilon$$

证明:① $\sim$是G中等价关系,有商集

$$\overline{G}=\{\overline{g}\mid g\in G\},\overline{g}=\{x\mid x\in G,x\sim g\}$$

② $\overline{G}$是满足消去律的交换幺半群,其运算为

$$\overline{g_1}\cdot\overline{g_2}=\overline{g_1g_2},\ \forall\,\overline{g_1},\overline{g_2}\in\overline{G}$$

U是$\overline{G}$中单位元,它是$\overline{G}$中唯一的可逆元,而且$\overline{G}$关于

$$\overline{a}\leqslant\overline{b}\Leftrightarrow\overline{a}\mid\overline{b}$$

成偏序集.(提示:直接验证诸条件.)

6. 作出三次对称群S_3的子群格$L(S_3)$的格图.

7. 设f是集合S到集合T的某个确定的映射. 对$X\in P(S)$,记

$$\tilde{f}(X)=\{f(a)\mid a\in X\}$$

证明

(1)$\tilde{f}$是$P(S)$到$P(T)$的单值映射,称为f在$P(S)$上的诱导映射.

(2)$P(T)$的子集$L=\{\tilde{f}(X)\mid X\in P(S)\}$是格$(P(T),\subseteq)$的子格.

8. 设L_1和L_2是两个格. 证明$L_1\times L_2$关于

$$(a_1,a_2)\vee(b_1,b_2)=(a_1\vee b_1,a_2\vee b_2)$$

$$(a_1,a_2)\wedge(b_1,b_2)=(a_1\wedge b_1,a_2\wedge b_2)$$

成格. 若 L_1 和 L_2 有单位元和零元,求出 $L_1\times L_2$ 的单位元和零元.

9. 证明格 L 的格自同态集合 G 关于变换乘法成幺半群.

10. 试画出所有的六元格图. 并指出哪些是分配格,哪些是模格?(答:共 15 种.)

11. 举例说明,非交换群 G 的子群格 $L(G)$ 未必是模格.

12. 称格$(L,\wedge,\vee)$是下半模格,如果对任何 $a,x,y\in L,x\neq y$,只要 a 是 x 和 y 的覆盖,则 x 和 y 必是 $x\wedge y$ 的覆盖. 证明

(1)若 G 是有限 p 群,则 G 的子群格 $L(G)$ 必是下半模格.

(2)8 阶两面体群(见第二章末题 34)D_4 的子群格 $L(D_4)$ 不是模格,并画出它的格图.

13. 举例说明,在含零元 0 的非模格中,存在 x 到 0 的两个极大链,具有不同的长度.

14. 设 R 是有单位元 1 的环,证明

(1)若 e 和 f 是 R 中两个可交换的幂等元,则 ef 和 $e+f-ef$ 也是 R 中幂等元.

(2)记 L 是 R 中所有中心幂等元所成的集合,则 L 关于

$$e\vee f=e+f-ef,e\wedge f=ef,e'=1-e$$

成布尔代数.

15. 设 A 和 B 是两个不相交的集合. 证明

$$S\cup T\xrightarrow{f}(S,T),\forall S\in P(A),T\in P(B)$$

是布尔代数 $P(A\cup B)$ 到 $P(A)\times P(B)$ 的布尔同构.

16. 设 L_1 和 L_2 是两个布尔代数,证明 $L_1\times L_2$ 关于

$$(a_1,a_2)\vee(b_1,b_2)=(a_1\vee b_1,a_2\vee b_2)$$
$$(a_1,a_2)\wedge(b_1,b_2)=(a_1\wedge b_1,a_2\wedge b_2)$$
$$(a_1,a_2)'=(a_1',a_2')$$

成布尔代数,并称为 L_1 和 L_2 的直积.

17. 设 L 是布尔代数. 任取 $a\in L$,证明 L 与

$$\widetilde{L}=I[0,a]\times I[a,1]$$

布尔同构.(提示:考虑 $f:x\to(x\wedge a,x\vee a)$.)

18. 设 $S=\{1,2,\cdots,n\}$ 为 n 元集合. 任意取定 $k,1<k<n$,令

$$K=\{1,\cdots,k\},K'=\{k+1,\cdots,n\}$$

证明必有布尔同构

$$P(S)\cong P(K)\times P(K')$$

19. 利用习题 16～18 以及例 4 之结论证明:任一有限元布尔代数 L 必有 $|L|=$

2^n,且 L 与某个 $(P(S),\subseteq)$ 布尔同构,$S=\{1,2,\cdots,n\}$.

20. 设 f 是布尔代数 L 到布尔代数 L' 内的布尔同态,证明 L 关于 f 的商集

$$\overline{L}=\{\overline{a}\mid a\in L\},\text{其中 }\overline{a}=\{x\mid x\in L,f(x)=f(a)\}$$

在运算

$$\overline{a}\vee\overline{b}=\overline{a\vee b},\overline{a}\wedge\overline{b}=\overline{a\wedge b},\overline{a}'=\overline{a'}$$

之下成布尔代数,称为 L 关于 f 的商代数. 进一步,仿照格的同态定理叙述布尔代数的同态定理.

第五章　扩域理论

在本章中我们用记号 E/F 表示 E 是域 F 的扩域，用 Gal E/F 表示由 E 的保持 F 中元素不变的自同构全体所成的群，它是 E 的自同构群 Aut E 的子群. 本章将详细讨论扩域 E/F 与群 Gal E/F 之间的密切关系，通过群 Gal E/F 来研究扩域 E/F 的结构.

任意域 F 必是其最小子域 Π 的扩域. 当 ch $F=p$ 时，$\Pi\cong\mathbf{Z}/(p)$. 当 ch $F=0$ 时，$\Pi\cong\mathbf{Q}$. 故常把任意域 F 看成是 $\mathbf{Z}/(p)$ 或 $\mathbf{Q}$ 的扩域.

§1　代数扩域

单扩域　称域 F 的扩域 E 是 F 的**单扩域**，如果存在 $\alpha\in E$ 使

$$E=F(\alpha)=\left\{\frac{f(\alpha)}{g(\alpha)}\,\middle|\, f(\alpha),g(\alpha)\in F[\alpha],g(\alpha)\neq 0\right\}$$

即 E 是环 $F[\alpha]$ 的商域. 如果 α 是 F 上的代数元，则称 $F(\alpha)$ 是 F 的**单代数扩域**，并称 α 为**本原元**. 否则，称 $F(\alpha)$ 为 F 的**单超越扩域**. 由多项式环的结构定理（第三章 §7 定理 2）知，F 的所有单超越扩域都是同构的. 如果 $F(\alpha)$ 是 F 的单代数扩域，α 在 F 上的最小多项式为 $p(x)$，则必有

$$F(\alpha)=F[\alpha]\cong F[x]/(p(x))$$

第一个等式成立的原因是：$p(x)$ 是主理想环 $F[x]$ 中的既约元. 据第三章 §8 定理 4 知 $F[\alpha]$ 是域.

定理 1　设 F 为域，$p(x)$ 为 $F[x]$ 中不可约多项式，则必存在 F 上的单代数扩域 $F(\alpha)$，且 α 在 F 上的最小多项式即为 $p(x)$.

这说明 $p(x)$ 在域 $F(\alpha)$ 中必有根，故定理 1 常称为**根的存在定理**.

易见 $F(\alpha)=F\Leftrightarrow\alpha\in F$. 域 F 是**代数闭域**，即 $F[x]$ 中任一不可约多项式都是一次的，当且仅当不存在 F 的真的单代数扩域.

例 1　设 $F(\alpha)$ 是 F 的单代数扩域，α 在 F 上的最小多项式 $p(x)$ 的次数为 n. 任取 $f(\alpha)\in F[\alpha]=F(\alpha)$，则由带余除法知 $f(x)=q(x)p(x)+r(x)$，这里余式

$$r(x)=\sum_{i=0}^{n-1}a_ix^i$$

是由 $f(x)$ 唯一确定的. 于是，由 $p(\alpha)=0$ 知 $F(\alpha)$ 中元必可唯一地表为

$$f(\alpha)=\sum_{i=0}^{n-1}a_i\alpha^i,a_i\in F,i=0,1,2,\cdots,n-1$$

任取$f(\alpha)=\sum_{i=0}^{n-1}a_i\alpha^i,g(\alpha)=\sum_{i=0}^{n-1}b_i\alpha^i\in F(\alpha)$,则

(1)$f(\alpha)\pm g(\alpha)=\sum_{i=0}^{n-1}(a_i\pm b_i)\alpha^i$;

(2)$f(\alpha)g(\alpha)=h(\alpha)$,这里$h(x)$满足

$$h(x)\equiv f(x)g(x)(\bmod p(x))$$

且当$f(\alpha)g(\alpha)\neq 0$时,必有$0\leqslant\deg h(x)<n$.

(3)若$f(\alpha)\neq 0$,则$f(\alpha)^{-1}=h(\alpha)$,这里$h(x)$满足

$$f(x)\cdot h(x)\equiv 1(\bmod p(x)),0\leqslant\deg h(x)<n$$

题1　设**Q**是有理数域.

(1)若$\alpha=1+\sqrt[3]{2}+\sqrt[3]{4}$,试在$\mathbf{Q}(\sqrt[3]{2})$中求$\alpha^{-1}$.

(2)若α是$f(x)=x^2-5x+7$的根,试把

$$\beta=\frac{1-7\alpha+2\alpha^2}{1+\alpha-\alpha^2}$$

表成α的多项式,系数属于**Q**.(答:$\alpha^{-1}=\sqrt[3]{2}-1$.利用$\alpha^2=5\alpha-7$得$\beta=\frac{18-7\alpha}{4}$.)

题2　设$E=F(x)$,x是F上的超越元.如果K是E的子域,且$K\neq F$,证明x必是K上的代数元.(提示:存在$k=\frac{f(x)}{g(x)}\in K,h\notin F$.)

设E是域F的真扩域.任取$\alpha_1,\alpha_2\in E$,则

$$F(\alpha_1,\alpha_2)=\left\{\frac{f(\alpha_1,\alpha_2)}{g(\alpha_1,\alpha_2)}\;\middle|\;f(\alpha_1,\alpha_2),g(\alpha_1,\alpha_2)\in F[\alpha_1,\alpha_2],g(\alpha_1,\alpha_2)\neq 0\right\}$$

是E中包含F和α_1,α_2的最小子域.利用其最小性易证

$$F(\alpha_1)(\alpha_2)=F(\alpha_1,\alpha_2)=F(\alpha_2,\alpha_1)=F(\alpha_2)(\alpha_1)$$

一般地,如果存在$\alpha_1,\alpha_2,\cdots,\alpha_n\in E$使$E=F(\alpha_1,\alpha_2,\cdots,\alpha_n)$,则称$E$是$F$的**有限添加扩域**,且

$$F(\alpha_1,\alpha_2,\cdots,\alpha_n)=F(\alpha_{i_1},\alpha_{i_2},\cdots,\alpha_{i_n})=F(\alpha_{i_1})(\alpha_{i_2})\cdots(\alpha_{i_n})$$

这里$i_1,i_2,\cdots,i_n$是$1,2,\cdots,n$的任一n阶排列.当所有添加元α_i都是F上代数元时,称E为F的**有限添加代数元扩域**.

例2　**任意添加扩域**.设E是域F的真扩域,S是E的任一子集.记$F(S)$是E的所有包含F和S的子域的交,因而是E的包含F和S的最小子域,称$F(S)$为添加S于F所得的扩域.可证

$$F(S)=\left\{\bigcup_{\lambda\in I}F(S_\lambda)\;\middle|\;S_\lambda\text{ 为 }S\text{ 的任一有限子集},I\text{ 为下标集}\right\}$$

事实上，把右端集合记为 F'. 任取 $a,b\in F'$，可设

$$a\in F(\alpha_1,\cdots,\alpha_m),b\in F(\beta_1,\cdots,\beta_n)$$

则 $a-b,ab^{-1}$（当 $b\neq0$ 时）$\in F(\alpha_1,\cdots,\alpha_m,\beta_1,\cdots,\beta_n)\subseteq F'$，故 F' 是 E 的包含 F 和 S 的子域，必有 $F(S)\subseteq F'$. 反之，由所有 $S_\lambda\subseteq S$ 知 $F(S_\lambda)\subseteq F(S)$，又得 $F'\subseteq F(S)$，故等式成立.

这是一种最广泛意义上的扩域，在理论上，它也可归之于单扩域的研究.

有限次扩域 设 E 是域 F 的扩域，则 E 的加法群 $(E,+)$ 可看作域 F 上的线性空间. 用 $[E:F]$ 表示它的维数，并称为扩域 E/F 的**次数**. 当 $[E:F]$ 为有限数时，称 E 是 F 的**有限次扩域**. 我们约定：凡是说 K 是 E/F 的子域，总指 K 是 E 的包含 F 的子域. 根据线性空间的维数公式即可得到一个常用的扩域次数公式：若 $F\subseteq K\subseteq E$ 是三个域，且 $[E:F]$ 为有限数，则

$$[E:F]=[E:K][K:F]$$

定理 2 设 E 是域 F 的扩域，$\alpha\in E$，则 α 是 F 上 n 次代数元 $\Leftrightarrow F(\alpha)$ 是 F 的 n 次扩域. 这里 n 恰是代数元 α 在 F 上的最小多项式的次数.

这说明，单代数扩域 $F(\alpha)/F$ 的次数就是代数元 α 在 F 上的次数. 这个结论必须熟记.

例 3 取 $\omega=\cos\dfrac{\pi}{6}+\mathrm{i}\sin\dfrac{\pi}{6}$ 为 12 次本原根（见 §3），则由 $p(x)=x^4-x^2+1$ 在 $\mathbf{Q}[x]$ 中不可约和 $p(\omega)=0$ 知 $[\mathbf{Q}(\omega):\mathbf{Q}]=4$.

例 4 设 $F\subseteq K\subseteq E$ 是三个域，$[K:F]=m,\alpha\in E$ 是 F 上 n 次代数元. 如果 $(m,n)=1$，则 α 也是 K 上的 n 次代数元，且 $[K(\alpha):F(\alpha)]=m$. 事实上，设 $[K(\alpha):K]=r,[K(\alpha):F(\alpha)]=x$，则由

$$F\subseteq K\subseteq K(\alpha)\quad 和\quad F\subseteq F(\alpha)\subseteq K(\alpha)$$

知 $mr=nx$. 由 $(n,m)=1$ 知 $n\mid r$，考虑到 α 在 F 上和在 K 上的最小多项式的次数 $r\leqslant n$ 知 $r=n,x=m$.

题 3 设 $E=F(\alpha)$. α 是域 F 上奇数次代数元，证明 $E=F(\alpha^2)$.

题 4 设 K_1 和 K_2 是扩域 E/F 的子域，且都是 F 的有限次扩域，$K=F(K_1,K_2)$，证明 $[K:F]\leqslant[K_1:F][K_2:F]$.（提示：考虑 K_i/F 的基，$i=1,2$.）

定理 3 E 是域 F 的有限次扩域 $\Leftrightarrow E$ 是 F 的有限添加代数元扩域.

证 设 $[E:F]=n$，则任取 E 中的一个 F－基 $\alpha_1,\alpha_2,\cdots,\alpha_n$，必有 $E=F(\alpha_1,\alpha_2,\cdots,\alpha_n)$. 再由 $[E:F]=n$ 知

$$1,\alpha_i,\alpha_i^2,\cdots,\alpha_i^n$$

是 F－线性相关的，$i=1,2,\cdots,n$. 故每个 α_i 是 F 上代数元. 反之，设 $E=F(\alpha_1,\alpha_2,\cdots,\alpha_n)$，每个 α_i 都是 F 上代数元，当然是 $F(\alpha_1,\cdots,\alpha_{i-1})$ 上代数元，反复应用定理 2 和次数公式即知 $[E:F]$ 为有限数. 证毕

注意：$E=F(\alpha_1,\alpha_2,\cdots,\alpha_n)$中添加元个数未必等于$[E:F]$.

题5　设E是域F的有限次扩域，且对E/F的任意两个子域K_1和K_2必有$K_1\supseteq K_2$或$K_2\supseteq K_1$，证明E必是F的单代数扩域.（提示：反证法.）

例5　有限次扩域E/F是单代数扩域$\Leftrightarrow E/F$仅有有限个子域.

证　$\Rightarrow$：设$E=F(\alpha)$. 任取子域K满足$F\subseteq K\subseteq E$. 设α在F上和K上的最小多项式分别为$f(x)$和$g(x)$，则在$K[x]$中，$g(x)$必整除$f(x)$. 设

$$g(x)=x^m+b_1x^{m-1}+\cdots+b_{m-1}x+b_m,b_i\in K$$

则$K'=F(b_1,b_2,\cdots,b_m)\subseteq K$，且$\alpha$在$K'$上的最小多项式即为$g(x)$. 由

$$F\subseteq K'\subseteq K\subseteq E,F(\alpha)\subseteq K'(\alpha)\subseteq K(\alpha)\subseteq E=F(\alpha)$$

知$E=K'(\alpha)=K(\alpha)$，$[E:K]=[K(\alpha):K]=[K'(\alpha):K']=[E:K']$，所以$K=K'=F(b_1,b_2,\cdots,b_m)$，它由$g(x)$唯一确定. 因为$f(x)$的首项系数为1的因子$g(x)$仅有有限多个，所以$E/F$仅有有限个子域.

$\Leftarrow$：如果F是有限域，$\mathrm{ch}\,F=p$，则其有限次扩域E也是有限域. 由$E^*=\langle\alpha\rangle$知

$$E=\mathbf{Z}/(p)(\alpha)\subseteq F(\alpha)\subseteq E$$

故$E=F(\alpha)$. 如果F是无限域，且E/F仅有有限个子域. 不失一般性，可考虑$E=F(u,v)$的情形. 据所给条件知必存在$a\neq b\in F$使

$$F\subseteq F(u+av)=F(u+bv)\subseteq F(u,v)$$

另一方面，由

$$v=(a-b)^{-1}[(u+av)-(u+bv)]\in F(u+av)$$
$$u=(u+av)-av\in F(u+av)$$

又得$F(u,v)\subseteq F(u+av)$，所以$F(u,v)=F(u+av)$.　证毕

题6　任意域F的素数次扩域必是单代数扩域.

题7　单代数扩域的中间域必是单代数扩域.

顺便提一下，利用超越次数概念可证单超越扩域$E=F(\alpha)$的中间域K必是F的单超越扩域，这里$F\subset K\subseteq E$.

代数扩域　如果域F的扩域E中任一元都是F上的代数元，则称E/F是**代数扩域**. 否则，称E/F是**超越扩域**. 如果E中任一不在F中的元都是F上超越元，则称E/F为**纯超越扩域**. 例如，复数域是实数域的代数扩域. 实数域是有理数域的超越扩域. 域F的单超越扩域$E=F(x)$是F的纯超越扩域.

例6　域F的任一有限次扩域E必是F的代数扩域. 事实上，设$[E:F]=n$. 任取$\beta\in E$，则由$1,\beta,\beta^2,\cdots,\beta^n$必$F$-线性相关知$\beta$必是$F$上代数元.

但是，代数扩域未必都是有限次扩域.

例7　有理系数多项式的根称为**代数数**. 可证，代数数全体是复数域的子域A，称为**代数数域**. 但A不是$\mathbf{Q}$的有限次扩域. 事实上，任意的$\alpha,\beta\in A$都是$\mathbf{Q}$上代数元，

$\mathbf{Q}(\alpha)/\mathbf{Q}$和$\mathbf{Q}(\beta)/\mathbf{Q}$都是有限次扩域而$\alpha-\beta,\dfrac{\alpha}{\beta},(\beta\neq 0)$必属于$\mathbf{Q}$的有限次扩域$\mathbf{Q}(\alpha,\beta)$，因此，必是$\mathbf{Q}$上代数元，必属于$A$，所以$A$是域. 因为对任意自然数$n$，必有$n$次有理系数不可约多项式$x^n-2$，它的根是$\mathbf{Q}$上$n$次代数元，所以$A/\mathbf{Q}$不是有限次扩域.

题 8　若E是域F的扩域，S是E的子集. 如果任一$\alpha\in S$都是F上代数元，证明$F(S)$必是F的代数扩域.（提示：应用定理 3 和例 6.）

题 9　(1)设F是整环R的子域. 如果任一$\alpha\in R$都是F上代数元，证明R必是域. 因而R是F的代数扩域.

(2)若E是域F的有限次扩域，R是E的包含F的子环，证明R必是子域.（提示：由$F[\alpha]$为R的子域知α是R中可逆元，R为域.）

定理 4　设$F\subseteq K\subseteq E$是三个域. 如果E/K和K/F都是代数扩域，则E/F必是代数扩域.

证　任取$\alpha\in E$. 可设α在K上的最小多项式为

$$p(x)=x^n+k_1x^{n-1}+\cdots+k_{n-1}x+k_n,k_i\in K$$

考虑扩域链

$$F\subseteq K'=F(k_1,k_2,\cdots,k_n)\subseteq K$$

因为每个k_i都是F上代数元，所以K'/F是有限次扩域. 但由$p(x)\in K'[x]$和$p(\alpha)=0$知$K'(\alpha)/K'$也是有限次扩域，所以$K'(\alpha)/F$是有限次扩域，α是F上代数元. 证毕

设E是域F的任一扩域，则E中的F上代数元全体K为F的关于E的**最大代数扩域**，E是K的纯超越扩域.

§2　多项式的分裂域

多项式的分裂域是一类重要的扩域，在下述意义上，它是复数域的模拟. 代数基本定理告诉我们：任一复系数多项式$f(x)$在复数域$\mathbf{C}$中必有根，因而$f(x)$在$\mathbf{C}[x]$中可分解成一次因子的乘积. 现在要问：对任意域F上的多项式$f(x)$，是否存在F的扩域E，使$f(x)$在$E[x]$中能分解成一次因子的乘积？

分裂域定义　设F为域，$f(x)\in F[x]$，$\deg f(x)=n$，所谓$f(x)$在F上的分裂域指的是$f(x)$能在其中分解成一次因子乘积（简称为完全分裂）的F的最小扩域E，即存在$r_1,r_2,\cdots,r_n\in E$使

$$f(x)=\alpha(x-r_1)(x-r_2)\cdots(x-r_n)$$

由最小性要求易见分裂域$E=F(r_1,r_2,\cdots,r_n)$，也就是把$f(x)$的n个根$\{r_1,r_2,\cdots,$

$r_n\}$,都添加到 F 上而得到的扩域. 故分裂域又称为**根域**. 为了证明分裂域的存在性和唯一性,还需引入如下概念. 这些概念和结论在伽罗瓦理论中是十分有用的.

F - 同构扩域　设 E_1 和 E_2 是域 F 的两个同构的扩域. E_1 到 E_2 的某个同构 σ 称为 **F - 同构**,如果 σ 不变 F 中所有元素. 常用 $\sigma|_F = 1^*$ 表示. 存在 F - 同构的扩域 E_1/F 与 E_2/F 称为 **F - 同构扩域.**

特别,对扩域 E/F 来说,恒等变换必是 E 的一个 **F - 自同构.** E 的 F - 自同构全体构成扩域 E/F 的伽罗瓦群

$$\text{Cal } E/F = \{\sigma | \sigma \in \text{Aut } E, \sigma|_F = 1^*\}$$

例 1　复数域 $\mathbf{C}$ 中的共轭变换是 R - 自同构.

例 2　域 F 的任意两个单超越扩域 $F(x)$ 和 $F(y)$ 必是 F - 同构扩域.

定理 1　设 $F(\alpha)$ 和 $F(\beta)$ 是域 F 的两个单代数扩域,则存在 $F(\alpha)$ 到 $F(\beta)$ 的 F - 同构 σ 使 $\sigma(\alpha) = \beta \Leftrightarrow \alpha$ 与 β 在 F 上的最小多项式相同.

证　$\Rightarrow$:设 α 与 β 在 F 上的最小多项式分别为 $p(x)$ 和 $q(x)$,则由 $\sigma|_F = 1^*$ 和 $\sigma(\alpha) = \beta$ 知可由 $p(\alpha) = 0$ 推出 $p(\beta) = 0$,故 $q(x) | p(x)$. 但 $p(x)$ 为 $F[x]$ 中不可约多项式,所以必有 $p(x) = q(x)$.

$\Leftarrow$:设 α 与 β 在 F 上的最小多项式同为 $p(x)$,则有

$$F(\alpha) \cong F[x]/(p(x)) \cong F(\beta)$$

且

$$\sum_{i=0}^{n-1} a_i \alpha^i \to \sum_{i=0}^{n-1} a_i \beta^i, n = \deg p(x)$$

即为所需的 F - 同构.　证毕

这是一个重要定理. 读者在应用时往往会忽略 $\sigma(\alpha) = \beta$ 这一要求而得出错误的结论. 例如:$\alpha = \sqrt{2}$ 和 $\beta = 2\sqrt{2}$ 在 $\mathbf{Q}$ 上的最小多项式分别为 $x^2 - 2$ 和 $x^2 - 8$,但却有 $\mathbf{Q}(\sqrt{2}) = \mathbf{Q}(2\sqrt{2})$,恒等变换是它的 $\mathbf{Q}$ - 自同构. 当然,它不可能把 α 变为 β.

F - 共轭扩域　设 E 是域 F 的扩域,K_1 和 K_2 是 E/F 的两个子域. 如果 K_1 和 K_2 是 F - 同构扩域,则称 K_1 和 K_2 是 **F - 共轭的**. 任取 $\alpha, \beta \in E$,称 α 与 β 是 **F - 共轭元**,如果存在 $F(\alpha)$ 到 $F(\beta)$ 的 F - 同构 σ 使 $\sigma(\alpha) = \beta$. F 上任意两个超越元 x 和 y 必是 F - 共轭元,因为必有

$$F(x) \overset{\sigma}{\cong} F(y), \sigma|_F = 1^*, \sigma(x) = y$$

由定理 1 知 F 上两个代数元 α 与 β 是 F - 共轭元 $\Leftrightarrow \alpha$ 与 β 是同一不可约多项式 $p(x) \in F[x]$ 的根. 特别,任一 $\alpha \in F$ 必是 F - 自共轭元,对应的 F - 自同构即为 F 中恒等变换.

同构延拓　设 E/F 和 $\overline{E}/\overline{F}$ 是两个扩域. 如果

$$F \overset{\sigma}{\cong} \overline{F}, E \overset{\tau}{\cong} \overline{E}, \text{且} \tau|_F = \sigma$$

则称τ是 σ 的**延拓**，或称同构 σ 延拓成同构τ. 特别，若 E 和 $\overline{E}$ 是域 F 的 F－同构扩域，则任一 F－同构τ都可看成是 F 中恒等变换 $\sigma=1^*$ 的延拓.

设 E/F 和 $\overline{E}/\overline{F}$ 是两个扩域，且 $F\overset{\sigma}{\cong}\overline{F}$，则有如下延拓过程：

(1) σ 可延拓成环同构 $F[x]\overset{\rho}{\cong}\overline{F}[x]$，这里

$$\sum_{i=0}^{m}a_ix^i\xrightarrow{\rho}\sum_{i=0}^{m}\overline{a}_ix^i,\overline{a}_i=\sigma(a_i)$$

且满足 $\rho|_F=\sigma,\rho(x)=x$.

(2) 任取 $r\in E$ 是 F 上的代数元. r 在 F 上的最小多项式为 $p(x)$，记 $\rho(p(x))=\overline{p}(x)$. 易见，$\overline{p}(x)$ 必是 $\overline{F}[x]$ 中的不可约多项式. 可以证明：σ 能延拓成 $F(r)$ 到 $\overline{E}$ 内的同构$\tau\Leftrightarrow\overline{p}(x)$ 在 $\overline{E}$ 内有根. 事实上，若 σ 能延拓成所需同构τ，记 $\overline{r}=\tau(r)\in\overline{E}$，则由$\tau|_F=\sigma$ 和 $p(r)=0$ 知 $\overline{p}(\overline{r})=\overline{0}$. 反之，任取 $\overline{p}(x)$ 在 $\overline{E}$ 中的根 $\overline{r}$，则 $\overline{p}(x)$ 就是 $\overline{r}$ 在 $\overline{F}$ 上的最小多项式，且 $\deg\overline{p}(x)=\deg p(x)=n$. 易见，$F\overset{\sigma}{\cong}\overline{F}$ 可延拓成

$$F(r)\overset{\tau}{\cong}\overline{F}(\overline{r})\subseteq\overline{E}$$

$$\tau:\sum_{i=0}^{n-1}a_ir^i\longrightarrow\sum_{i=0}^{n-1}\overline{a}_i\overline{r}^i,\overline{a}_i=\sigma(a_i)$$

必有$\tau|_F=\sigma,\tau(r)=\overline{r}$，且$\tau$由 σ 唯一确定.

进一步，由上述延拓过程可知，对取定的 r 来说，σ 的这种延拓τ的个数恰好等于 $\overline{p}(x)$ 在 $\overline{E}$ 中的互异根的个数，由此，我们可得分裂域的同构延拓定理：

定理 2　设域 $F\overset{\sigma}{\cong}\overline{F}$，环 $F[x]\overset{\rho}{\cong}\overline{F}[x]$，$\rho|_F=\sigma,\rho(x)=x$. 任取 $f(x)\in F[x]$，记 $\overline{f}(x)=\rho(f(x))\in\overline{F}[x]$. 取 E 是 $f(x)$ 在 F 上的分裂域，$\overline{E}$ 是 $\overline{f}(x)$ 在 $\overline{F}$ 上的分裂域，则

(1) σ 必可延拓成 $E\overset{\xi}{\cong}\overline{E}$.

(2) 由 σ 延拓而成的这种 ξ 的个数

$$l\leqslant[E:F]=[\overline{E}:\overline{F}]$$

(3) 当 $\overline{f}(x)$ 的任一不可约因子在 $\overline{E}$ 中都无重根时，必有

$$l=[E:F]$$

此定理的证明梗概如图 2 所示. 取 $p(x)$ 是 $f(x)$ 的任一不可约因子，$r_1\in E$ 是 $p(x)$ 的任一根，则 $\overline{p}(x)=\rho(p(x))$ 必是 $\overline{f}(x)$ 的不可约因子. 设其互异根为 $s_1,s_2,\cdots,s_k$，则 σ 可延拓成 $K=F(r_1)\overset{\tau_i}{\cong}\overline{F}(s_i)$，$i=1,2,\cdots,k$. 对次数 $[E:F]$ 用归纳法可知这些τ_i 又可延拓成 $E\overset{\xi_{ij}}{\cong}\overline{E}$. 易见，$\xi_{ij}$必是 σ 的同构延拓. 关于 l 的结论是显然的.

$$
\begin{array}{ccc}
E & \overset{\xi_{ij}}{\cong} & \overline{E} \\
\cup| & \uparrow & \cup| \\
K = F(r_1) & \overset{\tau_i}{\cong} & \overline{K}_i = \overline{F}(s_i) \\
\cup| & \uparrow & \cup| \\
F & \overset{\sigma}{\cong} & \overline{F} \\
\cap & \downarrow & \cap \\
F[x] & \overset{\rho}{\cong} & \overline{F}[x] \\
\ni & & \ni \\
f(x) & \overset{\rho}{\rightarrow} & \overline{f}(x) \\
\| & & \| \\
p(x)g(x) & & \overline{p}(x)\overline{g}(x)
\end{array}
$$

图2

分裂域的存在性与唯一性　关于多项式的分裂域有如下结论:

(1)设 E 是 $f(x)\in F[x]$ 在 F 上的分裂域, $\deg f(x)=n$, 则 $[E:F]\leqslant n!$, 因此 E/F 必是有限次代数扩域.

读者必须注意的是,分裂域必是对 $f(x)$ 的某个系数域而言的. 笼统地说 E 是 $f(x)$ 的分裂域是没有意义的. 例如, $f(x)=x^4-2\in\mathbf{Q}[x]\subseteq\mathbf{R}[x]$. 由

$$x^4-2=(x-\sqrt[4]{2})(x+\sqrt[4]{2})(x-\mathrm{i}\sqrt[4]{2})(x+\mathrm{i}\sqrt[4]{2}),\mathrm{i}=\sqrt{-1}$$

知 $f(x)$ 在 $\mathbf{Q}$ 上的分裂域 $E=\mathbf{Q}(\sqrt[4]{2},\sqrt{-1})$, 它是 $\mathbf{Q}$ 的 8 次扩域. 而 $f(x)$ 在 $\mathbf{R}$ 上的分裂域即为 $\mathbf{C}=\mathbf{R}(\sqrt{-1})$, 它是 R 的 2 次扩域.

(2)任一 $f(x)\in F[x]$ 必存在 F 上的分裂域. 事实上,将 $f(x)$ 在 $F[x]$ 中分解成不可约多项式的乘积

$$f(x)=\prod_{i=1}^{s}(p_i(x))^{k_i}$$

然后反复应用根的存在定理(§1 定理 1)可逐次将 $f(x)$ 的 n 个根添加到 F 上即得分裂域 E. 易见, $f(x)$ 与

$$f_0(x)=\prod_{i=1}^{s}p_i(x)$$

在 F 上的分裂域是相同的. 因此,分裂域的次数 $[E:F]$ 与根的重数无关.

(3) $f(x)\in F[x]$ 在 F 上的分裂域未必唯一,它依赖于在 F 的哪个扩域中求其不可约因子的根. 但由定理 2 知它们都是同构的(考虑 $F=\overline{F},\sigma=1^*$), 因此,在同构意义下,多项式的分裂域是唯一的. 进一步可证 $f(x)$ 的根的重数与其分裂域的选

择无关. 事实上,设 E 和 $\overline{E}$ 是 $f(x)\in F[x]$ 在 F 上的两个分裂域,则 $E\overset{\xi}{\cong}\overline{E}$,且 $\xi|_F=1^*$,故 ξ 把 $f(x)$ 的根 $\alpha\in E$ 变为根 $\overline{\alpha}\in\overline{E}$. 设在 $E[x]$ 中有

$$f(x)=\prod_{i=1}^{s}(x-\alpha_i)^{k_i}$$

则在 ξ 作用之下应有

$$f(x)=\prod_{i=1}^{s}(x-\overline{\alpha_i})^{k_i},\text{其中 }\overline{\alpha}_i=\xi(\alpha_i),i=1,2,\cdots,s$$

因此 α_i 与 $\overline{\alpha_i}$ 的重数必相同.

(4) 设 E_1 和 E_2 是 $f(x)\in F[x]$ 在 F 上的两个分裂域. 如果 E_1 和 E_2 是同一个域 K 的子域,则 $E_1=E_2$. 事实上,可设

$$E_1=F(\alpha_1,\cdots,\alpha_n),E_2=F(\beta_1,\cdots,\beta_n)$$

$n=\deg f(x)$,则在 $K[x]$ 中必有

$$f(x)=\prod_{i=1}^{n}(x-\alpha_i)=\prod_{j=1}^{n}(x-\beta_j)$$

利用域 K 中无零因子,易见可调整下标使 $\alpha_i=\beta_i,i=1,2,\cdots,n$,故 $E_1=E_2$.

以后凡是说到 $F[x]$ 中某个多项式 $f(x)$ 的根,总是指 $f(x)$ 在 F 上的某个确定的分裂域中的根. 因此,n 次多项式有且仅有 n 个根.

例 3 若 p 是素数,则 $f(x)=x^p-1$ 在 $\mathbf{Q}$ 上的分裂域为 $p-1$ 次扩域 $E=\mathbf{Q}(\omega)$,这里 ω 是任一 p 次本原根. 事实上,$\Phi_p(x)=x^{p-1}+x^{p-2}+\cdots+x+1$ 必是 $\mathbf{Q}[x]$ 中不可约多项式(见 §3 定理 3),因而是 ω 在 $\mathbf{Q}$ 上的最小多项式.

例 4 $f(x)=x^5-2$ 在 $\mathbf{Q}$ 上的分裂域 $E=\mathbf{Q}(\lambda,\omega)$,其中 $\lambda=\sqrt[5]{2}$,ω 为 5 次本原根. 这是由于有等式

$$f(x)=(x-\lambda)(x-\omega\lambda)(x-\omega^2\lambda)(x-\omega^3\lambda)(x-\omega^4\lambda)$$

且 $[E:\mathbf{Q}]=[\mathbf{Q}(\lambda)(\omega):\mathbf{Q}(\lambda)][\mathbf{Q}(\lambda):\mathbf{Q}]=4\times5=20$.

例 5 设 $f(x)=x^3-a$ 是有理系数不可约多项式,$f(\alpha)=0$,则 $\mathbf{Q}(\alpha)$ 不可能是 $f(x)$ 在 $\mathbf{Q}$ 上的分裂域. 因为若不然的话,则 $f(x)$ 的三个根 $\alpha=\sqrt[3]{a}$,$\omega\alpha$ 和 $\omega^2\alpha$ 都属于 $\mathbf{Q}(\alpha)$,因此,3 次本原根 ω 也属于 $\mathbf{Q}(\alpha)$,由 $\mathbf{Q}\subset\mathbf{Q}(\omega)\subset\mathbf{Q}(\alpha)$ 得 $2|3$,矛盾. 因此 $Q(\alpha)$ 不是 $f(x)$ 在 Q 上的分裂域.

题 1 证明 $f(x)=x^4+1$ 在 $\mathbf{Q}$ 上的分裂域 E 必是 $\mathbf{Q}$ 的单代数扩域.(答: $E=\mathbf{Q}(\sqrt{\mathrm{i}})$.)

题 2 若 p 是素数,求 $f(x)=x^{p^e}-1$ 在 $\mathbf{Z}/(p)$ 上的分裂域 E.(答: $E=\mathbf{Z}/(p)$.).

例 6 设 $F=\mathbf{Z}/(2)$,$f(x)=x^3+x+1\in F[x]$,$f(r)=0$,证明 $F(r)$ 即为 $f(x)$ 在 F 上的分裂域.

证　设$f(x)$在$F(r)[x]$中有分解式(注意F的特征数为2)

$$\begin{aligned}f(x)&=(x+r)(x^2+ax+b)\\&=x^3+(a+r)x^2+(b+ar)x+br\end{aligned}$$

比较系数可解得$a=r,b=1+r^2$. 再利用$r^3=r+1$可得

$$f(x)=(x+r)(x+r^2)(x+r+r^2)$$

这说明,$F(r)$即为$f(x)$在F上的分裂域. 证毕

分裂域的正规性　称代数扩域K/F是**正规扩域**,如果$F[x]$中任一n次不可约多项式,或者在K中无根,或者在K中有n个根(因而在$K[x]$中能分解成一次因子的乘积). 由定义可知,代数扩域K/F是正规扩域$\Leftrightarrow$对任一$\alpha\in K$,α的所有F-共轭元都属于K.

定理3　任一$f(x)\in F[x]$在F上的任一分裂域E都是F的正规扩域.

证　设$E=F(\alpha_1,\alpha_2,\cdots,\alpha_n)$,$f(\alpha_i)=0$. 在$F[x]$中任取不可约多项式$p(x)$,且存在$\beta\in E$使$p(\beta)=0$. 任取$p(x)$的根$\beta'$. 由定理1知必有

$$F(\beta)\overset{\sigma}{\cong}F(\beta'),\sigma(\beta)=\beta',\sigma|_F=1^*$$

且可扩充成多项式环同构

$$F(\beta)[x]\overset{\rho}{\cong}F(\beta')[x],\rho|_{F(\beta)}=\sigma,\rho(x)=x$$

于是,由$\rho|_F=\sigma|_F=1^*$知$\rho(f(x))=f(x)$. 另外,由分裂域定义知$f(x)$在$F(\beta)$和$F(\beta')$上的分裂域分别为

$$\begin{aligned}F(\beta)(\alpha_1,\alpha_2,\cdots,\alpha_n)&=E(\beta)=E\\F(\beta')(\alpha_1,\alpha_2,\cdots,\alpha_n)&=E(\beta')\end{aligned}$$

对$F(\beta)\overset{\sigma}{\cong}F(\beta')$应用定理2知$E(\beta')\cong E$. 再据$E$和$E(\beta')$的加法群都是$F$上的有限维线性空间知$E(\beta')=E$,$\beta'\in E$. 这说明$E/F$是正规扩域. 证毕

这个定理说明,任一$f(x)\in F[x]$在F上的分裂域E必是F的有限次正规扩域. 反之,设$E=F(\alpha_1,\alpha_2,\cdots,\alpha_n)$是$F$的有限次正规扩域. 由正规性知,每个$\alpha_i$在$F$上的最小多项式$p_i(x)$在$E[x]$中完全分裂,则$f(x)=\prod_{i=1}^{n}p_i(x)$在$E[x]$中也完全分裂,且$E$是能使$f(x)$完全分裂的$F$的最小扩域,故$E$必是$f(x)$在$F$上的分裂域. 证毕

题3　证明域F的二次扩域K必是F的正规扩域.

题4　设ω是任一n次本原根,证明$\mathbf{Q}(\omega)/\mathbf{Q}$必是正规扩域.

题5　设$f(x)=x^p-\alpha$是$\mathbf{Q}[x]$中不可约多项式,p为奇素数,证明对$f(x)$任一根α,$\mathbf{Q}(\alpha)$一定不是$\mathbf{Q}$的正规扩域.(提示:否则的话,$\mathbf{Q}(\alpha)$中含p次本原根.)

例7　设$f(x)=x^3+a_1x^2+a_2x+a_3$是$\mathbf{Q}[x]$中不可约多项式,其互异根为α,

$\beta,\gamma,D=[(\alpha-\beta)(\beta-\gamma)(\gamma-\alpha)]^2$ 称为 $f(x)$ 的**判别式**. 证明 $\mathbf{Q}(\alpha)/\mathbf{Q}$ 是正规扩域$\Leftrightarrow$存在 $a\in\mathbf{Q}$ 使 $D=a^2$.

证　$\Rightarrow$:由 $\mathbf{Q}(\alpha)/\mathbf{Q}$ 的正规性知 $f(x)$ 的根 $\beta,\gamma\in\mathbf{Q}(\alpha)$,因而

$$a=\sqrt{D}=(\alpha-\beta)(\beta-\gamma)(\gamma-\alpha)\in\mathbf{Q}(\alpha)$$

要证 $a\in\mathbf{Q}$. 由于 $a^2=D\in\mathbf{Q}$,如果 $a\notin\mathbf{Q}$,则由 $\mathbf{Q}\subseteq\mathbf{Q}(a)\subset\mathbf{Q}(\alpha)$ 得 $2|3$ 之矛盾. 所以 $a\in\mathbf{Q}$.

$\Leftarrow$:若 $a=\sqrt{D}\in\mathbf{Q}$,则由 $\alpha+\beta+\gamma=-a_1$ 和 $\alpha\beta\gamma=-a_3\in\mathbf{Q}$ 知 $\beta+\gamma$ 和 $\beta\gamma\in\mathbf{Q}(\alpha)$. 再由

$$(\alpha-\beta)(\gamma-\alpha)=-\alpha^2+(\beta+\gamma)\alpha-\beta\gamma\in\mathbf{Q}(\alpha)$$

$$\beta-\gamma=\sqrt{D}/[(\alpha-\beta)(\gamma-\alpha)]\in\mathbf{Q}(\alpha)$$

知 β 和 $\gamma\in\mathbf{Q}(\alpha)$,于是,$\mathbf{Q}(\alpha)$ 是 $f(x)$ 在 $\mathbf{Q}$ 上的分裂域,必为正规扩域.　证毕

例 8　设 $F(\alpha)$ 是 F 的单代数扩域,α 在 F 上的最小多项式 $p(x)$ 在 F 上的分裂域为 $E=F(\alpha_1,\alpha_2,\cdots,\alpha_n)$,$p(\alpha_i)=0,i=1,2,\cdots,n,\alpha_1=\alpha$,则 $F(\alpha)$ 是 F 的正规扩域$\Leftrightarrow F(\alpha)=F(\alpha_i),i=2,3,\cdots,n$. 事实上,如果 $F(\alpha)/F$ 是正规扩域,则所有 $F(\alpha_i)\subseteq F(\alpha)$,但它们同是 F 的 $\deg p(x)$ 次扩域,必有 $F(\alpha_i)=F(\alpha)$. 反之,若所有 $F(\alpha_i)=F(\alpha)$,则 $F(\alpha)$ 就是 $p(x)$ 在 F 上的分裂域.　证毕

例 9　设 $F\subseteq E\subseteq K$ 是三个域. 如果 K/F 是正规扩域,则 K/E 必是正规扩域. 事实上,K/E 必是代数扩域. 在 $E[x]$ 中任取不可约多项式 $p(x)$,且存在 $\alpha\in K$ 使 $p(\alpha)=0$,则 $p(x)$ 必整除 α 在 F 上的最小多项式 $q(x)$. 因为 $q(x)$ 在 $K[x]$ 中完全分裂,所以 $p(x)$ 在 $K[x]$ 中必完全分裂. K/E 是正规扩域.

但必须注意,当 K/F 是正规扩域时,E/F 未必是正规扩域. 当 K/E 和 E/F 都是正规扩域时,K/F 未必是正规扩域.

题 6　问下述 $K/E,E/\mathbf{Q}$ 和 $K/\mathbf{Q}$ 是不是正规扩域:

(1) $\mathbf{Q}\subset E=\mathbf{Q}(\lambda\omega)\subset K=\mathbf{Q}(\lambda,\omega),\lambda=\sqrt[3]{2}$,$\omega$ 为 3 次本原根.

(2) $\mathbf{Q}\subset E=\mathbf{Q}(\sqrt{2})\subset K=\mathbf{Q}(\sqrt[4]{2})$.

正规闭包　设 E/F 是有限次扩域,F 的包含 E 的最小正规扩域 K 称为 E/F 的**正规闭包**. E/F 的正规闭包必存在,且在同构意义下唯一. 事实上,如果设 $E=F(\alpha_1,\alpha_2,\cdots,\alpha_n)$,$\alpha_i$ 在 F 上的最小多项式为 $p_i(x)$,则易见 $f(x)=\prod_{i=1}^{n}p_i(x)$ 在 F 上的分裂域 K 即为所求的 E/F 的正规闭包. 再证其唯一性,即不依赖于添加元的选择. 设

$$E=F(\alpha_1,\alpha_2,\cdots,\alpha_n)=F(\beta_1,\beta_2,\cdots,\beta_m)$$

α_i 和 β_j 在 F 上的最小多项式分别为 $p_i(x)$ 和 $q_j(x)$. 令

$$f(x)=\prod_{i=1}^{n}p_i(x),\quad g(x)=\prod_{j=1}^{m}q_j(x)$$

它们在 F 上的分裂域分别为 K 和 L，则 K 和 L 都是 E/F 的正规闭包. 由 $f(\alpha_i)=0$，$\alpha_i\in E\subseteq L$ 以及 L/F 的正规性知 $f(x)$ 在 $L[x]$ 中完全分裂，因而，由分裂域的唯一性知必存在 L 的子域 $\widetilde{L}$ 满足 $K\cong\widetilde{L}\subseteq L$. 同理，考虑 $g(x)$ 也知存在 K 的子域 $\widetilde{K}$ 满足 $L\cong\widetilde{K}\subseteq K$. 故有

$$K\cong\widetilde{L}\subseteq L\cong\widetilde{K}\subseteq K$$

但 K 和 L 的加法群都是 F 上的有限维线性空间，故 $L\cong K$.

§3　多项式的重根

一般域上的多项式与数域上的多项式，在重根问题上，有着本质的差别，读者应特别注意.

重根判别法　考虑域 F 上的多项式

$$f(x)=x^n+a_{n-1}x^{n-1}+\cdots+a_kx^k+\cdots+a_1x+a_0$$

则 $f(x)$ 在 F 上的某个分裂域 E 中有分解式

$$f(x)=\prod_{i=1}^{s}(x-r_i)^{k_i}$$

r_i 为 $f(x)$ 的 k_i 重根. 当 $k_i\geqslant 2$ 时，称 r_i 为 $f(x)$ 的**重根**. 对 $f(x)$ 可定义**形式导数**

$$f'(x)=nx^{n-1}+(n-1)a_{n-1}x^{n-2}+\cdots+ka_kx^{k-1}+\cdots+a_1$$

则有如下判别定理：

定理 1　(1) $f(x)$ 有重根 $\Leftrightarrow (f(x),f'(x))\neq 1$.

(2) $F[x]$ 中不可约多项式 $p(x)$ 有重根 $\Leftrightarrow p'(x)=0$.

因此，当 $\mathrm{ch}\,F=0$ 时，不可约多项式必无重根. 当 $\mathrm{ch}\,F=p$ 时，不可约多项式 $p(x)$ 有重根 $\Leftrightarrow$ 存在 $h(y)\in F[y]$ 使 $p(x)=h(x^p)$.

设 $p(x)$ 是 $F[x]$ 中不可约多项式，$\mathrm{ch}\,F=p$，则必存在最小的非负整数 k 满足

$$p(x)=h_0(x)=h_1(x^p)=h_2(x^{p^2})=\cdots=h_k(x^{p^k})$$

使得 $h_k(y)$ 无重根，这里所有 $h_i(y)\in F[y]$. 记 $\deg p(x)=n$，$\deg h_k(y)=n_0$，则 $h_k(y)$ 在 F 上的分裂域中有分解式

$$h_k(y)=\prod_{i=1}^{n_0}(y-\beta_i),\beta_i\neq\beta_j,i\neq j$$

因而由

$$p(x)=\prod_{i=1}^{n_0}(x^{p^k}-\beta_i)$$

可知 $p(x)$ 的任一根 α_i 必是某个，不妨设就是 $x^{p^k}-\beta_i$ 的根. 所以 $\beta_i=\alpha_i^{p^k}$，于是，由 ch $F=p$ 得

$$p(x)=\prod_{i=1}^{n_0}(x^{p^k}-\alpha_i^{p^k})=\prod_{i=1}^{n_0}(x-\alpha_i)^{p^k}$$

这说明 $p(x)$ 的每一个根都是 p^k 重根，k 由 $p(x)$ 确定，且互异根的个数恰为 n_0. 由此得到关于特征数为 p 的域 F 上的不可约多项式 $p(x)$ 的重要等式

$$n=n_0p^k$$

这里 $n=\deg p(x)$，n_0 为 $p(x)$ 的互异根的个数，称为 $p(x)$ 的**简约次数**，p^k 为每个根的重数，称 k 为 $p(x)$ 的关于 F 的**指数**（因为 $p(x)$ 的不可约性是对 F 而言的）. 于是，$F[x]$ 中不可约多项式无重根$\Leftrightarrow$它关于 F 的指数 $k=0$.

设 α 是域 F 上代数元，α 在 F 上的最小多项式为 $p(x)$，则把 $p(x)$ 的简约次数和关于 F 的指数定义为 α 的简约次数和指数.

任取 $f(x)\in F[x]$. 如果 $f(x)$ 在 F 中有根，则在 $F[x]$ 中可约. 但是，如果 $f(x)$ 在 $F[x]$ 中可约，它未必在 F 中有根. 仅对某些特殊多项式来说，可约性与有根是等价的.

例 1　考虑纯多项式 $f(x)=x^p-a\in F[x]$，ch $F=p$. 如果 $f(x)$ 在 $F[x]$ 中可约，则必存在 $b\in F$ 使 $f(x)=(x-b)^p$，故 $f(x)$ 仅有 p 重根 b，且 b 属于 F. 事实上，取 E 为 $f(x)$ 在 F 上的分裂域，取 $f(x)$ 的根 $b\in E$，则由 $a=b^p$ 和 ch $F=p$ 知

$$f(x)=x^p-b^p=(x-b)^p$$

它在 $F[x]$ 中任一不可约因子必为 $(x-b)^l$，$b^l\in F$. 故由 $(l,p)=1$ 知 $b=b^{ul}\cdot b^{vp}\in F$.

例 2　设 p 为素数，F 为域，$f(x)=x^p-a\in F[x]$. 若 $f(x)$ 在 $F[x]$ 中可约，则 $f(x)$ 在 F 中有根. 事实上，设在 $F[x]$ 中有分解式

$$f(x)=g(x)h(x),1\leqslant\deg g(x)=k<p$$

因为 $f(x)$ 在 F 上的分裂域中有分解式

$$f(x)=\prod_{i=0}^{p-1}(x-\omega^i r)$$

其中 r 为 $f(x)$ 的某根，$a=r^p$，ω 为某 p 次本原根，所以 $g(x)$ 的常数项必为 $b=\omega^l r^k\in F$，$0\leqslant l\leqslant p-1$. 因此 $b^p=a^k$. 再由 k 与 p 互素知

$$a=a^{uk}\cdot a^{vp}=b^{up}\cdot a^{vp}=(b^u a^v)^p=\alpha^p$$

这说明 $\alpha=b^u a^v$ 就是 $f(x)$ 在 F 中的根.

题 1　设 $f(x)=x^p-x-a\in F[x]$，ch $F=p$，证明

(1) $f(x)$ 无重根.

(2) $f(x)$ 在 $F[x]$ 中可约$\Leftrightarrow f(x)$ 在 F 中有 p 个根.

(提示:证明$f(x)$的根必为$r,r+1,\cdots,r+(p-1)$. 确定$f(x)$的真因子$g(x)$的次高项系数,证明$r\in F$.)

题 2　设$f(x)=x^p-a\in F[x]$, ch $F=p$,如果$f(x)$在$F[x]$中不可约,证明:对任意自然数e, $g(x)=x^{p^e}-a$在$F[x]$中也不可约.(提示:$g(x)=(x-b)^{p^e}$的在$F[x]$中的真不可约因子为$p(x)=(x-b)^{p^k}$, $k<e$,据此证明$a\in F^p$,与$f(x)$的不可约性矛盾.)

是否确实存在有重根的不可约多项式呢?

例 3　取$F=(\mathbf{Z}/(p))(t)$是域$\mathbf{Z}/(p)$的单超越扩域. 考虑$f(x)=x^p-t$. 由$f'(x)=px^{p-1}=0$知$f(x)$有重根. 如果$f(x)$在$F[x]$中可约. 则由例 1 知$f(x)=(x-b)^p$, $b\in F$. 于是

$$t=b^p=(g(t)/h(t))^p, g(t)^p=t(h(t))^p$$

由于t是$\mathbf{Z}/(p)$上超越元且$a^p=a$, $\forall a\in\mathbf{Z}/(p)$,故必有$g(t)=h(t)=0$. 这是不可能的,因此$f(x)$在$F[x]$中不可约.

完全域　称域F为**完全域**,如果$F[x]$中任一不可约多项式都无重根. 因此,任一代数闭域和特征数为 0 的域都是完全域.

例 4　特征数为p的域F是完全域$\Leftrightarrow F=F^p$.

证　$\Rightarrow$:如果$F^p=\{b^p\mid b\in F\}\subset F$,即存在$a\in F$,使得对$\forall b\in F$,都有$a\neq b^p$,则由例 1 知$f(x)=x^p-a$就是有重根的不可约多项式,$F$不是完全域.

$\Leftarrow$:设$F^p=F$. 如果在$F[x]$中存在有重根的不可约多项式$f(x)$,则由定理 1 知

$$\begin{aligned}f(x)&=a_0+a_px^p+a_{2p}x^{2p}+\cdots+a_{tp}x^{tp}\\&=b_0^p+b_p^px^p+b_{2p}^p(x^2)^p+\cdots+b_{tp}^p(x^t)^p\\&=(b_0+b_px+b_{2p}x^2+\cdots+b_{tp}x^t)^p\end{aligned}$$

其中$b_i\in F$满足$a_i=b_i^p$,这与$f(x)$的不可约性矛盾. 所以$F[x]$中任一有重根的多项式都是可约的,F为完全域.　　证毕

题 3　证明任一有限域F必是完全域.(提示:$a\to a^p$是有限集F中的一一变换.)

例 5　证明完全域F的代数扩域K必是完全域.

证　可设 ch $F=p$. 显然有$K^p\subseteq K$,下证$K\subseteq K^p$. 任取$\alpha\in K$,易见

$$\sum_{i=0}^m a_i\alpha^i\xrightarrow{\varphi}\sum_{i=0}^m a_i^p(\alpha^p)^i=\Big(\sum_{i=0}^m a_i\alpha^i\Big)^p$$

是F上有限维线性空间$(F(\alpha),+)$到$(F(\alpha^p),+)$的单值映射和单射,因而必是满射. 但后者是前者的子空间,故必有$F(\alpha)=F(\alpha^p)$. 由$\alpha\in F(\alpha^p)$和$E=F^p$知

$$\alpha=\sum_{i=0}^m a_i\alpha^{pi}=\sum_{i=0}^m b_i^p\alpha^{ip}=\Big(\sum_{i=0}^m b_i\alpha^i\Big)^p\in K^p$$

因而证得 $K=K^p$，K 为完全域. 证毕

题4　设 F 不是完全域，证明 F 的任一有限次扩域 K 也不是完全域.（提示：利用向量空间的基证明 $[K:F]=[K^p:F^p]$.）

分圆域与单位根　设 F 为任一域，其中单位元记为1（勿与数1混为一谈），n 为自然数. $f(x)=x^n-1$ 在 F 上的分裂域 E 称为 F 上的 n 阶**分圆域**. $f(x)$ 在 E 中的根称为 n 次**单位根**，据第三章 §5 例4 所证知 E^* 的有限子群

$$G_n=\{\alpha\mid\alpha\in E,\alpha^n=1\}$$

必是循环群. 问题是 G_n 的阶是否必是 n？易见，$|G_n|=n\Leftrightarrow f(x)=x^n-1$ 无重根 $\Leftrightarrow f'(x)=nx^{n-1}\neq 0$. 因此，当 $\mathrm{ch}\ F=0$ 时，必有 $|G_n|=n$. 当 $\mathrm{ch}\ F=p$ 时，$|G_n|=n\Leftrightarrow n\not\equiv 0(\bmod p)$，即 n 与 p 互素. 当 $|G_n|=n$ 时，必有 $G_n=\langle\omega\rangle$，ω 为 E^* 中任一 n 阶元，称为 n 次**本原根**. 因此，n 次本原根存在 $\Leftrightarrow n$ 与 $\mathrm{ch}\ F$ 互素. 我们约定：在讨论 n 阶分圆域时，总假定 n 与 $\mathrm{ch}\ F$ 互素，故 G_n 必为 n 阶循环群. 特别，不是1的素数次单位根必是本原根.

进一步，若 F 是特征数为 p 的域，$n=p^km$，$p\nmid m$. 则由

$$x^n-1=(x^m-1)^{p^k}$$

知 x^n-1 与 x^m-1 在 F 上的分裂域相同，即 F 上的 n 阶分圆域就是 m 阶分圆域. 此时，在此分圆域中仅存在 m 次本原根，而不存在 n 次本原根. 特别，当 $n=p^k$ 时，1 是唯一的 p^k 次单位根，即1次本原根，$x^{p^k}-1$ 在 $\mathbf{Z}/(p)$ 上的分裂域就是 $\mathbf{Z}/(p)$ 本身.

题5　若 n 是奇数，证明任意域 F 上的 $2n$ 阶分圆域就是 n 阶分圆域.（提示：$x^{2n}-1=(x^n-1)(x^n+1)$.）

定理2　设 E 是域 F 上的 n 阶分圆域，则对任一 n 次本原根 ω 都有 $E=F(\omega)$，且 $[E:F]\leqslant n-1$.

证　由于 n 次单位根群为 $G_n=\langle\omega\rangle$，故由分裂域的定义即得 $E=F(\omega)$. 再由

$$x^n-1=(x-1)(x^{n-1}+x^{n-2}+\cdots+x+1)$$

知 $[E:F]\leqslant n-1$. 证毕

任给自然数 $n=p_1^{e_1}p_2^{e_2}\cdots p_m^{e_m}\geqslant 2$，其中 p_i 为两两互异的素数，则

n 次本原根的个数

$=n$ 阶循环群 G_n 中 n 阶元个数

$=$ 不超过 n 而与 n 互素的自然数个数 $\varphi(n)$

$$=n\prod_{i=1}^{m}\left(1-\frac{1}{p_i}\right)$$

题6　(1) 对素数 p，证明 $\varphi(p^e)=p^e-p^{e-1}$.

(2) 若 $n=rs$，$(r,s)=1$，证明 $\varphi(n)=\varphi(r)\varphi(s)$.

（提示：n 阶循环群 G 中的元素 a 是 n 阶元$\Leftrightarrow G$ 中存在唯一的一对 r 阶元 $b=a^{vs}$ 和 s 阶元 $c=a^{ur}$ 使 $a=bc$，这里 $ur+vs=1$.）

题 7　确定有理数域 $\mathbf{Q}$ 上 3 阶分圆域和 4 阶分圆域，并确定它们的扩域次数.（答：$\mathbf{Q}(\sqrt{3}\mathrm{i})$，$\mathbf{Q}(\mathrm{i})$.）

分圆多项式　设 E 是域 F 上的 n 阶分圆域，$\{\omega_1,\omega_2,\cdots,\omega_{\varphi(n)}\}$ 为 n 次本原根集. 所谓 n 阶**分圆多项式**指的是 $E[x]$ 中的如下 $\varphi(n)$ 次多项式

$$\Phi_n(x)=\prod_{i=1}^{\varphi(n)}(x-\omega_i)=\prod_{d\mid n}(x^d-1)^{\mu\left(\frac{n}{d}\right)} \tag{1}$$

其中 $\mu(m)$ 为 Möbius 函数

$$\mu(m)=\begin{cases}0, \text{若 } m \text{ 含有素因子的平方}\\(-1)^s, \text{若 } m \text{ 是 } s \text{ 个两两互异素因子的积}\\1, \text{若 } m=1\end{cases}$$

且 $\Phi_n(x)$ 必是满足

$$x^n-1=\prod_{d\mid n}\Phi_d(x) \tag{2}$$

的首项系数为 1 的整系数多项式.（系数属于 $\mathbf{Z}$ 或 $\mathbf{Z}/(p)$，$p=\mathrm{ch}\ F$.）

这里，两个连乘积号下的 $d\mid n$ 表示 d 取遍 n 的所有正因子，包括 $d=1$ 和 n. 由(2)式可得有趣等式

$$\sum_{d\mid n}\varphi(d)=n$$

例 6　由(1)式可得

$$\begin{aligned}\Phi_{12}(x)&=(x-1)^{\mu(12)}(x^2-1)^{\mu(6)}(x^3-1)^{\mu(4)}(x^4-1)^{\mu(3)}(x^6-1)^{\mu(2)}(x^{12}-1)^{\mu(1)}\\&=\frac{(x^2-1)(x^{12}-1)}{(x^4-1)(x^6-1)}=\frac{x^6+1}{x^2+1}=x^4-x^2+1\end{aligned}$$

若已知 $\Phi_n(x)$，$n=1,2,3,4,6$，也可用(2)式求出 $\Phi_{12}(x)$.

题 8　计算 $\Phi_n(x)$，$n\leqslant 6$，并验证 $\sum\limits_{d\mid 12}\varphi(d)=12$.

例 7　若 p 是素数，e 为自然数，由(1)式得

$$\begin{aligned}\Phi_{p^e}(x)&=(x^{p^e}-1)^{\mu(1)}\cdot(x^{p^{e-1}}-1)^{\mu(p)}\\&=\frac{x^{p^e}-1}{x^{p^{e-1}}}=\frac{y^p-1}{y-1}\\&=y^{p-1}+y^{p-2}+\cdots+y+1\end{aligned}$$

其中 $y=x^{p^{e-1}}$. 特别，$\Phi_p(x)=x^{p-1}+x^{p-2}+\cdots+x+1$.

关于分圆域与分圆多项式的关系，要注意以下两点：

第一，说 E 是域 F 上的 n 阶分圆域，指的是 E 是 $f(x)=x^n-1$ 在 F 上的分裂域. 因为 $E=F(\omega)$，ω 为任一 n 次本原根，而任一 n 次单位根都是 ω 的方幂，因此，

E 也是 $\Phi_n(x)$ 在 F 上的分裂域，而

$$\deg \Phi_n(x)=\varphi(n)<n=\deg f(x)$$

第二，整系数多项式 $f(x)=x^n-1$ 和 $\Phi_n(x)$ 可看作任一域 F 上的多项式. $\Phi_n(x)$ 的不可约性依赖于 F 的选择. 例如，$\Phi_{12}(x)=x^4-x^2+1$ 在域 $F=\mathbf{Z}/(11)$ 上有分解式

$$\Phi_{12}(x)=(x^2-5x+1)(x^2+5x+1)$$

当取 $F=\mathbf{Q}$ 时由如下定理知 $\Phi_{12}(x)$ 不可约.

定理 3　$\Phi_n(x)$ 是有理数域 $\mathbf{Q}$ 上的不可约多项式.

因此，$\mathbf{Q}$ 上的 n 阶分圆域 $F(\omega)$ 必是 $\mathbf{Q}$ 的 $\varphi(n)$ 次扩域. 特别，若 p 是素数，则 $\mathbf{Q}$ 上的 p 阶分圆域必是 $\mathbf{Q}$ 的 $p-1$ 次扩域.

有限域　运用多项式的分裂域和重根理论，我们可以确定有限域的结构. 易见，任一 q 元域 F 必有最小子域 $\Pi=\mathbf{Z}/(p)$，$p=\mathrm{ch}\,F$，且 $F^*=\langle\alpha\rangle$ 为 $q-1$ 阶循环群，因此，$F=\Pi(\alpha)$. 这说明循环群 F^* 的生成元 α 必是单代数扩域 F/Π 的本原元. 但是反之不然. 有限次单代数扩域 $F=\Pi(\alpha)$ 的本原元 α 未必是循环群 F^* 的生成元.

例 8　记 $\mathrm{i}=\sqrt{-1}$，则 $\mathbf{Z}/(3)$ 的 9 元扩域

$$F=\{0,\pm1,\pm\mathrm{i},\pm(1\pm\mathrm{i})\}=\mathbf{Z}/(3)(\mathrm{i})$$

的本原元 i 不是 8 阶循环群

$$F^*=\langle 1+\mathrm{i}\rangle=\langle 1-\mathrm{i}\rangle=\langle -1+\mathrm{i}\rangle=\langle -1-\mathrm{i}\rangle$$

的生成元.

例 9　设 p 是素数，$q=p^n$，则 $f(x)=x^q-x$ 在 $\mathbf{Z}/(p)$ 上的分裂域 F 为 q 元域. 为此考虑

$$F'=\{a\mid a\in F,a^q=a\}\subseteq F$$

利用 $\mathrm{ch}\,F=p$ 易证 F' 是 F 的子域，且包含 $f(x)$ 的所有根，所以 $F=F'$. 再由 $f'(x)=-1\neq0$ 知 $f(x)$ 必无重根. 所以 F 为 q 元域.

关于有限域的结构有如下结论：

定理 4　(1) 若 F 是特征数为 p 的 q 元域，$[F:\mathbf{Z}/(p)]=n$. 则 $q=p^n$.

(2) 任给素数 p 的方幂 $q=p^n$，则必存在 q 元域 F，它就是 $f(x)=x^q-x$ 在 $\mathbf{Z}/(p)$ 上的分裂域，且 $[F:\mathbf{Z}/(p)]=n$. 因而，任何 p^n 元域皆同构，记为 $GF(p^n)$.

(3) $GF(p^n)$ 的子域必为 $GF(p^m)$，$m\mid n$.

(4) 对 n 的任一正因子 m，$GF(p^n)$ 有且仅有一个子域 $GF(p^m)$. 因而，$GF(p^n)$ 的子域个数恰为 n 的互异的正因子的个数.

题 9　设 $F=\{0,a_1,a_2,\cdots,a_{q-1}\}$ 为 q 元域，证明

(1) $x^q-x=x(x-a_1)(x-a_2)\cdots(x-a_{q-1})$.

(2) $a_1a_2\cdots a_{q-1}=-1$.

(3)若 p 为素数,则 $(p-1)! \equiv -1 \pmod p$.

§4　可分扩域

可分多项式与可分元　设 F 为域. 称 $F[x]$ 中多项式 $f(x)$ 是 F 上的**可分多项式**,如果它在 $F[x]$ 中的任一不可约因子都无重根(允许 $f(x)$ 有重根). 否则,称 $f(x)$ 是 F 上的**不可分多项式**,其直观含义是,有重根的不可约多项式的重根粘在一起了无法分离. 必须注意,可分概念与其系数域密切相关,不可约性是对系数域而言的. 有时为叙述简洁起见,称 $f(x)$ 是 $F[x]$ 中的可分多项式,指的是 $f(x) \in F[x]$,且 $f(x)$ 是 F 上的可分多项式. 易见,任一无重根的不可约多项式必是可分多项式,不可分多项式的任一倍式必是不可分多项式. F 上的代数元 α 称为 F 上的**可分元**,如果 α 在 F 上的最小多项式 $p(x)$(它必为 F 上的不可约多项式)无重根,否则,称 α 是 F 上的**不可分元**. 此时,α 必是 $p(x)$ 的 p^k 重根,k 是 α 关于 F 的指数. 易见,任一 $\alpha \in F$ 必是 F 上可分元. 若 α 是 F 上的某一个可分多项式 $f(x)$ 的根,则 α 必是 $f(x)$ 的某个不可约因子 $p(x)$ 的根,且 $p(x)$ 就是 α 在 F 上的最小多项式,$p(x)$ 无重根,所以 α 必是 F 上的可分元. 因此,F 上的可分多项式的根必是 F 上的可分元. 但是,若 $f(x)$ 是 F 上的不可分多项式,这仅仅是说,存在 $f(x)$ 的某个不可约因子 $p(x)$ 有重根. 因为 $f(x)$ 的根未必是这个因子 $p(x)$ 的根,所以 F 上的不可分多项式的根未必是 F 上的不可分元.

例 1　设 E 是域 F 的扩域,$f(x)$ 是 $F[x]$ 中的可分多项式. 由于 $f(x)$ 在 $E[x]$ 中的不可约因子必是 $f(x)$ 在 $F[x]$ 中的不可约因子的因子,所以 $f[x]$ 必是 $E(x)$ 中的可分多项式. 反之不然. 例如,任取 $f(x) \in F[x]$. 取 E 是 $f(x)$ 在 F 上的分裂域,则 $f(x)$ 必是 $E[x]$ 中的可分多项式,但 $f(x)$ 未必是 $F[x]$ 中的可分多项式.

题 1　设 E 是域 F 的扩域. 如果 $f(x)$ 是 $F[x]$ 中不可分多项式,问 $f(x)$ 是不是 $E[x]$ 中的不可分多项式?

题 2　设 $F \subseteq E \subseteq K$ 是三个域. 如果 $\alpha \in K$ 是 F 上可分元,证明 α 必是 E 上可分元. 问 E 上可分元 $\beta \in K$ 是否必是 F 上可分元?

由定义易见,完全域 F 上的多项式必是可分多项式,因而 F 上的代数元必是可分元. 因为特征数为 0 的域和有限域必是完全域,因此,只有在特征数为 p 的无限域上才可能存在不可分多项式和不可分元.

设 F 为无限域,$\mathrm{ch}\, F = p$,$p(x)$ 是 $F[x]$ 中不可约多项式,由 §3 第一段所述知

$$p(x)\text{有重根} \Leftrightarrow p(x) = q(x^{p^k})$$

这里 $q(y)$ 为 $F[y]$ 中无重根的不可约多项式,k 为 $p(x)$ 关于 F 的指数. 因此,$F[x]$

中不可约多项式 $p(x)$ 是 F 上可分多项式 $\Leftrightarrow p(x)$ 关于 F 的指数 $k=0$. 同理, F 上代数元 α 是 F 上可分元 $\Leftrightarrow\alpha$ 关于 F 的指数 $k=0$.

例 2　域 F 上不可分元 α 关于 F 的指数是使 α^{p^k} 成为 F 上的可分元的最小自然数 k. 事实上,如果 α 是 F 上的指数为 k 的不可分元,即存在不可约多项式 $p(x)\in F[x]$ 使 $p(\alpha)=0$ 且 $p(x)=q(x^{p^k})$,这里, $q(y)$ 为 $F[y]$ 中无重根不可约多项式. 因此, $q(y)$ 的根 α^{p^k} 必是 F 上的可分元. 而对任一 $1\leqslant r\leqslant k-1$, α^{p^r} 必是 $q(x^{p^{k-r}})$ 的根. 据 $k-r\geqslant 1$ 知 $q(x^{p^{k-r}})$ 是有重根的不可约多项式. 所以 α^{p^r} 必是 F 上的不可分元.

题 3　设 $p(x)$ 是 $F[x]$ 中指数为 k 的不可约多项式, α 是 $p(x)$ 的某个根, $0\leqslant r\leqslant k$,求出 α^{p^r} 关于 F 的指数. (答: $k-r$.)

题 4　设 F 是特征数为 p 的域, $f(x)=\sum\limits_{i=0}^{n}\alpha_i x^i$ 是 $F[x]$ 中的可分多项式. 证明 $g(x)=\sum\limits_{i=0}^{n}\alpha_i^p x^i$ 也是 $F[x]$ 中的可分多项式. 由此证明, F 上可分元 α 的任意 p 次幂 a^{p^r} 仍是 F 上可分元. (提示:利用 $g(x^p)=(f(x))^p$. 考虑 $f(x)$ 和 $g(x)$ 的不可约因子的互异根集.)

例 3　设 α 是域 F 上代数元, $\mathrm{ch}\,F=p$,证明 α 是 F 上可分元 $\Leftrightarrow F(\alpha)=F(\alpha^p)$.

证　$\Rightarrow$:考虑 $F\subseteq F(\alpha^p)\subseteq F(\alpha)$ 和多项式

$$f(x)=x^p-\alpha^p=(x-\alpha)^p\in F(\alpha^p)[x]$$

由 $f(\alpha)=0$ 知 α 在 $F(\alpha^p)$ 上的最小多项式必为

$$p(x)=(x-\alpha)^m\in F(\alpha^v)[x],1\leqslant m\leqslant p$$

但 F 上的可分元 α 必是 $F(\alpha^p)$ 上可分元,必有 $m=1$,所以 $\alpha\in F(\alpha^p)$, $F(\alpha)=F(\alpha^p)$.

$\Leftarrow$:设 α 是 F 上的不可分元,则 α 在 F 上的最小多项式 $p(x)=q(x^p)$,且 $q(x)$ 即为 α^p 在 F 上的最小多项式,故由 $F(\alpha^p)\subseteq F(\alpha)$ 和

$$[F(\alpha^p):F]=\deg q(x)<\deg p(x)=[F(\alpha):F]$$

知 $F(\alpha^p)\subset F(\alpha)$.　　证毕

可分扩域　设 K 是域 F 的代数扩域. 如果任一 $\alpha\in K$ 都是 F 上可分元,则称 K 是 F 的**可分扩域**. 否则,称 K 是 F 的**不可分扩域**. 如果任一 $\alpha\in K$ 而 $\alpha\notin F$,都是 F 上不可分元,则称 K 是 F 的**纯不可分扩域**.

易见

域 F 是完全域
$\Leftrightarrow F[x]$ 中任一不可约多项式都无重根
$\Leftrightarrow F$ 上任一代数元都是可分元
$\Leftrightarrow F$ 的任一代数扩域都是可分扩域

以下的定理 1 是可分扩域的一个重要定理.

定理 1 域 F 的任一有限次可分扩域 E 必是单代数扩域.

证 若 F 为有限域,则 E 也为有限域. 且由 $E^* = \langle \alpha \rangle$ 知 $E = \Pi(\alpha)$,这里 $\Pi = \mathbf{Z}/(p)$ 为 E 的最小子域,也是 F 的最小子域. 故由 $E = \Pi(\alpha) \subseteq F(\alpha) \subseteq E$ 知 $E = F(\alpha)$.

若 F 为无限域,不失一般性,可仅考虑 $E = F(\beta,\gamma)$ 的情形. 设 β 和 γ 在 F 上的最小多项式分别是 $f(x)$ 和 $g(x)$. 考虑乘积 $f(x)g(x)$ 在 F 的扩域 E 上的分裂域 L. 在 $L[x]$ 中有分解式

$$f(x) = \prod_{i=1}^{s}(x-\beta_i),\quad g(x) = \prod_{j=1}^{t}(x-\gamma_j),\quad \beta_1 = \beta,\ \gamma_1 = \gamma$$

因为 γ 是 F 上的可分元,所以 $\{\gamma_j\}$ 中的元素两两互异. 再据 F 为无限域知必存在 $c \in F^*$,使对任何 $1 \leqslant i \leqslant s, 2 \leqslant j \leqslant t$ 都有

$$c \neq \frac{\beta-\beta_i}{\gamma_j-\gamma},\text{即 } \beta_i + c\gamma_j \neq \beta + c\gamma \overset{\text{def}}{=\!=} \theta$$

现证 $E = F(\beta,\gamma) = F(\theta)$. $F(\theta) \subseteq F(\beta,\gamma)$ 是显然的. 取

$$h(x) = f(\theta - cx) \in F(\theta)[x]$$

则 $h(\gamma) = f(\beta) = 0$. 由 c 的取法知 $\theta - c\gamma_j \neq \beta_i$, $\forall 1 \leqslant i \leqslant s, 2 \leqslant j \leqslant t$,这说明 γ 是 $g(x)$ 和 $h(x)$ 的唯一的公根,即 $x-\gamma$ 是 $g(x)$ 和 $h(x)$ 的最高公因子. 因为用辗转相除法求 $(g(x),h(x))$ 是在 $g(x)$ 和 $h(x)$ 的共同的系数域 $F(\theta)$ 中进行的,所以 $x-\gamma \in F(\theta)[x]$, $\gamma \in F(\theta)$. 于是 $\beta = \theta - c\gamma \in F(\theta)$, $F(\beta,\gamma) \subseteq F(\theta)$. 证得 $E = F(\theta)$. 证毕

由定理证明过程知,对任一满足(1)的 c,必有 $F(\beta,\gamma) = F(\beta + c\gamma)$. 在很多情形下,可试取 $c = 1$,则 $F(\beta,\gamma) = F(\beta+\gamma)$,即本原元为两个添加元之和!

例 4 设 ω 为 5 次本原根. 因为 $f(x) = x^5 - 2$ 的根集为 $\{\lambda = \sqrt[5]{2}, \lambda\omega, \lambda\omega^2, \lambda\omega^3, \lambda\omega^4\}$, $g(x) = x^4 + x^3 + x^2 + x + 1$ 的根集为 $\{\omega, \omega^2, \omega^3, \omega^4\}$. 易见,可取上述(1)中的 $c = 1$,于是 $\mathbf{Q}(\lambda,\omega) = \mathbf{Q}(\lambda+\omega)$.

题 5 证明 $\mathbf{Q}(\sqrt{-1},\sqrt{2})$ 和 $\mathbf{Q}(\sqrt{2},\sqrt{3})$ 都是有理数域 $\mathbf{Q}$ 的单扩域,并求出其本原元.

题 6 证明完全域的有限次扩域必是单扩域.

题 7 若 $K = F(\alpha_1,\alpha_2,\cdots,\alpha_n)$ 是 F 的代数扩域,其中 $\alpha_2,\cdots,\alpha_n$ 是 F 上可分元,证明 K 必是 F 的单扩域.(提示:注意定理 1 的证明过程中仅用到 γ 是 F 上的可分元.)

例 5 举例说明,存在域 F 的有限次扩域 E 不是 F 的单扩域. 取 x 和 y 是域 F_0 上两个独立的超越元, $\operatorname{ch} F_0 = p$. 取 $F = F_0(x,y)$, $E = F(x^{\frac{1}{p}}, y^{\frac{1}{p}}) = F_0(x^{\frac{1}{p}}, y^{\frac{1}{p}})$,则

$[E:F]=p^2$. 如果 $E=F(\theta)$，则 θ 是 $x^{\frac{1}{p}}$ 和 $y^{\frac{1}{p}}$ 的有理分式，因而 θ^p 是 x 和 y 的有理分式，系数都属于 F_0，于是 $\theta^p\in F$，$[E:F]\leqslant p$，矛盾.

定理1告诉我们，若 $E=F(\alpha_1,\alpha_2,\cdots,\alpha_n)$ 是 F 的可分扩域，则必有 $E=F(\theta)$，θ 当然是 F 上的可分元. 现在讨论其逆问题：若 θ 是域 F 上的可分元，则 $E=F(\theta)$ 是否必是 F 的可分扩域.

定理2 设 $E=F(\beta)$，β 是 F 上的可分元，则 E 上的任一可分元 α 必是 F 上的可分元. 特别，E 必是 F 的可分扩域.

证 α 显然是 F 上代数元. 设 $\mathrm{ch}\,F=p$. 因为 α 是 E 上可分元，据例3知必有

$$E(\alpha)=E(\alpha^p)，即\ F(\alpha,\beta)=F(\alpha^p,\beta)$$

要证 α 是 F 上可分元，只要证明 $F(\alpha)=F(\alpha^p)$. 由于考虑到

$$F\subseteq F(\alpha^p)\subseteq F(\alpha)\subseteq F(\alpha,\beta)=F(\alpha^p,\beta)$$

因此我们要证 $[F(\alpha)(\beta):F(\alpha)]=[F(\alpha^p)(\beta):F(\alpha^p)]$. 设 β 在 $F(\alpha)$ 和 $F(\alpha^p)$ 上的最小多项式分别为 $p(x)$ 和 $q(x)$，则由 $F(\alpha^p)\subseteq F(\alpha)$ 知 $p(x)\mid q(x)$. 反之，设

$$p(x)=\sum a_ix^i,a_i=\sum b_{ij}\alpha^j\in F(\alpha)$$

则由 $a_i^p=\sum b_{ij}^p\alpha^{pj}\in F(\alpha^p)$ 知 $(p(x))^p=\sum a_i^px^{pi}\in F(\alpha^p)[x]$，且 $(p(\beta))^p=0$，所以在 $F(a^p)[x]$ 中必有 $q(x)\mid(p(x))^p$. 由于 F 上可分元 β 也是 $F(\alpha^p)$ 上可分元，$q(x)$ 必无重根，所以又得 $q(x)\mid p(x)$. 故 $p(x)=q(x)$，$F(\alpha)=F(\alpha^p)$. 证毕

题8 设 $E=F(\alpha_1,\alpha_2,\cdots,\alpha_n)$，每个 α_i 都是 F 上可分元，证明 E 必是 F 的可分扩域.

题9 若 α 和 β 都是域 F 上可分元，证明 $\alpha\pm\beta$，$\alpha\cdot\beta$ 和 $\alpha\beta^{-1}$ 都是 F 上可分元.

题10 设 E 是域 F 的扩域，S 是 E 的子集. 如果任一 $\alpha\in S$ 都是 F 上可分元，证明 $F(S)$ 必是 F 的可分扩域.（提示：见§1中 $F(S)$ 的定义.）

可分扩域的传递性

定理3 设 $F\subseteq E\subseteq K$ 是三个域，证明

(1)若 K/F 是可分扩域，则 K/E 和 E/F 都是可分扩域.

(2)若 K/E 和 E/F 都是可分扩域，则 K/F 必是可分扩域.

证 第一个结论是显然的，现证第二个结论. 任取 $k\in K$，则 k 在 E 上的最小多项式

$$p(x)=x^n+e_1x^{n-1}+\cdots+e_{n-1}x+e_n$$

是无重根的不可约多项式. 这些系数 $e_i\in E$ 都是 F 上可分元. 由题8知

$$E'=F(e_1,e_2,\cdots,e_n)=F(\beta)\subseteq E$$

且 β 是 F 上可分元. 据 $p(x)\in E'[x]$ 知 k 实际上是 E' 上可分元，因此，据定理2知 k

必是 F 上可分元. 证毕

例 6　设 K 是域 F 的代数扩域,则

$$E=\{e\mid e\in K, e\text{ 是 } F \text{ 上可分元}\}$$

是含于 K 中的 F 的**最大可分扩域**,而 K 是 E 的纯不可分扩域. 事实上,由题 9 知 E 是 K/F 的子域. 任取 $k\in K$. 如果 k 是 E 上可分元,则 $E(k)/E$ 是可分扩域. 已知 E/F 是可分扩域,故 $E(k)/F$ 是可分扩域,k 是 F 上可分元,$k\in E$,故 K/E **为纯不可分扩域**.

例 7　纯不可分扩域 K/F 必是正规扩域.

证　设 $\mathrm{ch}\,F=p$,$p(x)$ 是 $F[x]$ 中某个不可约多项式,且存在 $\alpha\in K$ 使 $p(\alpha)=0$. 由不可约性知 $\alpha\notin F$,所以 α 是 F 上不可分元. 设 α 关于 F 的指数 $k\geqslant 1$,则 α^{p^k} 为 F 上可分元,必属于 F,这说明 α 是

$$f(x)=x^{p^k}-\alpha^{p^k}=(x-\alpha)^{p^k}\in F[x]$$

的根. 由 $p(x)=0$ 知 $p(x)\mid f(x)$. 所以 α 是 $p(x)$ 的仅有的根. 于是 K/F 必是正规扩域. 证毕

如果 E 是域 F 的有限次正规可分扩域,则称 E/F 是**伽罗瓦扩域**. 伽罗瓦扩域必是单代数扩域.

§5　伽罗瓦群

扩域的伽罗瓦群　设 E 是 F 的任一扩域. 集合

$$\mathrm{Gal}\,E/F=\{\eta\mid\eta\text{ 是 } E \text{ 的自同构}, \eta(a)=a, \forall a\in F\}$$

关于 E 中变换乘法成群,称为扩域 E/F 的**伽罗瓦群**. 它是 E 的自同构群 $\mathrm{Aut}\,E$ 的子群.

例 1　$\mathrm{Gal}\,\mathbf{R}/\mathbf{Q}=\{1^*\}$ 是单位元群.

$\mathrm{Gal}\,\mathbf{C}/\mathbf{R}=\{1^*, \text{共轭变换}\}$ 为 2 阶群.

伽罗瓦群有一个重要特性. 任取 $\eta\in\mathrm{Gal}\,E/F$, $f(x)\in F[x]$. 由 $\eta|_F=1^*$ 知,对任一 $\alpha\in E$ 有

$$f(\alpha)=0\Leftrightarrow f(\eta(\alpha))=0$$

即 η 把 $f(x)$ 在 E 中的根集 R 仍变为 R,且在 R 中诱导出一个一一变换. 通常把这个特性简说成"把根变为根". 据此特性,我们可定出一些扩域的伽罗瓦群.

例 2　设 $E=F(u)$, $u\notin F$, $u^2\in F$,则由

$$E=\{a+bu\mid a,b\in F\}$$

知任一 $\eta\in \mathrm{Gal}\,E/F$ 由 $\eta(u)$ 唯一确定. 如果 $\mathrm{ch}\,F=2$,则 u 是 $x^2-u^2=(x-u)^2\in F[x]$ 的 2 重根,必有 $\eta(u)=u$,故 $\mathrm{Gal}\,E/F=\{1^*\}$. 如果 $\mathrm{ch}\,F\neq 2$,则必有 $\eta(u)=\pm u$,故 $\mathrm{Gal}\,E/F$ 为 2 阶群.

题 1　设 $E=F(\sqrt{2},\sqrt{3})$,证明 $\mathrm{Gal}\,E/F$ 同构于 Klein 四元群 K_4.

定理 1　设 E 是 $f(x)\in F[x]$ 在 F 上的分裂域,$G=\mathrm{Gal}\,E/F$,则

(1) E/F 的子域 K_1 和 K_2 在 E 中是 F-共轭的 $\Leftrightarrow$ 存在 $\tau\in G$ 使 $\tau(K_1)=K_2$.

(2) E 中元素 α 和 β 是 F-共轭元 $\Leftrightarrow$ 存在 $\tau\in G$ 使 $\tau(\alpha)=\beta$.

证　(1) 设 $K_1\overset{\sigma}{\cong}K_2$, $\sigma|_F=1^*$. 因为 $f(x)$ 在 K_1 和 K_2 上的分裂域仍然都是 E,所以由分裂域的同构延拓定理(§2 定理 2)知此 σ 可延拓成 E 的自同构 τ,且由 $\tau|_{K_1}=\sigma$, $\tau|_F=\sigma|_F=1^*$ 知 $\tau\in G$,且 $\tau(K_1)=\sigma(K_1)=K_2$. 反之,若存在 $\tau\in G$ 使 $\tau(K_1)=K_2$,则取 $\sigma=\tau|_{K_1}$,就有 $K_1\overset{\sigma}{\cong}K_2$, $\sigma|_F=1^*$.

(2) 由 F-共轭定义知,F 上代数元 α 与 β 是 F-共轭元

$\Leftrightarrow$ 存在 $F(\alpha)\overset{\sigma}{\cong}F(\beta)$, $\sigma|_F=1^*$ 且 $\sigma(\alpha)=\beta$

$\Leftrightarrow$ 存在 σ 的同构延拓 $\tau\in G$ 使 $\tau(\alpha)=\beta$.　证毕

多项式的伽罗瓦群　设 $f(x)\in F[x]$ 在 F 上的分裂域为 E,则把 $\mathrm{Gal}\,E/F$ 称为 $f(x)$ 在 F 上的伽罗瓦群. 由 §2 定理 2 立得它的阶

$$|\mathrm{Gal}\,E/F|\leqslant[E:F]$$

当 $f(x)$ 是 $F[x]$ 中可分多项式时,等号成立.

例 3　$G=\mathrm{Gal}[GF(p^n)/(\mathbf{Z}/(p))]=\langle\sigma\rangle$ 为 n 阶循环群,其中

$$\sigma: x\to x^p,\ \forall x\in GF(p^n)$$

事实上,$GF(p^n)$ 是 $f(x)=x^{p^n}-x$ 在 $\mathbf{Z}/(p)$ 的分裂域,且 $[GF(p^n):\mathbf{Z}/(p)]=n$,所以 $|G|\leqslant n$. 再由 $GF(p^n)$ 的乘法群为 p^n-1 阶循环群知此 σ 的确是 G 中的 n 阶元,所以 $G=\langle\sigma\rangle$ 为 n 阶群.

这种用扩域次数确定伽罗瓦群的阶也是常用的有效方法.

例 4　设 $f(x)=x^p-a\in F[x]$, $\mathrm{ch}\,F=p$,证明 $f(x)$ 在 F 上的伽罗瓦群必为单位元群. 事实上,$f(x)$ 的根仅有一个 p 重根 u,$f(x)$ 在 F 上的分裂域 $E=F(u)$,而对 $\mathrm{Gal}\,E/F$ 中任一元 η,都有 $\eta(u)=u$,故 $\mathrm{Gal}\,E/F$ 为单位元群.

读者必须重视和掌握的是可分多项式的伽罗瓦群的求法. 任取 $f(x)\in F[x]$. 如果在 $F[x]$ 中,$f(x)$ 有不可约多项式分解式

$$f(x)=p_1^{e_1}(x)p_2^{e_2}(x)\cdots p_r^{e_r}(x)$$

易见,$f(x)$ 与

$$f_0(x)=p_1(x)p_2(x)\cdots p_r(x)$$

在 F 上的分裂域是相同的，因而，它们在 F 上的伽罗瓦群也是相同的. 由此，如果 $f(x)$ 是 $F[x]$ 中可分多项式，则可认为 $f(x)$ 本身无重根. 于是 $f(x)$ 的根集

$$R=\{r_1,r_2,\cdots,r_n\}\subseteq E$$

必是 n 元集，$n=\deg f(x)$. 这里 E 是 $f(x)$ 在 F 上的分裂域. 任取 $\eta\in \mathrm{Gal}\ E/F$. 则由 η 把根变为根知可设

$$\eta(r_i)=r_{j_i},i=1,2,\cdots,n$$

由于 $r_1,r_2,\cdots,r_n$ 两两互异，且 η 是单射，故 η 确定 R 中一个置换

$$\sigma=\eta|_R=\begin{pmatrix}1 & 2 & \cdots & i & \cdots & n\\ j_1 & j_2 & \cdots & j_i & \cdots & j_n\end{pmatrix}\in S_n$$

由 $E=F(r_1,r_2,\cdots,r_n)$ 知 Gal E/F 中元素由 $\{r_i\}$ 的象集唯一确定，所以 $\eta\xrightarrow{\varphi}\eta|_R$ 是 Gal E/F 到 S_n 内的单一同态，$G_f=\varphi(\mathrm{Gal}\ E/F)$ 为 S_n 的某个子群. 进一步，$f(x)$ 在 $F[x]$ 中不可约$\Leftrightarrow$其根集 R 中任意两元 r_i 与 r_j 是 F - 共轭元$\Leftrightarrow$存在 $\tau\in G_f$ 使 $\tau(r_i)=r_j$，于是证得

定理 2　$F[x]$ 中 n 次无重根多项式 $f(x)$ 在 F 上的伽罗瓦群同构于 S_n 的子群 G_f，即其根集 R 上的某个置换群. $f(x)$ 在 $F[x]$ 中不可约$\Leftrightarrow G_f$ 是 R 上的可迁群.

我们经常把 G_f 说成是 $f(x)$ 的伽罗瓦群.

题 2　求以下多项式在 $\mathbf{Q}$ 上的伽罗瓦群

$$f(x)=x^4-5x^2+6,g(x)=x^4-10x^2+1$$

并证明 G_f 在其根集上不可迁，而 G_g 在其根集上可迁.（提示：求出 $g(x)$ 的根为 $\pm(\sqrt{2}\pm\sqrt{3})$.）

题 3　设 F 是特征数为 p 的域，$a\in F$，且不存在 $b\in F$ 使 $a=b^p-b$，确定 $f(x)=x^p-x-a$ 在 F 上的伽罗瓦群.（提示：§3 题 1，$G_f=\langle\sigma\rangle,\sigma=(1\ 2\ \cdots\ p)\in S_p$.）

一般多项式的伽罗瓦群　任意取定一个域 F. 所谓 F 上的**一般多项式**指的是

$$f(x)=x^n+t_1x^{n-1}+t_2x^{n-2}+\cdots+t_{n-1}x+t_n$$

这些系数 t_i 都是 F 上的相互独立的超越元，即通常所说的文字系数多项式. $f(x)$ 的系数域

$$K_0=F(t_1,t_2,\cdots,t_n)$$

是 F 上的 n 元有理分式域. 用同构延拓理论可证

定理 3　域 F 上的 n 次一般多项式 $f(x)$ 在 K_0 上的伽罗瓦群 G_f 就是 n 次对称群 S_n.

因为 S_n 必是 $f(x)$ 的根集上的可迁群，判别式不为零，因此，$f(x)$ 必是 $K_0[x]$ 中无重根的不可约多项式.

§6　伽罗瓦扩域基本定理

伽罗瓦映射　给定域 E,其自同构群为 Aut E. 考虑如下两个映射:

(1)对 Aut E 的任一子群 G,可唯一确定 E 的子域

$$\text{Inv } G=\{a\mid a\in E,\eta(a)=a,\ \forall\,\eta\in G\}$$

称为 E 中的 G-**不变子域**.

(2)对 E 的任一子域 F,可唯一确定 Aut E 的子群

$$\text{Gal } E/F=\{\eta\mid \eta\in \text{Aut } E,\eta|_F=1^*\}$$

即为扩域 E/F 的伽罗瓦群.

称以下两个映射为**伽罗瓦映射**

$$G\xrightarrow{\sigma}\text{Inv } G,\ F\xrightarrow{\tau}\text{Gal } E/F$$

由定义易证伽罗瓦映射有如下基本性质:

(1)若 $G_1\supseteq G_2$,则 Inv $G_1\subseteq$ Inv G_2.

(2)若 $F_1\supseteq F_2$,则 Gal $E/F_1\subseteq$ Gal E/F_2.

(3)Inv(Gal E/F)$\supseteq F$.

(4)Gal(E/Inv G)$\supseteq G$.

题 1　设 E 是域 F 的扩域,$G=\text{Gal}E/F$,证明

(1)Inv(Gal(E/Inv G))= Inv G.

(2)Gal(E/Inv(Gal E/F))= Gal E/F.

伽罗瓦扩域的特征性质　重要的问题是:在上述基本性质中,(1),(2)两式的逆命题何时成立?(3),(4)两式中的等号何时成立?

定理 1　设 E 是域 F 的扩域,则

(1)E 是 F 的伽罗瓦扩域

$\Leftrightarrow E$ 是某个可分多项式 $f(x)\in F[x]$ 在 F 上的分裂域

$\Leftrightarrow$存在 Aut E 的某个有限子群 G,使 $F=$ Inv G.

(2)如果 E 是 F 的伽罗瓦扩域,则 Inv(Gal E/F)$=F$.

(3)对 Aut E 的任一有限子群 G,E/Inv G 必是伽罗瓦扩域,且 Gal(E/Inv G)$=G$,$[E:\text{Inv } G]=|G|$.

根据这个定理,可得到求多项式伽罗瓦群的又一种方法. 其原理如下:设 $f(x)$ 是 $F[x]$ 中 n 次无重根多项式,E 为 $f(x)$ 在 F 上的分裂域,根集 $R=\{r_1,r_2,\cdots,r_n\}\subseteq E$. 任取

$$h(x_1,x_2,\cdots,x_n)\in F[x_1,x_2,\cdots,x_n]$$

记 $a=h(r_1,r_2,\cdots,r_n)\in E$，则由定理 1 中 $F=\mathrm{Inv}\ G$ 知

$$a\in F\Leftrightarrow\eta(a)=a,\ \forall\,\eta\in G=\mathrm{Gal}\ E/F$$

这里，当 $\eta(r_i)=r_{j_i},i=1,2,\cdots,n$ 时有

$$\eta(a)=h(r_{j_1},r_{j_2},\cdots,r_{j_n})$$

这是 $f(x)$ 在 F 上的伽罗瓦群必须满足的条件！

例 1　设 $f(x)=x^2+3x+1$ 的根集 $R=\{r_1,r_2\}$，则 G_f 是 S_2 的子群. 考虑 $h(x_1,x_2)=x_1-x_2$，有

$$a=r_1-r_2=\pm\sqrt{(r_1+r_2)^2-4r_1r_2}=\pm\sqrt{5}$$

若 $F=\mathbf{Q}$ 为有理数域，则由 $a\notin\mathbf{Q}$ 知应存在 $\eta\in G_f$ 使 $\eta(a)\neq a$，故 $G_f=S_2$. 若 $F=\mathbf{R}$ 为实数域，则 $a\in\mathrm{Inv}\ G_f$. 由于 $a\xrightarrow{(12)}-a$，故 $G_f=\{(1)\}$ 为单位元群.

当然，也可据扩域次数确定 G_f 的阶. 因为 $f(x)$ 在 $\mathbf{Q}$ 上的分裂域 $E=\mathbf{Q}(\sqrt{5})$，故由 $|G_f|=[E:\mathbf{Q}]=2$ 知 $G_f=S_2$. 而 $f(x)$ 在 $\mathbf{R}$ 上的分裂域即为 $\mathbf{R}$，故 $|G_f|=1$，$G_f=\{(1)\}$.

例 2　求 $f(x)=x^3-3x+1$ 在 $\mathbf{Q}$ 上的伽罗瓦群 G_f. 熟知三次一般多项式 $x^3+a_1x^2+a_2x+a_3$ 的判别式

$$D=-4a_1^3a_3+a_1^2a_2^2+18a_1a_2a_3-4a_2^3-27a_3^2$$

$f(x)$ 的判别式 $D_f=81\neq0$，所以 $f(x)$ 必无重根，G_f 是 S_3 的子群. 若取

$$h_1(x_1,x_2,x_3)=(x_1-x_2)(x_2-x_3)(x_3-x_1)$$

则由 $a=h_1(r_1,r_2,r_3)=\pm\sqrt{D_f}=\pm9\in\mathbf{Q}$ 知 a 必须在 G_f 之下不变，故 $G_f=\{(1)\}$ 或 A_3（即不允许含奇置换）. 再取

$$h_2(x_1,x_2,x_3)=x_1$$

如果 $G_f=\{(1)\}$，则 G_f 不变 r_1，r_1 为 $f(x)$ 的有理根，由 $f(x)$ 的定义知 $r_1=\pm1$，这不可能，所以 $G_f=A_3$.

题 2　证明 $f(x)=x^3-2$ 在 $\mathbf{Q}$ 上的伽罗瓦群 $G_f=S_3$.

题 3　设 $E=\mathbf{Q}(r)$，r 是 $f(x)=x^3+x^2-2xr-1=0$ 的根，求 $G=\mathrm{Gal}\ E/\mathbf{Q}$.（答：$G_f=A_3$.）

基本定理

定理 2　设 E 是域 F 的伽罗瓦扩域，$G=\mathrm{Gal}\ E/F$，G 必是有限群. 记

$$S_1=\{H\mid H\text{ 是 }G\text{ 的子群}\},S_2=\{K\mid K\text{ 是 }E/F\text{ 的子域}\}$$

则

(1) $H\xrightarrow{\sigma}\mathrm{Inv}\ H$ 是 S_1 到 S_2 的双射. $K\xrightarrow{\tau}\mathrm{Gal}\ E/K$ 是 S_2 到 S_1 的双射.

(2) 存在如下的**伽罗瓦对应**：

①$H_1\supseteq H_2\Leftrightarrow \mathrm{Inv}\ H_1\subseteq \mathrm{Inv}\ H_2$.

②$|H|=[E:\mathrm{Inv}\ H],[G:H]=[\mathrm{Inv}\ H:F]$.

③H 是 G 的正规子群$\Leftrightarrow$Inv H 是 F 的正规扩域. 此时,Inv H/F 必是伽罗瓦扩域,且

$$\mathrm{Gal}(\mathrm{Inv}\ H/F)\cong G/H$$

上述基本定理的主要内容可用伽罗瓦对应图表示如下

$$\begin{array}{cccc} G\geqslant & H= & \mathrm{Gal}\ E/K & \geqslant 1^* \\ & \sigma\big\downarrow & \big\uparrow\tau & \\ F\subseteq & \mathrm{Inv}\ H= & K & \subseteq E \end{array}$$

利用上述伽罗瓦对应关系,再根据 G 是有限群,也可证得任一伽罗瓦扩域仅有有限个子域.(见§1 例 5.)

例 3　设 E 是域 F 的扩域,$G=\mathrm{Gal}\ E/F$. G_1 和 G_2 是 G 的子群. 记 $K_1=\mathrm{Inv}\ G_1$, $K_2=\mathrm{Inv}\ G_2$.

(1)记 $G_3=\langle G_1,G_2\rangle$,证明 Inv $G_3=K_1\cap K_2$.

(2)记 $G_4=G_1\cap G_2$. 当 E 是域 F 的伽罗瓦扩域时,证明 Inv $G_4=F(K_1,K_2)$.

证　(1)记 $K_3=\mathrm{Inv}\ G_3$. 由 G_1 和 $G_2\leqslant G_3$ 知 $K_3\subseteq K_1\cap K_2$. 反之,显然有 $K_1\cap K_2\subseteq K_3$. 故等号成立.

(2)记 $K_4=\mathrm{Inv}\ G_4$. 由 $G_4\leqslant G_1$ 和 G_2 知 K_1 和 $K_2\subseteq K_4$,故 $F(K_1,K_2)\subseteq K_4$. 反之,据 $F(K_1,K_2)\supseteq K_1$ 和 K_2,并注意到 G_1 和 G_2 都是有限群,应用定理 1 之结论(3)知

$$\mathrm{Gal}(E/F(K_1,K_2))\subseteq \mathrm{Gal}\ E/K_1\cap \mathrm{Gal}\ E/K_2=G_1\cap G_2=G_4$$

再由 E/F 是伽罗瓦扩域知 $E/F(K_1,K_2)$ 也是伽罗瓦扩域. 又得 $F(K_1,K_2)\supseteq \mathrm{Inv}\ G_4$. 故等号成立.　　证毕

题 4　设 E 是域 F 的扩域,$G=\mathrm{Gal}\ E/F$,K_1 和 K_2 是 E/F 的子域

$$G_1=\mathrm{Gal}\ E/K_1,G_2=\mathrm{Gal}\ E/K_2$$

(1)记 $K_3=K_1\cap K_2$. 当 E 是域 F 的伽罗瓦扩域时,证明 Gal $E/K_3=\langle G_1,G_2\rangle$.

(2)记 $K_4=F(K_1,K_2)$. 证明 Cal $E/K_4=G_1\cap G_2$.

试画出例 3 与本题的伽罗瓦对应图.

题 5　设 E 是域 F 的伽罗瓦扩域,$G=\mathrm{Gal}\ E/F$. 如果 H_1 和 H_2 是 G 的两个子群,$H_2\leqslant H_1$,证明$[H_1:H_2]=[\mathrm{Inv}\ H_2:\mathrm{Inv}\ H_1]$.

题 6　应用伽罗瓦对应定出有限域 $GF(p^n)$的所有子域.

应用　我们着重介绍伽罗瓦对应的两种应用.

(1)**确定已给子群的不变子域**　设 E/F 是伽罗瓦扩域,则必有 $E=F(\alpha)$. 记 $G=\mathrm{Gal}\ E/F$. 任给 G 的子群

$$H=\{\sigma_1,\sigma_2,\cdots,\sigma_m\}$$

求 $K=\mathrm{Inv}\ H$. 为此,作 m 次多项式

$$g(x)=\prod_{i=1}^{m}(x-\sigma_i(\alpha))$$
$$=x^m-p_1x^{m-1}+\cdots+(-1)^k p_k x^{m-k}+\cdots+(-1)^m p_m$$

记 $K'=F(p_1,p_2,\cdots,p_m)$,可以证明 $K=K'$. 事实上,因为这些是 $\sigma_1(\alpha),\sigma_2(\alpha),\cdots,\sigma_m(\alpha)$的 m 个初等对称多项式,而 H 是群,所以对所有 i,$p_i\in\mathrm{Inv}\ H=K$,故 $K'\subseteq K$. 另外,由 $g(\alpha)=0$ 和 $g(x)\in K'[x]$知$[E:K']\leqslant m$. 而根据基本定理应有$[E:K']\geqslant[E:K]=m$,这就说明 $K=K'$.

例 4　设 $E=\mathbf{Q}(\omega,\lambda)$,其中 ω 为 3 次本原根,$\lambda=\sqrt[3]{2}$. 定出 $E/\mathbf{Q}$ 的所有子域. 并问哪些是 $\mathbf{Q}$ 的正规扩域? 哪些是 $\mathbf{Q}$-共轭扩域?

由 §4 定理 1 易证 $E=\mathbf{Q}(\alpha)$,$\alpha=\omega+\lambda$. 且 E 就是

$$f(x)=x^3-2=(x-\lambda)(x-\omega\lambda)(x-\omega^2\lambda)$$

在 $\mathbf{Q}$ 上的分裂域. 在题 2 中已证 $G_f=S_3$,且可列出 G_f 的乘法表如下

G_f	1	σ	σ^2	τ	$\sigma\tau$	$\sigma^2\tau$
$\lambda\to$	λ	$\omega\lambda$	$\omega^2\lambda$	λ	$\omega\lambda$	$\omega^2\lambda$
$\omega\to$	ω	ω	ω	ω^2	ω^2	ω^2

这里 $\sigma(\lambda)=\omega\lambda,\sigma(\omega)=\omega$ 和$\tau(\lambda)=\lambda,\tau(\omega)=\omega^2$ 分别对应 S_3 的生成元(1 2 3)和(1 2). 因为 G_f 有一个 3 阶子群和三个 2 阶子群

$$H_0=\langle\sigma\rangle,H_1=\langle\tau\rangle,H_2=\langle\sigma\tau\rangle,H_3=\langle\sigma^2\tau\rangle$$

所以,对应地,$E/\mathbf{Q}$ 有一个 2 次子域 K_0 和三个 3 次子域 K_i,$i=1,2,3$. 且

$$K_i=\mathrm{Inv}\ H_i=\mathbf{Q}(p_1,p_2,\cdots,p_m),\quad m=|H_i|,i=0,1,2,3$$

具体求出由各个 H_i 确定的$\{p_i\}$可定出

$$K_0=\mathbf{Q}(3\omega,3\omega^2,1+2\omega)=\mathbf{Q}(\omega)$$
$$K_1=\mathbf{Q}(-1+2\lambda,\lambda^2-\lambda+1)=\mathbf{Q}(\lambda)$$
$$K_2=\mathbf{Q}(-1-\lambda\omega^2,1+2\lambda\omega^2+(\lambda\omega^2)^2)=\mathbf{Q}(\lambda\omega^2)$$
$$K_3=\mathbf{Q}(-1-\lambda\omega,1-\lambda\omega+(\lambda\omega)^2)=\mathbf{Q}(\lambda\omega)$$

$K_0/\mathbf{Q}$ 是正规扩域,其余三个 $K_i/\mathbf{Q}$,$i=1,2,3$ 不是正规扩域,但它们都是 $\mathbf{Q}$-共轭的.

实际上有更简便的方法确定不变子域. 考虑如下对应图

$$\begin{array}{ccc} G & & \geqslant H\geqslant 1^* \\ F\subseteq F(p_j)\subseteq F(p_1,\cdots,p_m)\subseteq K\subseteq E \end{array}$$

若能证明$[F(p_j):F]=[G:H]=[K:F]$,则必有 $K=\mathrm{Inv}\ H=F(p_j)$. 在上例中都有 $K_i=\mathbf{Q}(p_1)$,$i=0,1,2,3$,其中 p_1 依次为 3ω,$-1+2\lambda$,$-1-\lambda\omega^2$,$-1-\lambda\omega$.

题 7　设 $E=\mathbf{Q}(\sqrt{2},\sqrt{5})$,确定 $E/\mathbf{Q}$ 的所有子域,并问哪些是 $\mathbf{Q}$ 的正规扩域? 哪些是 $\mathbf{Q}$-共轭扩域?

(2)**用判别式确定多项式的伽罗瓦群**　设无重根多项式 $f(x)\in F[x]$ 在 F 上的分裂域为 $E=F(r_1,r_2,\cdots,r_n)$,根集 $R=\{r_1,r_2,\cdots,r_n\}$. 由 §5 定理 2 知

$$G=\mathrm{Gal}\ E/F\cong G_f<S_n$$

且由 E/F 是伽罗瓦扩域知 $\mathrm{Inv}\ G_f=F$. 进一步可证

定理 3　设 $\mathrm{ch}\ F\neq 2$,则 $\mathrm{Inv}(G_f\cap A_n)=F(d)$,其中

$$d=\prod_{1\leqslant i<j\leqslant n}(r_i-r_j)\neq 0$$

因而 $G_f\subseteq A_n\Leftrightarrow F=F(d)\Leftrightarrow d\in F^*\Leftrightarrow D=d^2\in F^{*2}$,这里 D 为 $f(x)$ 的判别式.

证　已知任一 $\eta\in G$ 确定 $\sigma=\eta|_R\in G_f$,这里 $\sigma(r_i)=r_{i\sigma}$,因而此 σ 又可确定 $F[x_1,x_2,\cdots,x_n]$ 的 F－自同构

$$\xi_\sigma:\begin{cases}x_i\longrightarrow x_{i\sigma},i=1,2,\cdots,n\\ a\longrightarrow a,\ \forall a\in F\end{cases}$$

考虑 $F[x_1,x_2,\cdots,x_n]$ 到 $E=F(r_1,r_2,\cdots,r_n)$ 内的 F－同态

$$\rho:\begin{cases}x_i\longrightarrow r_i,i=1,2,\cdots,n\\ a\longrightarrow a,\ \forall a\in F\end{cases}$$

则由以下两式

$$\Delta=\prod_{1\leqslant i<j\leqslant n}(x_i-x_j)\xrightarrow{\xi_\sigma}\prod_{1\leqslant i<j\leqslant n}(x_{i^\sigma}-x_{j^\sigma})$$
$$\xrightarrow{\rho}\prod_{1\leqslant i<j\leqslant n}(r_{i^\sigma}-r_{j^\sigma})=\eta(d)$$
$$\Delta\xrightarrow{\xi_\sigma}\begin{cases}\Delta,\text{若 }\sigma\in A_n\\ -\Delta,\text{若 }\sigma\notin A_n\end{cases}\xrightarrow{\rho}\begin{cases}d,\text{若 }\sigma\in A_n\\ -d,\text{若 }\sigma\notin A_n\end{cases}$$

知 $\eta(d)=d\Leftrightarrow\sigma\in A_n$,定理得证.　　证毕.

例 5　设 $f(x)=x^3+a_1x^2+a_2x+a_3$ 是 $F[x]$ 中无重根多项式,$\mathrm{ch}\ F\neq 2$. 如果 $f(x)$ 在 $F[x]$ 中不可约,则由 G_f 是 S_3 的子群且在根集 R 上可迁知 G_f 为 A_3 或 S_3,再由定理 3 知当判别式 $D_f\in(F^{*2})$ 时,$G_f=A_3$;否则,$G_f=S_3$,如果 $f(x)$ 在 $F[x]$ 中可约,则必有某一个根属于 F,于是 $G_f=\{(1)\}$或 S_2. 当 $f(x)$ 在 $F[x]$ 中能分解成一次多项式的乘积时,$G_f=\{(1)\}$,否则,$G_f=S_2$.

题 8　确定 $f(x)=x^3+2x+1$ 在 $\mathbf{Q}$ 上的伽罗瓦群.(答:S_3.)

题 9　若 $f(x)=x^2+a_1x+a_2$ 是 $F[x]$ 中无重根多项式,$\mathrm{ch}\ F\neq 2$,求 $f(x)$ 在 F 上的伽罗瓦群.

最后,我们再举两个比较复杂一些的求伽罗瓦群的例子.

例 6*　设 $E=C(t)$,t 为复数域 $\mathbf{C}$ 上的超越元,ω 为 3 次本原根,$\sigma,\tau\in\mathrm{Gal}\ E/\mathbf{C}$,满足

$$\sigma(t)=\omega t,\tau(t)=t^{-1}$$

(1)证明 Gal $E/\mathbf{C}$ 的子群 $H=\langle\sigma,\tau\rangle\cong S_3$.

(2)求 Inv H.

证　(1)直接验证 $\sigma^3=1,\tau^2=1$,且 $\tau\sigma=\sigma^2\tau,\tau\sigma^2=\sigma\tau$,故 $H\overset{\rho}{\cong}S_3$,其中 $\rho(\sigma)=(1\ 2\ 3),\sigma(\tau)=(1\ 2)$.

(2)我们必须注意:由于 $E/\mathbf{C}$ 不是伽罗瓦扩域,所以不能用例 4 的方法求 Inv H. 因为 σ 与 τ 不变 t^3+t^{-3},所以有如下扩域链

$$F=\mathbf{C}(t^3+t^{-3})\subseteq \text{Inv } H\subseteq E=\mathbf{C}(t)$$

若能证明 $[E:\text{Inv } H]=[E:F]$,则即得 Inv $H=\mathbf{C}(t^3+t^{-3})$. 因为

$$\begin{aligned} f(x)&=x^6-(t^3+t^{-3})x^3+1\\ &=(x^3-t^3)(x^3-t^{t-3})\\ &=(x-t)(x-\omega t)(x-\omega^2 t)(x-t^{-1})(x-\omega t^{-1})(x-\omega^2 t^{-1}) \end{aligned}$$

是 $F[x]$ 中不可约的可分多项式,且 $E=\mathbf{C}(t)$ 恰是 $f(x)$ 在 F 上的分裂域,所以 E/F 是伽罗瓦扩域,$[E:F]=6$. 因为 $E/\text{Inv } H$ 也是伽罗瓦扩域,也有

$$[E:\text{Inv } H]=|\text{Gal } E/\text{Inv } H|=|H|=6$$

因此 Inv $H=F=\mathbf{C}(t^3+t^{-3})$.　　证毕

例 7　设 u 和 v 是复数域 $\mathbf{C}$ 上两个超越元,满足 $u^2+v^2=1$,n 是任一给定的自然数,证明

(1)$\mathbf{C}(u,v)/\mathbf{C}(u^n,v^n)$ 是伽罗瓦扩域,求其伽罗瓦群.

(2)$P_n=\dfrac{1}{2}[(u+\mathrm{i}v)^n+(u-\mathrm{i}v)^n]\in\mathbf{C}(u^n,v^n)$.

(3)$\cos(nx)$ 可表示为 $\cos^n x$ 与 $\sin^n x$ 的复系数有理分式. 并问 $\sin(nx)$ 能否表示为 $\cos^n x$ 与 $\sin^n x$ 的复系数有理分式?

证　(1)因为 $\mathbf{C}(u,v)$ 是可分多项式 $f(x)=(x^n-u^n)(x^n-v^n)$ 在 $\mathbf{C}(u^n,v^n)$ 上的分裂域,所以 $\mathbf{C}(u,v)/\mathbf{C}(u^n,v^n)$ 是伽罗瓦扩域. 任取

$$\eta\in G=\text{Gal}(\mathbf{C}(u,v)/\mathbf{C}(u^n,v^n))$$

由 η 不变 u^n 和 v^n 知 $(\eta(u))^n=u^n,(\eta(v))^n=v^n$. 这说明 $\eta(u)$ 和 $\eta(v)$ 分别是 $x^n=u^n$ 和 $x^n=v^n$ 的根,所以必存在 n 次单位根 ω 和 ε 使得 $\eta(u)=\omega u,\eta(v)=\varepsilon v$,再由 $u^2+v^2=1$ 得 $\omega^2u^2+\varepsilon^2v^2=1,(\omega^2-\varepsilon^2)u^2+\varepsilon^2=1$,因为 u 是 $\mathbf{C}$ 上超越元,必有 $\omega^2=\varepsilon^2=1,\omega=\pm1,\varepsilon=\pm1$. 因此

$$\eta(u)=\pm u,\eta(v)=\pm v$$

若 n 是奇数. 因为 -1 不是 n 次单位根,所以 $\omega=\varepsilon=1$. 此时,G 为单位元群.

若 n 是偶数,易验证 G 同构于 Klein 四元群 K_4:

G	η_1	η_2	η_3	η_4
$u\longrightarrow$	u	u	$-u$	$-u$
$v\longrightarrow$	v	$-v$	v	$-v$

(2)由 P_n 定义易见,不论 G 是 1^* 或 K_4,都有

$$P_n \in \text{Inv } G = \mathbf{C}(u^n, v^n)$$

(3)取 $u=\cos x, v=\sin x$,易证 $P_n=\cos(nx)$,因此 $\cos(nx)$的可表性得证. 考虑

$$Q_n = \frac{1}{2\text{i}}[(u+\text{i}v)^n-(u-\text{i}v)^n], \text{i}=\sqrt{-1}$$

取 $u=\cos x, v=\sin x$,则 $Q_n=\sin(nx)\in \text{Inv } G \Leftrightarrow G=1^*$,即 n 是奇数. 证毕

§7 阿贝尔扩域与循环扩域

阿贝尔扩域 称伽罗瓦扩域 E/F 是**阿贝尔扩域**. 如果 Cal E/F 是交换群.

定理 1 域 F 上的 n 阶分圆域 $E=F(\omega)$ 必是 F 的阿贝尔扩域.

证 考虑 n 次单位根群

$$G_n = \{\alpha \mid \alpha \in E, \alpha^n = 1\} = \langle \omega \rangle$$

ω 为任一 n 次本原根. 易见,G_n 的自同构群

$$\text{Aut } G_n = \{\sigma_k : \omega \to \omega^k \mid (k,n)=1\}$$

为 $\varphi(n)$阶交换群. 因为任一 $\eta \in G=\text{Gal } E/F$ 必把 ω 变为 n 次本原根 ω^k,所以 $\eta|_{G_n}=\sigma_k \in \text{Aut } G_n$,且 $\eta \to \eta|_{G_n}$为 G 到 Aut G_n 内的同态单射,故 G 为交换群. 证毕

一般说来,未必有 $G \cong \text{Aut } G_n$,例如,取 $F=\mathbf{Q}(\text{i}\sqrt{3})$. 因为 3 次本原根 $\omega=-\frac{1}{2}\pm \text{i}\sqrt{3}\in F$,$F$ 上的 3 阶分圆域即为 F 本身,故 G 为单位元群,而 $\varphi(3)=2$.

例 1 设 E 是 $\mathbf{Q}$ 上的 n 阶分圆域,证明

$$G=\text{Gal } E/\mathbf{Q} \cong \text{Aut } G_n \cong U_n$$

这里 $U_n=\{\bar{k} \mid \bar{k}\in \mathbf{Z}/(n), (k,n)=1\}$为 $\mathbf{Z}/(n)$的可逆元素群. 事实上,因为 n 阶分圆多项式 $\Phi_n(x)$是 $\mathbf{Q}[x]$中 $\varphi(n)$次不可约多项式,所以由 $|G|=[E:\mathbf{Q}]=\varphi(n)=|\text{Aut } G_n|$知 $G\cong \text{Aut } G_n$. 再由 $\sigma_k \to \bar{k}$ 是 Aut G_n 到 U_n 上的同构知 Aut $G_n \cong U_n$.

例 2 设 ω 为 n 次本原根,$n \geqslant 3$,证明

$$[\mathbf{Q}(\omega+\omega^{-1}):\mathbf{Q}]=\frac{1}{2}\varphi(n)$$

证 易见,ω 是不可约无重根多项式

$$f(x)=x^2-(\omega+\bar{\omega})x+1=(x-\omega)(x-\bar{\omega})\in \mathbf{Q}(\omega+\bar{\omega})[x]$$

的根. 于是有

$$\varphi(n)=[\mathbf{Q}(\omega):\mathbf{Q}]=[\mathbf{Q}(\omega):\mathbf{Q}(\omega+\bar{\omega})][\mathbf{Q}(\omega+\bar{\omega}):\mathbf{Q}]$$
$$=2[\mathbf{Q}(\omega+\bar{\omega}):\mathbf{Q}]$$

证毕

另外,我们也可采用如下证法:考虑 $\varphi(n)$ 阶群

$$G=\mathrm{Gal}\,\mathbf{Q}(\omega)/\mathbf{Q}\cong\{\sigma_k:\omega\to\omega^k\mid(k,n)=1\}$$

的 2 阶子群 $H\cong\{\sigma_1,\sigma_{n-1}\}$. 易见

$$\mathrm{Inv}\,H=\mathbf{Q}(\omega+\overline{\omega})$$

故由伽罗瓦对应知

$$[\mathbf{Q}(\omega+\overline{\omega}):\mathbf{Q}]=[G:H]=\frac{1}{2}\varphi(n)$$

例 3　求 12 阶分圆域 $\mathbf{Q}(\omega)$ 的伽罗瓦群和伽罗瓦对应. 易见, $U_{12}=\{\overline{1},\overline{5},\overline{7},\overline{11}\}$,所以其伽罗瓦群

$$G=\{\sigma_1,\sigma_5,\sigma_7,\sigma_{11}\}$$

因为 G 是 4 阶非循环群,故必同构于 Klein 四元群. G 仅有三个真子群

$$G_1=\{\sigma_1,\sigma_5\},G_2=\{\sigma_1,\sigma_7\},G_3=\{\sigma_1,\sigma_{11}\}$$

因此,$\mathbf{Q}(\omega)/\mathbf{Q}$ 仅有三个 2 次子域 $K_i=\mathrm{Inv}\,G_i,i=1,2,3$. 可证

$$K_1=\mathbf{Q}(\mathrm{i}),K_2=\mathbf{Q}(\sqrt{3}\mathrm{i}),K_3=\mathbf{Q}(\sqrt{3})$$

事实上,易见 $\omega^3\in\mathrm{Inv}\,G_1=K_1$. 但 ω^3 是 4 次本原根 $\pm\mathrm{i}$,故 $\mathbf{Q}\subset\mathbf{Q}(\mathrm{i})\subseteq K_1$,再由 $[K_1:\mathbf{Q}]=|G_1|=2$ 知 $K_1=\mathbf{Q}(\mathrm{i})$. 同理,由 G_2 不变 3 次本原根 $\omega^4=-\frac{1}{2}\pm\frac{1}{2}\sqrt{3}\mathrm{i}$ 知 $K_2=\mathrm{Inv}\,G_2=\mathbf{Q}(\sqrt{3}\mathrm{i})$. 因为 $\mathbf{Q}(\sqrt{3})$ 也是 $\mathbf{Q}(\omega)/\mathbf{Q}$ 的 2 次子域,且不同于 $\mathbf{Q}(\mathrm{i})$ 与 $\mathbf{Q}(\sqrt{3}\mathrm{i})$,故由伽罗瓦对应知必有 $K_3=\mathrm{Inv}\,G_3=\mathbf{Q}(\sqrt{3})$.

当然,我们也可根据 12 次单位根 $\omega=\frac{1}{2}\mathrm{i}+\frac{1}{2}\sqrt{3}$, $\omega^{11}=\overline{\omega}$ 知 $\omega+\overline{\omega}=\sqrt{3}$,且 $\sqrt{3}$ 在 G_3 之下不变,故 $K_3=\mathbf{Q}(\sqrt{3})$.

题 1　确定 8 阶分圆域 $\mathbf{Q}(\omega)$ 的所有子域.(答:$\mathbf{Q}(\mathrm{i})$,$\mathbf{Q}(\sqrt{2})$ 和 $\mathbf{Q}(\mathrm{i}\sqrt{2})$.)

题 2　证明阿贝尔扩域 E/F 的任一子域 K/F 必是正规扩域,且也是阿贝尔扩域.

循环扩域　称伽罗瓦扩域 E/F 为**循环扩域**,如果 $\mathrm{Gal}\,E/F$ 为循环群. 循环扩域必为阿贝尔扩域.

例 4　若 p 是素数,则 $\mathbf{Q}$ 上 p 阶分圆域 E 必是 $\mathbf{Q}$ 的 $p-1$ 次循环扩域. 事实上,由例 1 知 $G=\mathrm{Gal}\,E/\mathbf{Q}\cong U_p$,而 U_p 即为 $p-1$ 阶循环群 $(\mathbf{Z}/(p))^*$. 故结论得证.

题 3　设 E/F 是 n 次循环扩域,证明

(1)对 n 的任一正因子 d,必存在唯一的 d 次循环扩域 K_d/F 满足 $F\subseteq K_d\subseteq E$.

(2)若 d_1 和 d_2 是 n 的两个正因子,且 d_1 整除 d_2,问 K_{d_1} 与 K_{d_2} 之间有何关系?

(提示:考虑循环群的子群.)

题 4　证明有限域 F 的有限次扩域 E 必是循环扩域.(提示:§5 例 3.)

现在讨论根号扩域. 取定某个自然数 n 及 $a\in F$. $f(x)=x^n-a$ 的某个根 r 添加到 F 上所得的扩域 $F(r)$ 称为 F 的 n 次**根号扩域**. 注意:这里的 n 是**根次数**,并不是扩域次数!

例 5　如果域 F 含有某个 n 次本原根 ω,则 F 上任一 n 次根号扩域 $F(r)$ 必是 F 的伽罗瓦扩域,且任一 $\sigma\in \mathrm{Gal}\ F(r)/F$ 由 r 的象唯一确定. 事实上,n 次本原根的存在性保证了 $f(x)=x^n-a$ 无重根(见 §3). 且由 $\omega\in F$ 知 $G_n\subseteq F$. 因此无重根多项式

$$f(x)=x^n-r^n=(x-r)(x-\omega r)\cdots(x-\omega^{n-1}r)$$

在 F 上的分裂域就是 $F(r)$,故 $F(r)/F$ 是伽罗瓦扩域. 再由 $G_n\subseteq F$ 知 σ 由 $\sigma(r)$ 唯一确定.

定理 2　设域 F 含有 n 次本原根 ω,则

(1) F 的任一 n 次根号扩域 $F(r)$ 必是 m 次循环扩域,m 是 n 的某一因子.

(2) 对 F 的任一 n 次循环扩域 E,必存在 $d\in E$,$d^n\in F^*$ 使 $E=F(d)$,即 E 必是 F 的 n 次根号扩域.

证　(1) 已知 $F(r)/F$ 是伽罗瓦扩域. 任取 $\sigma\in G=\mathrm{Gal}\ F(r)/F$,因为 σ 必把 $f(x)=x^n-r^n$ 的根变为根,所以由

$$\sigma(r)=\omega^i r,1\leqslant i\leqslant n-1$$

知 i 由 σ 唯一确定. 且 $\sigma\to\omega^i$ 是 G 到 G_n 内的同态单射,即 G 同构于 n 阶循环群 G_n 的某个 m 阶子群,故结论得证.

(2) 由条件可设 $E=F(\theta)$,$G=\mathrm{Gal}\ E/F=\langle\sigma\rangle$ 为 n 次阶循环群. 令

$$\theta_k=\sigma^k(\theta),k=0,1,\cdots,n-1,\theta_0=\theta$$

$$d_i=\theta_0^i+\omega\theta_1^i+\omega^2\theta_2^i+\cdots+\omega^{n-1}\theta_{n-1}^i,i=1,2,\cdots,n-1$$

如果 $d_1,d_2,\cdots,d_{n-1}$ 全为 0,则再配上第一方程

$$0=1+\omega+\omega^2+\cdots+\omega^{n-1}$$

就得到 n 阶齐次线性方程组. 因为它有非零解 $(1,\omega,\cdots,\omega^{n-1})$,所以其系数行列式

$$V=\prod_{0\leqslant j<i\leqslant n-1}(\theta_i-\theta_j)=0$$

即至少存在一对 $0\leqslant j<i\leqslant n-1$ 使 $\sigma^i(\theta)=\sigma^j(\theta)$,这与 σ 为 n 阶元矛盾. 所以至少存在某个 $d=d_i\neq 0$. 据 d 的定义并利用 $\sigma(\omega)=\omega$,$\sigma^n=1^*$ 易证 $\sigma(d^i)=\omega^{-i}d$,$1\leqslant i\leqslant n$. 特别,$\sigma(d^n)=d^n$. 由 $F=\mathrm{Inv}\ G$ 知 $d^n=a\in F^*$. 再证 $E=F(d)$. 首先,由 $d\in E$ 知 $F\subseteq F(d)\subseteq E$. 其次,由 $\sigma(d)=\omega^{-1}d$ 知 $\sigma^k(d)=\omega^{-k}d$,$k=0,1,\cdots,n-1$. 且

$$\sigma^k(d)=\sigma^l(d)\Leftrightarrow\sigma^{k-l}(d)=d\Leftrightarrow\omega^{k-1}=1\Leftrightarrow k=l$$

这说明 $G=\langle\sigma\rangle$ 中 n 个元实际上是 $\mathrm{Gal}\ F(d)/F$ 中两两互异的元素. 因此,由

$$[F(d):F]\geqslant|\mathrm{Gal}\ F(d)/F|\geqslant n=|\mathrm{Gal}\ E/F|=[E:F]$$

立得 $E=F(d)$.　　证毕

习 题 五

1. 设 m 和 n 是大于 1 的自然数,试写出 $\mathbf{Q}(\sqrt{m})=(\mathbf{Q}\sqrt{n})$ 成立的充分必要条件,这里 $\mathbf{Q}$ 是有理数域.(答:$m=r^2n, r\in\mathbf{Q}$.)

2. 设 $K=F(x)$ 是域 F 的单超越扩域,ch $F=p$. 证明

(1)K 必是 $F(x^p)$ 的 p 次代数扩域.

(2)若 a 是 $K[y]$ 中不可约多项式 $f(y)=y^p-x$ 的根,则 $K(\alpha)=F(\alpha)$,并在 $K[\alpha]$ 中分解 $f(y)$.

3. 设 $f(x)\in F[x]$,$p(x)$ 是 $F[x]$ 中不可约多项式,如果在域 F 的某个扩域 E 中,$f(x)$ 和 $p(x)$ 有公共根,证明在 $F[x]$ 中 $p(x)$ 必整除 $f(x)$.

4. 设 p 是素数,$an\not\equiv 0(\bmod p)$,证明同余方程

$$a_nx^n+a_{n-1}x^{n-1}+\cdots+a_1x+a_0\equiv 0(\bmod p)$$

在整数环 $\mathbf{Z}$ 中最多有 n 个非同余解.(提示:考虑 $\mathbf{Z}/(p)$.)

5. 证明 $E=\mathbf{Q}(\sqrt{2},\sqrt{3},u)$ 是 $\mathbf{Q}$ 的正规扩域,这里 $u^2=(9-5\sqrt{3})(2-\sqrt{2})$.(提示:令 $v^2=(9-5\sqrt{3})(2+\sqrt{2})$,$\omega^2=(9-5\sqrt{3})(2+\sqrt{2})$,$z^2=(9+5\sqrt{3})(2-\sqrt{2})$,证明 E 为

$$f(x)=(x^2-u^2)(x^2-v^2)(x^2-\omega^2)(x^2-z^2)\in\mathbf{Q}[x]$$

在 $\mathbf{Q}$ 上的分裂域. 注意 $3+2\sqrt{2}=(1+\sqrt{2})^2$.)

6. 证明关于 Möbius 函数 $\mu(m)$ 的如下结论

(1)若 $(m,n)=1$,则 $\mu(mn)=\mu(m)\cdot\mu(n)$.

(2) $\sum\limits_{d\mid n}\mu(d)=\begin{cases}1, 若\ n=1\\0, 若\ n>1.\end{cases}$

(3)$^*\varphi(n)=\sum\limits_{d\mid n}\mu\left(\dfrac{n}{d}\right)d$.(提示:对自然数函数

$$g(n)=\sum_{d\mid n}\varphi(d)=\sum_{d\mid n,d<n}\varphi(d)+\varphi(n)$$

用归纳法证明反演公式

$$\varphi(n)=\sum_{d\mid n}\mu\left(\frac{n}{d}\right)g(d)=\sum_{d\mid n,d<n}\mu\left(\frac{n}{d}\right)g(d)+g(n)$$

并利用 $g(d)=d$ 即得所证.)

(4)$\Phi_n(x)=\prod\limits_{d\mid n}(x^d-1)^{\mu(\frac{n}{d})}$.(提示:用结论(2).)

7. 若 α 是域 F 上指数为 k 的代数元,证明任一 $\beta\in F(\alpha)$ 关于 F 的指数 $l\leqslant k$.(提示: §4 例 2.)

8. 任给单代数扩域 $K=F(\alpha)$,$\mathrm{ch}\,F=p$,F 在 K 中的最大可分扩域为 E. 如果 α 关于 F 的指数为 k,证明 $[F(\alpha):E]=p^k$.(提示:$x^{p^k}-\alpha^{p^k}$ 在 $E[x]$ 中不可约. $K=E(\alpha)$.)

9*. 设 F 是特征数为 p 的域,K 是 F 的 n 次扩域,则 K 是 F 的单扩域$\Leftrightarrow n=n_0p^k$. 这里 n_0 是 F 在 K 中的最大可分扩域 E 关于 F 的次数(K 关于 F 的简约次数),k 是 K 中关于 F 的最大指数(K 关于 F 的指数).(提示:用题7 和 8 证明必要性. 充分性证明分三步完成:首先,取 $\alpha\in K$ 关于 F 的指数为 k,证明 $[E(\alpha):E]=p^k$,其次由 $n=n_0p^k$ 证明 $K=E(\alpha)$. 最后,由有限可分扩域 $E=F(\beta)$ 得 $K=F(\beta,\alpha)=F(r)$.)

10. 设 F 是特征数为 p 的域,α 是多项式 $f(x)=x^{p^k}-\alpha\in F[x]$ 的根,$\alpha\notin F$. 证明 $F(\alpha)$ 必是 F 的纯不可分扩域.(提示:题 8 和 9.)

11. 设 p 是素数,x 和 y 是 $\Pi=\mathbf{Z}/(p)$ 上独立的超越元,$E=\Pi(x,y)$,$F=\Pi(x^p,y^p)$,证明 $[E:F]=p^2$,且不存在 $\alpha\in E$ 使 $E=F(\alpha)$. 试给出无限多个互异中间域 $F\subset K\subset E$.

12. 用伽罗瓦扩域基本定理证明:$GF(p^n)$ 的子域必为 $GF(p^m)$,$m\mid n$. 对 n 的任一正因子 m,$GF(p^n)$ 有且仅有一个子域 $GF(p^m)$.

13. 求出 $K=\mathbf{Q}(\mathrm{i},\sqrt[4]{2})$ 关于 $\mathbf{Q}$ 的伽罗瓦群和伽罗瓦对应.(提示:8 阶两面体群.)

14. 设 F 是任一特征数不为 2 的域,证明

(1) F 的任一 2 次扩域 K 必是平方根扩域 $K=F(u)$,$u^2\in F$.

(2) 若 E 是 F 的 4 次扩域,则存在中间域 $F\subset K\subset E\Leftrightarrow E=F(\alpha)$,$\alpha$ 在 F 上的最小多项式为 x^4+ax^2+b.

(提示:(1) 由 $\alpha^2+a\alpha+b=0$ 知 $\left(\alpha+\dfrac{a}{2}\right)^2=\dfrac{a^2}{4}-b\in F$. 用(1)可证得(2).)

编辑手记

1968 年著名的 POP ART 艺术家安迪 · 玖霍尔说了一句预言:“每个人都可以成功 15 分钟.”

对一个作者来说,出一本书让当时读到这本书的人记住并不难,难的是时隔 20 多年还有人记得,这可就不是仅仅成功 15 分钟了.

本工作室在成功的推出了阿廷的《伽罗瓦理论》后就有读者提议要求重版本书,在本书之前我们重版了徐先生的《古典数学难题与伽罗瓦理论》,反响不错.

重建后的人民出版社第一任社长胡绳同志多次指出:“一个国家的出版要有门槛,如果我们把门槛放低,学术风是会变坏.”

余生也晚,我们所理解的出版门槛有两道,一是作者水平,二是书稿质量,先说作者水平.笔者远非行家,不便妄断.但仅凭毕业于南京大学,曾工作于中国科学院数学所,长期任教于复旦大学数学系,这“三点一线”的傲人简历足以证明此人绝非等闲.

其次再来说内容.有人可能觉得既然叫抽象代数,那当然是越抽象越好,越抽象水平越高,越抽象越高级.而本书恰恰是在抽象代数书中比较具体、比较通俗、比较初级、比较简单的,那还有什么出版价值吗?最近读了一篇传奇华人数学家李天岩教授的自述.他本科就读于台湾清华大学数学系,后到美国留学.他回忆说:

> “当初去马里兰大学(University of Maryland)读研究生是一个巧合,遇到后来的指导教授约克(James A. Yorke)更是一个极大的巧合。记得约克教授头一次看了我当初在清华念书的档案时,显然是吃了一惊.以为我是哪路杀来的高手,功力无比深厚.现在回想起来那个档案里所记录的实在是有极大的误导性(misleading;英文这字有时是指人欺诈的礼貌性用词).看那!我在念大二的三高时,高等微积分用的是 Apostol 的数学分析;高等几何用的是 Halmos 的有限维向量空间;高等代数用的是 N. Jacobson 的抽象代数讲义;微分方程用的是 Coddington 的常微分方程导读.大三念近世代数时,用的是 van der Waerden 的现代代数;念复变函数论用的是 Ahlfors 的复分析.另外,大三还念了拓扑学、数论;大四念了泛函分析、李群、实变函数论(用的是 Royden 的实分析),微分几何(用的是 Hicks 的微分几何讲义).这些课不但都修过,而且成绩都不错(大四修的课都在 90 分以上).在表面上看来,这个记录的确是相当牛了,不是吗?可是今天把那些教科书拿出来翻一翻,实在很难想象当初是怎么混过来的.好比说,Ahlfors 那本书的水平不低,它绝对不适合做初学复变数函数论的教科书.记得

我们大二学高等微积分时,教授根本就跳过了线积分(现在想来,大概根本的原因还在于 Apostol 那本书过于高深,教授不可能教完书里大部分的材料).可这本教材基本上是假设阁下已经清楚地掌握了所谓的复数面上的线积分(contour integral).若是对线积分都不甚了解,我很难想象当时怎么去理解柯西积分定理(Cauchy integral theorem)等基本概念.那时的老师们好像都觉得能用愈深的教科书(其实每本书都号称是'self contained'即自成一体)学生自然就会变得'高档次'吧!

其实抽象数学的出发点多半起始于对实际问题所建立的数学模式,然后将解决问题的方式建立理论再抽象化,希望能覆盖更一般性的同类问题.因此在学习较高深的抽象数学理论之前,多多少少要对最原始的出发点和工具有些基本的认识.要不然,若是一开始就搞些莫名其妙的抽象定义,推些莫名其妙的抽象定理,学生根本无法知道到底是在干些什么.可是为了考试过关,只好跟着背定义、背定理、背逻辑,一团混战.对基础数学实质上的认识真是微乎其微.我们那时的学习环境大致如此."

另一位数学大师(哈尔莫斯)也曾说过:"一个好的数学家手中常常有许多例子,而差的只有一些抽象的理论."从这一点说本书是好的.

尼采说过:"艺术,她在人生的光景上披上了一层含混的思想的面纱,使生灵挨过生涯."能够帮助人们挨过生涯的除了艺术还有数学.徐先生现在已是一位老人,且"身藏支架",但对数学的热爱使他仍老当益壮,老有所乐.这是数学人的幸运.本书的再版更说明了这一点.

刘培杰

2013 年 4 月 15 日

于哈工大

哈尔滨工业大学出版社刘培杰数学工作室
已出版(即将出版)图书目录

书名	出版时间	定价	编号
新编中学数学解题方法全书(高中版)上卷	2007—09	38.00	7
新编中学数学解题方法全书(高中版)中卷	2007—09	48.00	8
新编中学数学解题方法全书(高中版)下卷(一)	2007—09	42.00	17
新编中学数学解题方法全书(高中版)下卷(二)	2007—09	38.00	18
新编中学数学解题方法全书(高中版)下卷(三)	2010—06	58.00	73
新编中学数学解题方法全书(初中版)上卷	2008—01	28.00	29
新编中学数学解题方法全书(初中版)中卷	2010—07	38.00	75
新编平面解析几何解题方法全书(专题讲座卷)	2010—01	18.00	61
数学眼光透视	2008—01	38.00	24
数学思想领悟	2008—01	38.00	25
数学应用展观	2008—01	38.00	26
数学建模导引	2008—01	28.00	23
数学方法溯源	2008—01	38.00	27
数学史话览胜	2008—01	28.00	28
从毕达哥拉斯到怀尔斯	2007—10	48.00	9
从迪利克雷到维斯卡尔迪	2008—01	48.00	21
从哥德巴赫到陈景润	2008—05	98.00	35
从庞加莱到佩雷尔曼	2011—08	138.00	136
从比勃巴赫到德·布朗斯	即将出版		
数学解题中的物理方法	2011—06	28.00	114
数学解题的特殊方法	2011—06	48.00	115
中学数学计算技巧	2012—01	48.00	116
三角形中的角格点问题	2013—01	88.00	207
中学数学证明方法	2012—01	58.00	117
数学趣题巧解	2012—03	28.00	128
含参数的方程和不等式	2012—09	28.00	213
数学奥林匹克与数学文化(第一辑)	2006—05	48.00	4
数学奥林匹克与数学文化(第二辑)(竞赛卷)	2008—01	48.00	19
数学奥林匹克与数学文化(第二辑)(文化卷)	2008—07	58.00	34
数学奥林匹克与数学文化(第三辑)(竞赛卷)	2010—01	48.00	59
数学奥林匹克与数学文化(第四辑)(竞赛卷)	2011—08	58.00	87

哈尔滨工业大学出版社刘培杰数学工作室已出版(即将出版)图书目录

书　　名	出版时间	定　价	编号
发展空间想象力	2010－01	38.00	57
走向国际数学奥林匹克的平面几何试题诠释(上、下)(第1版)	2007－01	68.00	11,12
走向国际数学奥林匹克的平面几何试题诠释(上、下)(第2版)	2010－02	98.00	63,64
平面几何证明方法全书	2007－08	35.00	1
平面几何证明方法全书习题解答(第1版)	2005－10	18.00	2
平面几何证明方法全书习题解答(第2版)	2006－12	18.00	10
平面几何天天练上卷·基础篇(直线型)	2013－01	58.00	208
平面几何天天练中卷·基础篇(涉及圆)	2013－01	28.00	234
平面几何天天练下卷·提高篇	2013－01	58.00	237
最新世界各国数学奥林匹克中的平面几何试题	2007－09	38.00	14
数学竞赛平面几何典型题及新颖解	2010－07	48.00	74
初等数学复习及研究(平面几何)	2008－09	58.00	38
初等数学复习及研究(立体几何)	2010－06	38.00	71
初等数学复习及研究(平面几何)习题解答	2009－01	48.00	42
世界著名平面几何经典著作钩沉——几何作图专题卷(上)	2009－06	48.00	49
世界著名平面几何经典著作钩沉——几何作图专题卷(下)	2011－01	88.00	80
世界著名平面几何经典著作钩沉(民国平面几何老课本)	2011－03	38.00	113
世界著名数论经典著作钩沉(算术卷)	2012－01	28.00	125
世界著名数学经典著作钩沉——立体几何卷	2011－02	28.00	88
世界著名三角学经典著作钩沉(平面三角卷Ⅰ)	2010－06	28.00	69
世界著名三角学经典著作钩沉(平面三角卷Ⅱ)	2011－01	28.00	78
世界著名初等数论经典著作钩沉(理论和实用算术卷)	2011－07	38.00	126
几何学教程(平面几何卷)	2011－03	68.00	90
几何学教程(立体几何卷)	2011－07	68.00	130
几何变换与几何证题	2010－06	88.00	70
几何瑰宝——平面几何500名题暨1000条定理(上、下)	2010－07	138.00	76,77
三角形的解法与应用	2012－07	18.00	183
近代的三角形几何学	2012－07	48.00	184
一般折线几何学	即将出版	58.00	203
三角形的五心	2009－06	28.00	51
三角形趣谈	2012－08	28.00	212
俄罗斯平面几何问题集	2009－08	88.00	55
俄罗斯平面几何5000题	2011－03	58.00	89
俄罗斯初等数学万题选——三角卷	2012－11	38.00	222
计算方法与几何证题	2011－06	28.00	129

哈尔滨工业大学出版社刘培杰数学工作室
已出版(即将出版)图书目录

书　　名	出版时间	定　价	编号
463个俄罗斯几何老问题	2012－01	28.00	152
近代欧氏几何学	2012－03	48.00	162
罗巴切夫斯基几何学及几何基础概要	2012－07	28.00	188
超越吉米多维奇——数列的极限	2009－11	48.00	58
Barban Davenport Halberstam 均值和	2009－01	40.00	33
初等数论难题集(第一卷)	2009－05	68.00	44
初等数论难题集(第二卷)(上、下)	2011－02	128.00	82,83
谈谈素数	2011－03	18.00	91
平方和	2011－03	18.00	92
数论概貌	2011－03	18.00	93
代数数论	2011－03	48.00	94
初等数论的知识与问题	2011－02	28.00	95
超越数论基础	2011－03	28.00	96
数论初等教程	2011－03	28.00	97
数论基础	2011－03	18.00	98
解析数论基础	2012－08	28.00	216
数论入门	2011－03	38.00	99
数论开篇	2012－07	28.00	194
解析数论引论	2011－03	48.00	100
无穷分析引论(上)	2013－04	88.00	247
无穷分析引论(下)	2013－04	98.00	245
数学分析中的一个新方法及其应用	2013－01	38.00	231
数学分析例选:通过范例学技巧	2013－01	88.00	243
三角级数论(上册)	2013－01	38.00	232
三角级数论(下册)	2013－01	48.00	233
基础数论	2011－03	28.00	101
超越数	2011－03	18.00	109
三角和方法	2011－03	18.00	112
谈谈不定方程	2011－05	28.00	119
整数论	2011－05	38.00	120
随机过程(Ⅰ)	2012－12	78.00	224
随机过程(Ⅱ)	2013－01	68.00	235
整数的性质	2012－11	38.00	192
初等数论100例	2011－05	18.00	122
初等数论经典例题	2012－07	18.00	204
最新世界各国数学奥林匹克中的初等数论试题(上、下)	2012－01	138.00	144,145
算术探索	2011－12	158.00	148

哈尔滨工业大学出版社刘培杰数学工作室
已出版(即将出版)图书目录

书　名	出版时间	定　价	编号
初等数论(Ⅰ)	2012－01	18.00	156
初等数论(Ⅱ)	2012－01	18.00	157
初等数论(Ⅲ)	2012－01	28.00	158
组合数学浅谈	2012－03	28.00	159
同余理论	2012－05	38.00	163
丢番图方程引论	2012－03	48.00	172
平面几何与数论中未解决的新老问题	2013－01	68.00	229
历届 IMO 试题集(1959—2005)	2006－05	58.00	5
历届 CMO 试题集	2008－09	28.00	40
历届加拿大数学奥林匹克试题集	2012－08	38.00	215
历届美国数学奥林匹克试题集:多解推广加强	2012－08	38.00	209
历届国际大学生数学竞赛试题集(1994－2010)	2012－01	28.00	143
全国大学生数学夏令营数学竞赛试题及解答	2007－03	28.00	15
全国大学生数学竞赛辅导教程	2012－07	28.00	189
历届美国大学生数学竞赛试题集	2009－03	88.00	43
前苏联大学生数学奥林匹克竞赛题解(上编)	2012－04	28.00	169
前苏联大学生数学奥林匹克竞赛题解(下编)	2012－04	38.00	170
整函数	2012－08	18.00	161
俄罗斯初等数学问题集	2012－05	38.00	177
俄罗斯函数问题集	2011－03	38.00	103
俄罗斯组合分析问题集	2011－01	48.00	79
博弈论精粹	2008－03	58.00	30
多项式和无理数	2008－01	68.00	22
模糊数据统计学	2008－03	48.00	31
模糊分析学与特殊泛函空间	2013－01	68.00	241
受控理论与解析不等式	2012－05	78.00	165
解析不等式新论	2009－06	68.00	48
反问题的计算方法及应用	2011－11	28.00	147
建立不等式的方法	2011－03	98.00	104
数学奥林匹克不等式研究	2009－08	68.00	56
不等式研究(第二辑)	2012－02	68.00	153
初等数学研究(Ⅰ)	2008－09	68.00	37
初等数学研究(Ⅱ)(上、下)	2009－05	118.00	46,47
中国初等数学研究　2009 卷(第 1 辑)	2009－05	20.00	45
中国初等数学研究　2010 卷(第 2 辑)	2010－05	30.00	68
中国初等数学研究　2011 卷(第 3 辑)	2011－07	60.00	127
中国初等数学研究　2012 卷(第 4 辑)	2012－07	48.00	190

哈尔滨工业大学出版社刘培杰数学工作室已出版(即将出版)图书目录

书　　名	出版时间	定　价	编号
数阵及其应用	2012－02	28.00	164
绝对值方程—折边与组合图形的解析研究	2012－07	48.00	186
不等式的秘密(第一卷)	2012－02	28.00	154
初等不等式的证明方法	2010－06	38.00	123
数学奥林匹克不等式散论	2010－06	38.00	124
数学奥林匹克不等式欣赏	2011－09	38.00	138
数学奥林匹克超级题库(初中卷上)	2010－01	58.00	66
数学奥林匹克不等式证明方法和技巧(上、下)	2011－08	158.00	134,135
近代拓扑学研究	2013－04	38.00	239
500 个最新世界著名数学智力趣题	2008－06	48.00	3
新编 640 个世界著名数学智力趣题	2013－02	88.00	242
400 个最新世界著名数学最值问题	2008－09	48.00	36
500 个世界著名数学征解问题	2009－06	48.00	52
400 个中国最佳初等数学征解老问题	2010－01	48.00	60
500 个俄罗斯数学经典老题	2011－01	28.00	81
1000 个国外中学物理好题	2012－04	48.00	174
300 个日本高考数学题	2012－05	38.00	142
500 个前苏联早期高考数学试题及解答	2012－05	28.00	185

数学 我爱你	2008－01	28.00	20
精神的圣徒　别样的人生——60 位中国数学家成长的历程	2008－09	48.00	39
数学史概论	2009－06	78.00	50
斐波那契数列	2010－02	28.00	65
数学拼盘和斐波那契魔方	2010－07	38.00	72
斐波那契数列欣赏	2011－01	28.00	160
数学的创造	2011－02	48.00	85
数学中的美	2011－02	38.00	84

最新全国及各省市高考数学试卷解法研究及点拨评析	2009－02	38.00	41
高考数学的理论与实践	2009－08	38.00	53
中考数学专题总复习	2007－04	28.00	6
向量法巧解数学高考题	2009－08	28.00	54
新编中学数学解题方法全书(高考复习卷)	2010－01	48.00	67
新编中学数学解题方法全书(高考真题卷)	2010－01	38.00	62
新编中学数学解题方法全书(高考精华卷)	2011－03	68.00	118

哈尔滨工业大学出版社刘培杰数学工作室
已出版(即将出版)图书目录

书　名	出版时间	定　价	编号
高考数学核心题型解题方法与技巧	2010－01	28.00	86
数学解题——靠数学思想给力(上)	2011－07	38.00	131
数学解题——靠数学思想给力(中)	2011－07	48.00	132
数学解题——靠数学思想给力(下)	2011－07	38.00	133
我怎样解题	2013－01	48.00	227
2011 年全国及各省市高考数学试题审题要津与解法研究	2011－10	48.00	139
全国中考数学压轴题审题要津与解法研究	2013－04	78.00	248
新课标高考数学——五年试题分章详解(2007～2011)(上、下)	2011－10	78.00	140,141
30 分钟拿下高考数学选择题、填空题	2012－01	48.00	146
高考数学压轴题解题诀窍(上)	2012－02	78.00	166
高考数学压轴题解题诀窍(下)	2012－03	28.00	167
格点和面积	2012－07	18.00	191
射影几何趣谈	2012－04	28.00	175
斯潘纳尔引理——从一道加拿大数学奥林匹克试题谈起	2012－12	18.00	228
李普希兹条件——从几道近年高考数学试题谈起	2012－10	18.00	221
拉格朗日中值定理——从一道北京高考试题的解法谈起	2012－10	18.00	197
闵科夫斯基定理——从一道清华大学自主招生试题谈起	2012－10	18.00	198
哈尔测度——从一道冬令营试题的背景谈起	2012－08	28.00	202
切比雪夫逼近问题——从一道中国台北数学奥林匹克试题谈起	2013－04	38.00	238
伯恩斯坦多项式与贝齐尔曲面——从一道全国高中数学联赛试题谈起	2013－03	38.00	236
卡塔兰猜想——从一道普特南竞赛试题谈起	2013－06	18.00	256
麦卡锡函数和阿克曼函数——从一道前南斯拉夫数学奥林匹克试题谈起	2012－08	18.00	201
贝蒂定理与拉姆贝克莫斯尔定理——从一个拣石子游戏谈起	2012－08	18.00	217
皮亚诺曲线和豪斯道夫分球定理——从无限集谈起	2012－08	18.00	211
平面凸图形与凸多面体	2012－10	28.00	218
斯坦因豪斯问题——从一道二十五省市自治区中学数学竞赛试题谈起	2012－07	18.00	196
纽结理论中的亚历山大多项式与琼斯多项式——从一道北京市高一数学竞赛试题谈起	2012－07	28.00	195
原则与策略——从波利亚"解题表"谈起	2013－04	38.00	244
转化与化归——从三大尺规作图不能问题谈起	2012－08	28.00	214

哈尔滨工业大学出版社刘培杰数学工作室已出版(即将出版)图书目录

书　　名	出版时间	定　价	编号
代数几何中的贝祖定理——从一道IMO试题的解法谈起	2012－07	18.00	193
成功连贯理论与约当块理论——从一道比利时数学竞赛试题谈起	2012－04	18.00	180
磨光变换与范·德·瓦尔登猜想——从一道环球城市竞赛试题谈起	即将出版		
素数判定与大数分解	2012－08	18.00	199
置换多项式及其应用	2012－10	18.00	220
许瓦兹引理——从一道西德1981年数学奥林匹克试题谈起	即将出版		
椭圆函数与模函数——从一道美国加州大学洛杉矶分校(UCLA)博士资格考题谈起	2012－10	38.00	219
差分方程的拉格朗日方法——从一道2011年全国高考理科试题的解法谈起	2012－08	28.00	200
拉姆塞定理——从王诗宬院士的一个问题谈起	即将出版		
力学在几何中的一些应用	2013－01	38.00	240
高斯散度定理、斯托克斯定理和平面格林定理——从一道国际大学生数学竞赛试题谈起	即将出版		
康托洛维奇不等式——从一道全国高中联赛试题谈起	即将出版		
西格尔引理——从一道第18届IMO试题的解法谈起	即将出版		
罗斯定理——从一道前苏联数学竞赛试题谈起	即将出版		
拉克斯定理和阿廷定理——从一道IMO试题的解法谈起	2013－04	58.00	246
毕卡大定理——从一道美国大学数学竞赛试题谈起	即将出版		
贝齐尔曲线——从一道全国高中联赛试题谈起	即将出版		
拉格朗日乘子定理——从一道2005年全国高中联赛试题谈起	即将出版		
雅可比定理——从一道日本数学奥林匹克试题谈起	2013－04	48.00	249
李天岩一约克定理——从一道波兰数学竞赛试题谈起	即将出版		
整系数多项式因式分解的一般方法——从克朗耐克算法谈起	即将出版		
布劳维不动点定理——从一道美国数学奥林匹克试题谈起	即将出版		
压缩不动点定理——从一道高考数学试题的解法谈起	即将出版		
伯恩赛德定理——从一道英国数学奥林匹克试题谈起	即将出版		
布查特一莫斯特定理——从一道上海市初中竞赛试题谈起	即将出版		
数论中的同余数问题——从一道普特南竞赛试题谈起	即将出版		
范·德蒙行列式——从一道美国数学奥林匹克试题谈起	即将出版		

哈尔滨工业大学出版社刘培杰数学工作室已出版(即将出版)图书目录

书　名	出版时间	定　价	编号
中国剩余定理——从一道美国数学奥林匹克试题的解法谈起	即将出版		
牛顿程序与方程求根——从一道全国高考试题解法谈起	即将出版		
库默尔定理——从一道 IMO 预选试题谈起	即将出版		
卢丁定理——从一道冬令营试题的解法谈起	即将出版		
沃斯滕霍姆定理——从一道 IMO 预选试题谈起	即将出版		
卡尔松不等式——从一道莫斯科数学奥林匹克试题谈起	即将出版		
信息论中的香农熵——从一道近年高考压轴题谈起	即将出版		
约当不等式——从一道希望杯竞赛试题谈起	即将出版		
拉比诺维奇定理	即将出版		
刘维尔定理——从一道《美国数学月刊》征解问题的解法谈起	即将出版		
卡塔兰恒等式与级数求和——从一道 IMO 试题的解法谈起	即将出版		
勒让德猜想与素数分布——从一道爱尔兰竞赛试题谈起	即将出版		
天平称重与信息论——从一道基辅市数学奥林匹克试题谈起	即将出版		
艾思特曼定理——从一道 CMO 试题的解法谈起	即将出版		
一个爱尔特希问题——从一道西德数学奥林匹克试题谈起	即将出版		
有限群中的爱丁格尔问题——从一道北京市初中二年级数学竞赛试题谈起	即将出版		
贝克码与编码理论——从一道全国高中联赛试题谈起	即将出版		
中等数学英语阅读文选	2006—12	38.00	13
统计学专业英语	2007—03	28.00	16
统计学专业英语(第二版)	2012—07	48.00	176
幻方和魔方(第一卷)	2012—05	68.00	173
尘封的经典——初等数学经典文献选读(第一卷)	2012—07	48.00	205
尘封的经典——初等数学经典文献选读(第二卷)	2012—07	38.00	206
实变函数论	2012—06	78.00	181
非光滑优化及其变分分析	2013—01	48.00	230
初等微分拓扑学	2012—07	18.00	182
方程式论	2011—03	38.00	105
初级方程式论	2011—03	28.00	106
Galois 理论	2011—03	18.00	107
古典数学难题与伽罗瓦理论	2012—11	58.00	223
代数方程的根式解及伽罗瓦理论	2011—03	28.00	108

哈尔滨工业大学出版社刘培杰数学工作室
已出版(即将出版)图书目录

书　　名	出版时间	定　价	编号
线性偏微分方程讲义	2011—03	18.00	110
N体问题的周期解	2011—03	28.00	111
代数方程式论	2011—05	28.00	121
动力系统的不变量与函数方程	2011—07	48.00	137
基于短语评价的翻译知识获取	2012—02	48.00	168
应用随机过程	2012—04	48.00	187
矩阵论(上)	2013—06	58.00	250
矩阵论(下)	2013—06	48.00	251
三角级数论(哈代)	2013—06	48.00	254
圆锥曲线习题集(上)	2013—06	68.00	255
抽象代数:方法导引	2013—06	38.00	257
闵嗣鹤文集	2011—03	98.00	102
吴从炘数学活动三十年(1951～1980)	2010—07	99.00	32
吴振奎高等数学解题真经(概率统计卷)	2012—01	38.00	149
吴振奎高等数学解题真经(微积分卷)	2012—01	68.00	150
吴振奎高等数学解题真经(线性代数卷)	2012—01	58.00	151
高等数学解题全攻略(上卷)	2013—06	58.00	252
高等数学解题全攻略(下卷)	2013—06	58.00	253
钱昌本教你快乐学数学(上)	2011—12	48.00	155
钱昌本教你快乐学数学(下)	2012—03	58.00	171

联系地址:哈尔滨市南岗区复华四道街10号　哈尔滨工业大学出版社刘培杰数学工作室
网　　址:http://lpj.hit.edu.cn/
邮　　编:150006
联系电话:0451—86281378　　13904613167
E-mail:lpj1378@163.com